Green Shipping – Schiffsbetrieb und Umweltschutz

Uwe Jacobshagen

Green Shipping – Schiffsbetrieb und Umweltschutz

Sachstand und derzeitige Entwicklung

Uwe Jacobshagen
Lübeck, Deutschland

ISBN 978-3-658-46806-4 ISBN 978-3-658-46807-1 (eBook)
https://doi.org/10.1007/978-3-658-46807-1

Die Deutsche Nationalbibliothek verzeichnet diese Publikation in der Deutschen Nationalbibliografie; detaillierte bibliografische Daten sind im Internet über https://portal.dnb.de abrufbar.

Springer Vieweg ist ein Imprint der eingetragenen Gesellschaft Springer Fachmedien Wiesbaden GmbH und ist ein Teil von Springer Nature.
Die Anschrift der Gesellschaft ist: Abraham-Lincoln-Str. 46, 65189 Wiesbaden, Germany

Für meine Kinder, Robert und Marlén – und ihre Kinder.

Vorwort

„Müßiger Leser! – Ohne Schwur magst du mir glauben, dass ich wünsche, dieses Buch, das Kind meines Geistes, wäre das schönste, lieblichste und verständigste, das man sich nur vorstellen kann. Ich habe aber unmöglich dem Naturgesetz zuwiderhandeln können, dass jedes Wesen sein Ähnliches hervorbringt …“[1]

Die Idee zu dem vorliegenden Buch ist aus Gesprächen mit dem Lektorat des Springer Vieweg Verlages, insbesondere mit Herrn Dr. Fröhlich, entstanden. Eine Vielzahl von Publikationen beschäftigen sich derzeit mit dem Umweltschutz im Allgemeinen und der Reinhaltung der Gewässer im Besonderen. Die Ursachen für die Verschmutzung der Schifffahrtsgewässer, legal oder auch illegal, liegt zum großen Teil auch an der Nutzung der Schiffstechnik und insbesondere der Schiffsbetriebstechnik. Um die Umwelt zu schützen und den Schiffsbetrieb zu erhalten, muss sich das Zusammenwirken von Schiffsbetrieb und Umweltschutz ändern. Die bisherige „schmutzige“ Schifffahrt muss sich immer weiter zur Idee des Green Shipping entwickeln – auch wenn die Kosten dafür steigen. Unsere Umwelt ist es wert.

Für Leser, die an der Schiffsbetriebstechnik und der Schiffskunde interessiert sind, oder für Studium und Lehre tiefgreifende und fundierte Informationen benötigen, sei das Buch „Schiffsbetriebstechnik“[2] von Herrn Dr. Manfred Pfaff empfohlen.

Dieses vorliegende Buch widmet sich primär der Darstellung der Rechtsetzungen, die den Umweltschutz im Rahmen der Schifffahrt mit Binnen- und Seeschifffahrt regeln, und versucht, die Verbindung zwischen der notwendigen Technik und dem möglichen Umweltschutz zu erläutern. Die Darstellung der Schiffsbetriebstechnik soll gerade in dem Rahmen dargestellt sein, wie der interessierte Leser Informationen benötigt, um diese Verbindung verständlich nachvollziehen zu können.

Während der Umsetzung des Buches habe ich versucht, aktuell-politische Diskussionen und Erkenntnisse einfließen lassen, ohne diese zu bewerten. Auch die Diskussion zu Umweltschädlichkeit und Gesundheitsgefährdung von Dieselabgasen lasse ich unkommentiert, versuche jedoch, wissenschaftliche Erkenntnisse darzustellen. Berichte und

[1] Miguel de Cervantes, Don Quijote, 1605.

[2] Manfred Pfaff, Schiffsbetriebstechnik, 764 Seiten, 2022, 3. Auflage, Springer Vieweg (Verlag).

Statistiken zu umweltrelevanten Themen habe ich versucht, allgemeingültig einzuarbeiten und von bloßen Einzelmeinungen zu trennen. Ich hoffe, dass mir das gelungen ist.

Für die Umsetzung dieses Buch-Projektes und das damit verbundene Vertrauen danke ich den Vertretern des Verlages, mit denen zusammen ich die Idee weiter ausbauen und umsetzen konnte. Besonderer Dank gilt dabei dem Cheflektor Energie- und Umwelttechnik, Herrn Dr. Fröhlich, aber auch Herrn Dr. Pfaff für seine fachliche und persönliche Unterstützung.

Scheidegg, Deutschland
Juli 2024

Uwe Jacobshagen

Prolog

Warum dieses Buch?

Wenn wir wollen, dass alles so bleibt, wie es ist, muss alles sich ändern.[1]

Der Franzose Claude de Jouffroy d'Abbans baute im Jahre 1783 das erste funktionsfähige Dampfschiff. Bereits seit dieser Zeit ging die maschinenbetriebene Seeschifffahrt mit einer Verunreinigung der Umwelt einher. Jedoch erst seit Mitte des 20. Jahrhunderts wurde sowohl international als auch in Deutschland Wert auf den Umweltschutz gelegt.

Das Wort Umweltschutz ist in der Bundesrepublik am 07.11.1969 entstanden, als Mitarbeiter des damaligen Innenministers Hans-Dietrich Genscher den Begriff „Environment Protection" aus den USA übernahmen und wörtlich übersetzten. Mit der Verfassungsänderung im Oktober 1994 wurde der Art. 20a und damit der Umweltschutz in das Grundgesetz als Staatsziel eingefügt und damit festgeschrieben, dass der Staat „auch in Verantwortung für die künftigen Generationen die natürlichen Lebensgrundlagen und die Tiere im Rahmen der verfassungsmäßigen Ordnung durch die Gesetzgebung und nach Maßgabe von Gesetz und Recht durch die vollziehende Gewalt und die Rechtsprechung" schützt. Staatsziele sind, laut einer Definition der Sachverständigenkommission „Staatsziele – Gesetzgebungsaufträge", Verfassungsnormen mit rechtlich bindender Wirkung.[2] Der Jurist Werner Hoppe bezeichnete sie einmal in der im Jahr 2000 erschienenen Publikation „Umweltrecht" als „Richtlinie und Direktive des staatlichen Handelns".[3]

Umweltschutz ist die Gesamtheit der Maßnahmen, welche die Umwelt des Menschen vor schädlichen Auswirkungen der Zivilisation schützen. Der Ansatz des Umweltstrafrechts in Deutschland war lange umstritten und konnte letztendlich erst durch die Staatszielbestimmung des Art. 20a GG geklärt werden. Streitgegenstand war die Frage, ob der Umweltschutz einen reinen Schutz der Ökologie und damit der Natur zu dienen hat (ökologische Sicht) oder ob der Mensch im Mittelpunkt des Umweltschutzes stehen sollte (anthropozentrische Sicht).

[1] Giuseppe Tomasi di Lampedusa, Der Leopard, 1958.

[2] https://www.bundestag.de/webarchiv/textarchiv/Definition_Umweltrecht.

[3] Werner Hoppe, Martin Beckmann, Petra Kauch, Umweltrecht, Beck Juristischer Verlag, 2000.

Mit der Erweiterung des Grundgesetzes der Bundesrepublik Deutschland am 27.10.1994 wurde die ökologisch-anthropozentrische Sicht als Staatsziel definiert und der Mensch somit als Teil der Ökologie betrachtet, die es zu schützen gilt.

Ursprünglich enthielt das Grundgesetz kaum umweltbezogene Inhalte. Doch mit der fortschreitenden technischen und industriellen Entwicklung traten zunehmend Umweltprobleme zutage. So wuchs in den siebziger Jahren mit der Verschmutzung von Luft, Boden und Gewässern in der Bevölkerung auch das Bewusstsein für Umweltschutz.

Bereits 1971 hatte die SPD ein Grundrecht auf Umweltschutz in ihr Umweltprogramm aufgenommen. Doch es waren vor allem die Grünen, die in den frühen 1980er-Jahren für ein solches Grundrecht eintraten. Ihr Ziel war, dass Bürgerinitiativen oder Verbände bei Umweltverschmutzungen klagen könnten. Durchsetzen konnte sich die Partei mit dieser Forderung nicht – im Dezember 1983 lehnte eine Sachverständigenkommission des Innenministeriums die Einführung eines Grundrechts ab und schlug stattdessen die Einführung eines Staatsziels Umweltschutz vor.[4]

Im Verlauf der 1960er- und Anfang der 1970er-Jahre erwachte allmählich das gesellschaftliche Interesse am Umweltschutz und führte zu lebhafter werdenden Diskussionen. Daraus entwickelte sich unter einer sozialliberalen Koalition das erste Umweltprogramm der Bundesregierung vom 29.09.1971. Verdient gemacht hat sich das Umweltprogramm von 1971 nicht zuletzt auch dadurch, dass die elementaren Prinzipien der (west-)deutschen Umweltschutzgesetzgebung,

- das Vorsorgeprinzip,
- das Verursacherprinzip und
- das Kooperationsprinzip,

in ihm erstmals formuliert wurden.

Für das Umweltrecht von besonderer Bedeutung war die Neuverteilung der Gesetzgebungskompetenzen für den Umweltschutz durch die Ergebnisse der Föderalismusreform I von 2006. Bis zu dieser Reform verteilte das Grundgesetz die Gesetzgebungskompetenz des Bundes für den Umweltschutz auf verschiedene, meist nicht umweltspezifische Kompetenztitel. Sie unterfielen entweder der konkurrierenden oder der Rahmengesetzgebungskompetenz des Bundes. Eine umfassende und einheitliche Regulierung war dem Bund daher oft nicht möglich. Im Rahmen der konkurrierenden Gesetzgebungskompetenz (z. B. Abfallwirtschaft) konnte er nur dann Regelungen schaffen, wenn er nachweisen konnte, dass es einer bundeseinheitlichen Regelung bedurfte (Erforderlichkeitsklausel). Die Rahmengesetzgebungskompetenz (z. B. zum Wasserhaushalt) beschränkte ihn auf Rahmenregelungen, die die Länder ausfüllen durften. Den Begriff oder gar eine Definition „Umwelt“ fügte der Gesetzgeber nicht in das Grundgesetz ein. Die Föderalismusreform I hatte dem Bund jedoch die Möglichkeit gegeben, ein Umweltgesetzbuch zu schaffen. Der Bundesgesetzgeber kann für alle Umweltrechtsmaterien Vollregelungen schaffen, wovon die Länder allerdings nachträglich in bestimmten Bereichen abweichen können.

[4] www.bundestag.de/dokumente/textarchiv/2013/47447610_kw49_grundgesetz_20a/213840.

Ein guter Umweltzustand bedeutet, dass vom Menschen verursachte Einträge von Stoffen und Energie, einschließlich Lärm, in die Meeresumwelt keine Verschmutzungseffekte verursachen. Die Schifffahrt verursacht verschiedene Umweltbelastungen, darunter insbesondere Schadstoffemissionen und vor allem die Verschmutzung der Meeresumwelt. Diese Verschmutzungen sind nicht immer illegal, also mit Verstößen gegen internationales oder nationales Recht verbunden. Illegale Verschmutzungen sind u. a. das Einleiten von Abwässern, die Müllentsorgung auf hoher See, das unsachgemäße Einleiten von Ölschlamm und das Verschleppen von Organismen in fremde Ökosysteme mit dem sogenannten Ballastwasser. Auch gegen derartige Umweltbelastungen wurden inzwischen Maßnahmen eingeleitet, auf die im Folgenden nicht näher eingegangen wird.

Unter Green Shipping werden grundsätzlich alle Maßnahmen zur Verbesserung des Umweltschutzes in der Schifffahrt verstanden. Im Vordergrund steht in jüngerer Zeit die Verminderung von Schadstoffemissionen der in der Schifffahrt eingesetzten Antriebstechnologien und Kraftstoffe.

Das Konzept der „grünen Schifffahrt" ist ein transformativer Ansatz, der darauf abzielt, die Umweltauswirkungen maritimer Operationen zu minimieren, indem der Weg für eine nachhaltigere Zukunft geebnet wird, in der der Planet Erde und seine Menschen Vorrang haben – nicht nur der Profit.

Der Begriff Green Shipping umfasst eine Reihe von Strategien und Technologien, die alle die folgenden gemeinsamen Ziele verfolgen:

- Reduzierung der CO_2-Emissionen
- Minimierung der Luft- und Wasserverschmutzung sowie
- Förderung des ökologischen Gleichgewichts.

Auf dem Stand der aktuellen und zu erwartenden Technik ist es erforderlich, eine Balance zwischen dem notwendigen Schiffsbetrieb und der damit verbundenen ökologischen Belastung zu finden. Nach wie vor stellt die Schifffahrt auf Seewegen und Binnenwasserstraßen den leistungsfähigsten Transportweg für Waren dar. Es werden etwa 90 % aller Waren weltweit mit Seeschiffen transportiert, und der Gütertransport per Binnenschiff auf deutschen Wasserstraßen steht an dritter Stelle hinter dem Transportaufkommen auf der Straße und der Schiene.

Im Vergleich zwischen dem Lkw-Verkehr und dem Transport mit Binnenschiffen wurde festgestellt, dass die Umweltbelastungen während des gewerblichen Straßenverkehrs bedeutend höher sind als auf den Wasserstraßen. Als Emissionen werden Stickstoffoxide, Kohlenwasserstoffe, differenziert nach Methan und Nicht-Methan-Kohlenwasserstoffen sowie Benzol, Kohlenmonoxid, Partikel, Ammoniak, Distickstoffoxid, Kohlendioxid und Schwefeldioxid erfasst. Bilanziert werden die direkten Emissionen einschließlich der Verdunstungsemissionen und diejenigen Emissionen, die in der dem Endenergieverbrauch vorgelagerten Prozesskette entstehen (Tab. 1).[5]

[5] https://www.umweltbundesamt.de/themen/verkehr-laerm/emissionsdaten#textpart-2.

Tab. 1 Vergleich der durchschnittlichen Emissionen (Stand: 2022)

Verkehrsträger	g/tkm	Treibhausgase	Stickoxide	Partikel
Lkw gesamt		121	0,198	0,010
Güterbahnen		16	0,032	0,001
Binnenschiffe		36	0,415	0,011

Bedenkenswert ist die Tatsache, dass am 01. Januar 2024 rund 3,74 Mio. Lkw in Deutschland zugelassen waren.[6] Davon verfügen etwa 3 Mio. Fahrzeuge über einen Dieselantrieb.

Die Schiffe effektiv und möglichst umweltschonend auf den Wasserstraßen einzusetzen und damit die Anzahl der Straßenfahrzeuge zu reduzieren ist nun die Aufgabe aller Schifffahrtstreibenden und der Entwickler neuer Antriebsmöglichkeiten. Die Art des Schiffsbetriebs, insbesondere die dazu erforderliche Technik, ist entscheidend für den Grad der Belastung der Umwelt und so auch für die gesamten globalen Auswirkungen der Verunreinigung von Wasser und Luft durch die Schifffahrt.

Die Motoren von See- und Binnenschiffen emittieren Abgase in die Atmosphäre und leiten flüssige und feste Schiffsabfälle in das Umgebungswasser ein. Verschiedene Rechtsabkommen und freiwillige Initiativen enthalten Regeln zu dieser Verschmutzung. Darüber hinaus gibt es zahlreiche schiffbauliche Konzepte, die einen umweltfreundlicheren Schiffsbetrieb zum Ziel haben. Auch wenn Schiffe schneller fahren, steigt deren Kraftstoffverbrauch exponentiell. Der Verbrauch von Kraftstoff ist und bleibt ein ökonomisches Kriterium zum Wirkungsgrad des Warentransportes. Schnelle Lieferungen von Waren ziehen einen hohen Verbrauch an Kraftstoffen und somit eine erhöhte Umweltbelastung nach sich. Der erhöhte Kraftstoffverbrauch emittiert so bedeutend mehr Schadstoffe in die Luft und lässt auch bei modernsten Antriebsanlagen Meeresschadstoffe entstehen, die entweder an Land oder (legal) im Meer entsorgt werden müssen.

Im Jahr 2008 gründete sich die Initiative Green Ship of the Future, die ein Zusammenschluss von zurzeit fünfzehn dänischen Teilnehmern der maritimen Wirtschaft ist, darunter Unternehmen wie A. P. Møller-Mærsk, Odense Steel Shipyard, MAN Diesel und Aalborg Industries und mehreren dänischen Hochschulen, wie beispielsweise der Technical University of Denmark. Das Projekt beschäftigt sich mit der Entwicklung von Technologien, mit denen wesentliche Emissionsverringerungen in der Seeschifffahrt erreicht werden können. Die angestrebten Ziele sind hierbei eine Verringerung des Kohlendioxidausstoßes um 30 % und die Verringerung des Ausstoßes von Stickoxiden und Schwefelanteilen um jeweils 90 %.[7]

Seit 2002 wird das deutsche Umweltzeichen Blauer Engel für Seeschiffe vergeben, bei denen schon bei der Planung möglichst viele Umweltinnovationen zur Minderung der Einträge in die Meeresumwelt umgesetzt werden. Dabei sind u. a. hohe Auflagen für die Abfall- und Abwasserbehandlung an Bord enthalten. Der Blaue Engel für umweltschonende

[6] https://de.statista.com/statistik/daten/studie/6961.

[7] https://stateofgreen.com/en/solution-providers/green-ship-of-the-future.

Schifffahrt wird vom Umweltbundesamt verliehen und stellt hohe Ansprüche an den Reeder, die Besatzung und das Schiff mit seinen technischen Einrichtungen. Voraussetzungen sind neben einem guten Personalmanagement und einem optimales Sicherheitsmanagement, ein gut funktionierendes Abfallmanagement, die Aufbereitung von Ab- und Bilgenwasser, FCKW-freie Kältemittel, ein TBT-freier Unterwasseranstrich sowie geringere Schwefel- und Stickoxidemissionen in den Abgasen.

Der Zusammenhang zwischen Schiffsbetrieb und Schiffsbetriebstechnik auf der einen und Umweltschutz auf der anderen Seite lässt sich nur durch die umfassende Kenntnis der Erforderlichkeit beider Seiten verstehen. Das Ziel des Umweltschutzes und das Erreichen eines optimalen Green Shipping kann nur über die Einhaltung der maximalen Umweltanforderungen der vorhandenen Rechtsetzungen und die ständige Weiterentwicklung der rechtlichen und technischen Voraussetzungen der Schifffahrt erreicht werden. Es ist tatsächlich zu hinterfragen, inwieweit unnötige, umweltbelastende Schifffahrt zeitgemäß und akzeptabel ist. Kreuzfahrtschiffe mit konventionellen Schiffsantrieben, die ausschließlich den Erholungszwecken dienen, geraten in einer vernünftigen Umweltdiskussion weitgehend in die Kritik.

Die heutige Seefahrt zeichnet sich dadurch aus, dass der Umweltgedanke immer mehr in den Vordergrund des Schiffbaus und des Schiffsbetriebes rückt. Viele bauliche und auch rechtliche Maßnahmen führen zu einem immer saubereren Schiffsbetrieb – das „grüne Schiff" wird das Schiff der Zukunft. Trotzdem ist es nicht möglich, bei den Größen (400 m Länge und mehr) und Transportmöglichkeiten (20.000 Container [TEU] und mehr) der heutigen Handelsschiffe Umweltbelastungen vollständig auszuschließen. Auch bei Kreuzfahrtschiffen, die immer mehr Zulauf gewinnen und schon jetzt Platz für mehr als 6000 Passagiere bieten, wird immer ein Rest an Umweltbelastungen hingenommen werden müssen.

In der heutigen Schifffahrt müssen Schifffahrtstreibende und Behörden gemeinsam die Herausforderungen der technischen und rechtlichen Entwicklung annehmen, die Möglichkeiten der Neuerungen erkennen und einen Weg finden, den Fortschritt in Gegenwart und Zukunft an die gegenwärtigen Gegebenheiten anzupassen. Nicht jede Umweltverschmutzung ist somit gleich kriminelles Unrecht, doch wenn ein tatsächliches Fehlverhalten vorliegt, sollten die rechtlichen Mittel zu dessen Ahndung angewandt werden. Die Süddeutsche Zeitung schrieb am 12. April 2017 „Umweltschutz ist wichtig, Autofahren ist wichtiger".[8] Der Umweltschutz steht in der Rangordnung der aktuell wichtigsten Probleme an dritter Stelle. Für die See- und Binnenschiffswirtschaft gilt dann „Umweltschutz ist wichtig – Schifffahrt auch". Erreichbare Synergien können dazu führen, dass sowohl der Seehandel weiter floriert und gleichzeitig die Umwelt geschont wird.

Der Zustand der Umwelt im Allgemeinen und der Gewässer im Besonderen hat einen Grad erreicht, der mindestens erhalten, wenn nicht wesentlich verbessert werden muss. Um das zu erreichen, muss sich, frei nach Giuseppe Tomasi di Lampedusa, der Umgang mit sämtlichen Umweltmedien ändern. Gerade in der Schifffahrt gilt: Es gibt kein WEI-

[8] http://www.sueddeutsche.de/leben/umwelt-umweltschutz-ist-wichtig-autofahren-ist-wichtiger.

TER SO. Ein entscheidender Schritt, unsere Umwelt so zu erhalten ist, auch die Entwicklung einer grünen Schifffahrt – Green Shipping.

Was bedeutet nun Green Shipping?

Der Begriff Green Shipping umfasst alle Maßnahmen zur Verbesserung des Umweltschutzes in der Schifffahrt. Insbesondere die Erzeugung von Schadstoffemissionen durch die in der Schifffahrt eingesetzten Antriebstechnologien und Kraftstoffe sowie die illegale (und legale) Entsorgung von Ölrückständen und anderen Abfällen, wie z. B. Abwässern, müssen eingedämmt und möglichst auf ein Mindestmaß reduziert werden.

Die Umweltbelastungen durch die Binnen- und Seeschifffahrt entstehen hauptsächlich durch die Schadstoffemissionen, durch Abwässer, die Müllentsorgung auf hoher See, das unsachgemäße Entsorgen von Ölschlamm und das Verschleppen von Organismen in fremde Ökosysteme mit dem sogenannten Ballastwasser. Gegen viele dieser Umweltbelastungen wurden rechtliche Maßnahmen, wie das MARPOL-Übereinkommen[9] oder das CDNI,[10] erlassen, die zum einen nicht immer eingehalten werden und zum anderen nicht die Ziele des Umweltschutzes erreichen lassen. Durch die teilweise sehr groben Grenzwertsetzungen oder das Fehlen notwendiger Grenzwerte wird die Umwelt weiterhin belastet, und das Ziel des Umweltschutzes bleibt gefährdet. Beispielsweise sind im CDNI keinerlei Vorschriften zum Einleiten von häuslichen Abwasser auf Binnenschiffen festgelegt. So sollten technisch mögliche, aber nicht vorgeschriebene Maßnahmen zum Umweltschutz weiterentwickelt werden – z. B. das vollständige Verbot schwefelreicher Schadstoffe oder das grundsätzliche Verbot von Einleitung schädlicher häuslicher Abwässer.

Nach den Vorgaben der Europäischen Union sollen durch die Politik, Strategien und Rechtsvorschriften der EU bis 2030 folgende gesetzten Umwelt-, Energie- und Klimaziele erreicht werden:

- Reduzierung der Treibhausgasemissionen um 55 % gegenüber 1990,
- Senken des Endenergieverbrauchs um mindestens 11,7 % als derzeitige Prognosen vorhersagen und
- Senken der Nettotreibhausgasemissionen um mindestens 55 %.[11]

Am 23. Mai 2023 einigten sich die gesetzgebenden Organe der EU auf *FuelEU Maritime* – dabei handelt es sich um eine neue EU-Verordnung, mit der sichergestellt wird, dass die Treibhausgasintensität der vom Schifffahrtssektor verwendeten Kraftstoffe im Laufe der Zeit schrittweise um 2 % im Jahr 2025 und um bis zu 80 % bis 2050 gesenkt wird. Sie wird die Nutzung umweltfreundlicherer Kraftstoffe und Energien fördern und so

[9] siehe 7.3.

[10] siehe 8.3.

[11] https://european-union.europa.eu/priorities-and-actions/actions-topic/environment_de.

die Senkung der Treibhausgasemissionen im Schifffahrtssektor unterstützen. Diese europäische Verordnung gilt ab dem 1. Januar 2025, mit Ausnahme einiger Artikel, die ab dem 31. August 2024 gelten. Die Vorgaben dieser Verordnung gelten zunächst für Schiffe mit einer Bruttoraumzahl über 5000, die in Häfen im Hoheitsgebiet eines EU-Mitgliedstaats einlaufen, aus ihnen auslaufen oder sich dort aufhalten. Zusätzlich wird für Container- und Passagierschiffe eine Landstrompflicht ab 2030 eingeführt. Damit soll die Luftverschmutzung in Häfen verringert werden, die oft in der Nähe dicht besiedelter Gebiete liegen. Auch der Einsatz von synthetischen Kraftstoffen (z. B. GTL) aus erneuerbaren Energien wird für die Schifffahrt gezielt gefördert.

Die FuelEU Maritime – Initiative soll weiter zur Dekarbonisierung des Seeverkehrs beitragen, indem Obergrenzen für die jährliche Treibhausgasintensität der von Schiffen verbrauchten Energie festgelegt werden. Dabei beziehen sich diese Ziele nicht nur auf die CO_2-Emissionen, sondern auch auf die Methan- (CH_4) und Distickstoffoxid-Emissionen (N_2O) während des gesamten Lebenszyklus der Kraftstoffe. Im Jahr 2018 beliefen sich die weltweiten Schiffsemissionen auf 1076 Mio. t CO_2 und waren für etwa 2,9 % der durch menschliche Aktivitäten verursachten globalen Emissionen verantwortlich.[12] Bisherige Prognosen zeigen, dass diese Emissionen bis 2050 um bis zu 130 % der Emissionen von 2008 ansteigen könnten. Wenn die Auswirkungen der Schifffahrt auf den Klimawandel wie prognostiziert zunehmen, werden die Ziele des Pariser Abkommens, die Erderwärmung auf maximal 2 und möglichst 1,5°C zu begrenzen, nicht erreicht werden können. Um die Treibhausgasemissionen der internationalen Schifffahrt deutlich zu reduzieren, sind wirksame globale Maßnahmen erforderlich. Im Juli 2023 machte die Internationale Seeschifffahrtsorganisation (IMO) einen Schritt auf diesem Weg, indem sie sich zu neuen Zielen für die Reduzierung der Treibhausgasemissionen verpflichtete und im Jahr 2025 eine Reihe von Maßnahmen zur Erreichung dieser Reduktionsziele entwickelte und verabschiedete. Die nächsten Jahre werden zeigen, welche Maßnahmen ergriffen und umgesetzt werden und ob sie im Einklang mit der Erreichung dieser Ziele und der Ziele des Pariser Abkommens stehen. Die Maßnahmen der EU, um sicherzustellen, dass der Seeverkehr seinen Beitrag zur Erreichung der Klimaneutralität in Europa bis 2050 leistet, sind ein wesentlicher Schritt, um Anreize für die notwendigen Reduzierungen zu schaffen.[13]

Seit 2005 ist der Europäische Emissionshandel (E- ETS) das zentrale Klimaschutzinstrument der EU mit dem Ziel, die Treibhausgas-Emissionen der teilnehmenden Energiewirtschaft und der energieintensiven Industrie wesentlich zu reduzieren. Neben Kohlendioxid sind seit 2013 auch N_2O und perfluorierte Kohlenwasserstoffe einbezogen. Seit Januar 2024 wurde EU-ETS ausgeweitet, um die CO_2-Emissionen aller Schiffe mit einer Bruttoraumzahl von 5000 und mehr abzudecken, die EU-Häfen anlaufen, unabhängig von der Flagge, die sie führen. Dieses System umfasst

[12] https://climate.ec.europa.eu/eu-action/transport/reducing-emissions-shipping-sector_en.

[13] https://european-union.europa.eu/priorities-and-actions/actions-topic/environment_de.

- 50 % der Emissionen von Reisen, die außerhalb der EU beginnen oder enden (wodurch das Drittland über geeignete Maßnahmen für den verbleibenden Anteil der Emissionen entscheiden kann);
- 100 % der Emissionen, die zwischen zwei EU-Häfen und beim Aufenthalt von Schiffen innerhalb von EU-Häfen entstehen.

Das EU-ETS deckt die Emissionen von CO_2 (Kohlendioxid) und, ab 2026, die Emissionen von CH_4 (Methan) und N_2O (Lachgas) ab.

Schifffahrtsunternehmen müssen dann für jede Tonne gemeldeter CO_2-Emissionen EU-ETS-Emissionszertifikate erwerben und abgeben. Es ist die Aufgabe der Verwaltungsbehörden der EU-Mitgliedstaaten, die Einhaltung dieser Regeln sicherzustellen. In einer ersten Übergangsphase müssen Schifffahrtsunternehme nur Zertifikate für einen Teil ihrer Emissionen abgeben:

- 2025: für 40 % ihrer im Jahr 2024 gemeldeten Emissionen,
- 2026: für 70 % ihrer im Jahr 2025 gemeldeten Emissionen und
- ab 2027: für 100 % ihrer gemeldeten Emissionen.[14]

Dazu läuft die erste Abgabefrist in allen Mitgliedstaaten im September 2025 ab, und zwar für Emissionen, die zwischen dem 1. Januar 2024 und dem 31. Dezember 2024 gemeldet wurden.

Neben den internationalen Abkommen und Verträgen, die zum Teil auch national umgesetzt sind und somit Gesetzescharakter erhalten haben, gibt es auch freiwillige Initiativen zur Verbesserung des Umweltschutzes auf See. Hierzu gehört das Umweltzeichen „Blauer Engel für Seeschiffe“, das spezielle Anforderungen an das Design der Schiffe und deren Betrieb stellt, die über technische Standards hinaus unter anderem auch Qualifizierungen des Personals einschließen. Der Blaue Engel wurde 1978 ins Leben gerufen und ist heute das bekannteste Umweltzeichen. Er zeichnet Produkte und Dienstleistungen aus, die in einer ganzheitlichen Betrachtung besonders umweltfreundlich sind und zugleich hohe Ansprüche an Arbeits- und Gesundheitsschutz sowie an die Gebrauchstauglichkeit erfüllen.

Für Seeschiffe stehen zwei Blaue Engel zur Verfügung:[15]

- Umweltfreundliches Schiffsdesign und
- Umweltfreundlicher Schiffsbetrieb.

Das Umweltzeichen *Umweltfreundliches Schiffsdesign* richtet sich vor allem an Reedereien, Werften oder Schiffsbetreiber, die einen Neubau planen. Schon beim Design und beim Bau eines Schiffes sollten möglichst viele Umweltinnovationen realisiert werden, um die Potenziale zum Schutz der Umwelt abzurufen. Als Auswahlkriterien gelten

[14] https://climate.ec.europa.eu/eu-action/eu-emissions-trading-system-eu-ets_de.

[15] https://produktinfo.blauer-engel.de/uploads/attachment/de/Flyer_BE_Seeschiffe_web.pdf.

- Sludgetanks innerhalb der Doppelhülle zum Schutz bei Havarien,
- Erfüllung der jeweils nächsten Energieeffizienz-Stufe (EEDI),
- keine ozonschichtschädigenden Kältemittel für Klimaanlagen sowie (optional)
- Gasantrieb zur Minderung der Luftschadstoffemissionen,
- Einbau eines Partikelfilters und
- komplette Abwasserentsorgung an Land.

Zusätzlich oder auch separat kann der Blaue Engel für den *Umweltfreundlichen Schiffsbetrieb* auf Antrag vergeben werden. Dieses Umweltzeichen soll die Umsetzung umweltfreundlicher Maßnahmen beim Betrieb insbesondere bei bereits bestehenden Schiffen honorieren. Zu den Auswahlkriterien gehören

- höhere Anforderung an das Personal an Bord (z. B. Personalkontinuität und Umweltschutztraining),
- Verwendung schwefelreduzierter Kraftstoffe oder Scrubber ohne Einleitung ins Meer sowie (optional)
- komplette Bilgenwasser-Entsorgung an Land
- biozidfreie Antifoulingfarben/-systeme für den Schiffsrumpf und
- kein Einsatz von Halon-Feuerlöschmittel.

Um die Umweltbelastung durch Schadstoffe in der Schifffahrt weiter zu verringern, gibt es verschiedene Ansatzpunkte wie Nachrüstung mit Filteranlagen,[16] Wechsel des Kraftstoffes und/oder des Antriebs sowie Verminderung der Geschwindigkeit. Das Fahren mit geringerer Geschwindigkeit ist seit längerem Praxis. Hierdurch kann der Kraftstoffverbrauch gesenkt werden, was in Zeiten hoher Brennstoffpreise kostensenkend wirkt und zudem die Emissionen reduziert.

Die Reduktion der Schwefelemissionen kann durch den Einbau eines Gaswäschers (Scrubber) erreicht werden. Diese Scrubber erzeugen Abwasser, das bei Open-Loop-Systemen[17] ins Meer eingeleitet wird und umweltbelastend wirkt.

Zur Erreichung der Umweltziele können Schiffe grundsätzlich von Schweröl z. B. zu dem schwefelärmeren Marinediesel wechseln. Hierzu sind nur relativ geringe technische Anpassungen der Motoren notwendig. Ein Wechsel von Schweröl zu Marinediesel ist auch vor der Einfahrt in SECA möglich, erfordert dann aber getrennte Tanks und ist mit Aufwand für die Umstellung und zeitlichem Vorlauf verbunden. Der Wechsel lohnt sich im Vergleich zu Filteranlagen auch bei geringen Preisunterschieden zwischen Schweröl und Marinediesel. Jedoch stellt die Fahrt außerhalb von SECA mit Marinediesel immer noch einen Wettbewerbsnachteil dar – je teurer der Kraftstoff, desto höher die Frachtkosten. Die Kosten dafür übernehmen in der Regel die Endverbraucher der gelieferten Waren. Die Bereitschaft dafür muss auch durch die Politik erzeugt werden.

---

[16] siehe Abb. 4.12.

[17] siehe Abb. 7.3.

Alternativen zu den schwefelhaltigen Kraftstoffen bietet schließlich der Einsatz von Antrieben mit Flüssiggas (Liquified Natural Gas, LNG), entweder als reiner LNG-Motor oder als Hybridmotor.[18] Hierdurch können die Treibhausgasemissionen zwar gesenkt werden, aber es kommt aufgrund des antriebstechnisch bedingten Methanschlupfs zu schädlichen Methanemissionen.

Aufgrund des weltweit steigenden Seetransports werden künftig die Umweltbelastungen durch den Seeverkehr zunehmen. In den von der IMO vorgestellten Szenarien zur Entwicklung der CO_2-Emissionen steigen die Emissionen bis zum Jahr 2050 in einer Bandbreite von 50 % bis 250 % im Vergleich zum Jahr 2012. Die Belastungen durch die anderen Schadstoffe werden ebenfalls zunehmen, wenngleich in etwas geringerem Maße, weil die vereinbarten Grenzwerte (z. B. nach MARPOL 73/78, Anlagen 1 und 6) dem entgegen wirken. Es müssten also weitere Anstrengungen durch die Legislative und alle Schifffahrtstreibenden unternommen werden, damit die Schifffahrt ihren Beitrag zum Erreichen der globalen Klimaziele leistet.

Vom 30. November bis 13. Dezember 2023 hat die 28. UN-Klimakonferenz in Dubai stattgefunden. Vertreter aus 197 Staaten haben zwei Wochen lang über Umwelt- und Klimaschutz diskutiert. Schließlich konnten sie sich nach langen Debatten auf eine Abschlusserklärung einigen.

Die Ergebnisse sehen vor:

- Die Abkehr von fossilen Energien. In dem Beschluss hat sich die Weltgemeinschaft auf einen Abschied von Kohle, Öl und Gas geeinigt, zumindest auf dem Papier. Ein Bekenntnis zu einem klaren Ausstieg kommt in dem Dokument aber nicht vor.
- Der Umstieg auf erneuerbare Energien. Die Kapazitäten erneuerbarer Energien sollen bis zum Jahr 2030 verdreifacht und die Energieeffizienz soll verdoppelt werden, heißt es im Abschlussdokument.
- Einrichtung eines Entschädigungsfonds für ärmere Länder. Staaten des Globalen Südens können zukünftig mit Unterstützung rechnen, wenn sie von Klimaschäden wie Fluten, Dürren und Stürme getroffen werden. Mehrere Staaten sicherten Gelder zu. Deutschland beteiligt sich bei den Fonds mit 100 Mio., ebenso wie der Gastgeber die Vereinigten Arabischen Emirate. Insgesamt kamen etwa 800 Mio. US-Dollar zusammen.

Kritik gab es an dem fehlenden Bekenntnis zum klaren Ausstieg bei Kohle, Öl und Gas und an der mangelnden Unterstützung für die ärmeren Staaten. Die bislang gemachten Zusagen zum Pariser Klimaabkommen würden nicht ausreichen, um die globale Erhitzung auf 1,5 Grad zu beschränken, so der Vorwurf.[19]

[18] siehe 2.7.

[19] https://www.lpb-bw.de/weltklimagipfel.

Inhaltsverzeichnis

Abkürzungsverzeichnis

ε	Verdichtungsverhältnis
η	Wirkungsgrad
λ	Ladeluftverhältnis
ω	Winkelgeschwindigkeit
Ω	Ohm
A	Ampere
Abs.	Absatz
AEUV	Vertrag über die Arbeitsweise der Europäische Union
AFS-Übereinkommen	Internationales Übereinkommen von 2001 über die Beschränkung des Einsatzes schädlicher Bewuchsschutzsysteme auf Schiffen (International Convention on the Control of Harmful Antifouling Systems on Ships)
AIS	Automatic Identification System
Art.	Artikel
BCH-Code	Code für den Bau und die Ausrüstung von Schiffen zur Beförderung gefährlicher Chemikalien als Massengut (Code for the Construction and Equipment of Ships carrying Dangerous Chemicals in Bulk)
BinSchAufgG	Binnenschifffahrtsaufgabengesetz
BG	Berufsgenossenschaft
BGB	Bürgerliches Gesetzbuch
BGBl.	Bundesgesetzblatt
BImSchG	Bundes-Immissionsschutzgesetz
BImSchV	Bundesimmissionsschutzverordnung
BLU-Code	Code für das sichere Be- und Entladen von Massengutschiffen (Code For Practice for the Safe Loading and Unloading of Bulkcarriers)
BRT	Bruttoregistertonnen
BRZ	Bruttoraumzahl
BSH	Bundesamt für Seeschifffahrt und Hydrografie

BSU	Bundesstelle für Seeunfalluntersuchung
BVerfGG	Bundesverfassungsgerichtsgesetz
BWTS	Ballast Water Treatment System
CBD	Convention on Biological Diversity
CDNI	Übereinkommen über die Sammlung, Abgabe und Annahme von Abfällen in der Rhein- und Binnenschifffahrt
CODAG	Combined Diesel and Gas
CPP	Controllable Pitch Propeller, Verstellpropeller
DFOC	Daily Fuel Oil Consumption
ECA	Emission Control Area
EEDI	Energy Efficiency Design Index
EEOI	Energy Efficiency Operational Indicator
EG	Europäische Gemeinschaft
EU	Europäische Union
EUV	Vertrag über die Europäische Union
F_{osz}	Oszillierende Kraft
F_{rot}	Rotationskraft
F_T	Tangentialkraft
FPP	Fixed Pitch Propeller
GG	Grundgesetz der Bundesrepublik Deutschland
HELCOM	Zwischenstaatliche Kommission für den Schutz der Meeresumwelt im Ostseeraum
IHM	Inventory of Hazardous Materials
HFO	Heavy Fuel Oil, Schweröl
HVAC	Heating, Ventilation, Air-Conditioning
I	Elektrische Stromstärke
i. d. R.	in der Regel
IFO	Intermediate Fuel Oil
IMO	Internationale Seeschifffahrts-Organisation (International Maritime Organization)
i. S. d.	Im Sinne des
KrWG	Kreislaufwirtschaftsgesetz
kW	Kilowatt
kW/h	Kilowattstunde
MARPOL 73/78	Internationales Übereinkommen von 1973 zur Verhütung der Meeresverschmutzung durch Schiffe (International Convention for the Prevention of Marine Pollution from Ships)
MEPC	Komitee zum Schutz der Meeresumwelt (Marine Environment Protection Committee)
MSC	Schiffssicherheitsausschuss (Maritime Safety Committee)
MSRL	Meeresstrategie-Richtlinie

n. h. M.	Nach herrschender Meinung
NLS	Internationales Zeugnis über die Verhütung der Verschmutzung bei der Beförderung schädlicher flüssiger Stoffe als Massengut (International Pollution Prevention Certificate for the Carriage of Noxious Liquid Substances in Bulk)
NO_x	Stickstoffoxide
ÖlSG	Ölschadensgesetz
Owi	Ordnungswidrigkeit
OwiG	Ordnungswidrigkeitengesetz
OS	Other Substances
OSPAR	Oslo-Paris-Übereinkommen
p	Druck
p_{Comp}	Kompressionsdruck
p_i	Indizierter Mitteldruck
P	Leistung
POP	Persistent Organic Pollutants (schwer abbaubarer, organischer Schadstoff)
ppm	Parts per million
RGU	Rechtsbereinigungsgesetz Umwelt
(S)ECA	(Schwefel)-Emission-Überwachungs-Gebiete; ([Sulphur] Emission Control Areas)
SeeUmwVerhV	Seeumweltverhaltungsverordnung
sm	Seemeile (1,852 km)
SOLAS 74/88	Internationales Übereinkommen von 1974 zum Schutz des menschlichen Lebens auf See (International Convention for the Safety of Life at Sea)
SRÜ	Seerechtsübereinkommen der Vereinten Nationen
STCW	Internationales Übereinkommen über Normen für die Ausbildung, die Erteilung von Befähigungszeugnissen und den Wachdienst von Seeleuten (Standards of Training, Certification and Watchkeeping Convention, Version 1995)
StrÄndG	Strafrechtsänderungsgesetz
StGB	Strafgesetzbuch
T	Temperatur
T_{Abgas}	Abgastemperatur
T_{Comp}	Kompressionstemperatur
T_{Verbr}	Verbrennungstemperatur
U	Spannung
U_{eff}	Effektivspannung
UBA	Umweltbundesamt
UmwHG	Umwelthaftungsgesetz

V	Volt
VwVG	Verwaltungsverfahrensgesetz
WHG	Wasserhaushaltsgesetz
WStrG	Bundeswasserstraßengesetz
ZKR	Zentralkommission für die Rheinschifffahrt

Abbildungsverzeichnis

Tabellenverzeichnis

Teil I

Belastung der Umwelt

Umweltmedien 1

Inhaltsverzeichnis

Unsere Umwelt ist ständig den menschengemachten Belastungen ausgesetzt. Dies bedeutet, dass die Emission von Müll und Schadstoffen in die natürliche Umwelt zu einer stetigen Verschlechterung der Umweltmedien führt. Insbesondere durch die Schifffahrt werden die Meere und die Luft so belastet, dass eine Klimaveränderung nicht mehr verhindert werden kann.

1.1 Wasser und dessen natürliche Vorkommen

Wasser (H_2O) ist eine chemische Verbindung aus den Elementen Sauerstoff (O) und Wasserstoff (H). Die Bezeichnung Wasser wird besonders für den flüssigen Aggregatzustand verwendet. Im festen, also im gefrorenen Zustand, wird es Eis genannt, im gasförmigen Zustand Wasserdampf oder einfach nur Dampf.[1] Es ist die einzige chemische Verbindung auf der Erde, die in der Natur als Flüssigkeit, als Festkörper und als Gas vorkommt.

Das Wort Wasser leitet sich vom althochdeutschen waʒʒar (das Feuchte, Fließende) ab.[2]

[1] https://www.chemie.de/lexikon/Wasser.html.

[2] Das Herkunftswörterbuch (Der Duden in zwölf Bänden. Band 7), 5. Auflage. Dudenverlag, Berlin 2014.

U. Jacobshagen, *Green Shipping – Schiffsbetrieb und Umweltschutz*,
https://doi.org/10.1007/978-3-658-46807-1_1

Wasser hat eine Dichte von ca. 1 kg/dm^3 und ist schwerer als die meisten Flüssigkeiten, die das Umweltwasser verschmutzen können (z. B. Schweröl, Diesel, Schmieröl). Obwohl die Dichte und damit das Gewicht einer Flüssigkeit bei Erhöhung der Temperatur sinkt, hat das Wasser seine höchste Dichte bei ungefähr 4 °C.[3] Die Verringerung der Dichte bei höheren Temperaturen wird sich in der Schiffstechnik zunutze gemacht, z. B. bei Kastenkühlern für das Kühlwassersystem von Schiffen.

Im Schifffahrtsrecht wird die Dichte (oder Wichte oder Gewicht) nach den Fähigkeiten zum Auftrieb von Schiffen unterschieden, um z. B. die Beladung eines Schiffes zum Einhalten der Vorschriften des Internationalen Freibord-Übereinkommens (Load Line Convention [LLC]) zu berechnen. Dabei wird zwischen Frischwasser, Seewasser und anderen Flüssigkeiten unterschieden:

Die Gewichte (einheitslos) werden auf der Grundlage der folgenden Werte für das spezifische Gewicht ermittelt:

- Seewasser 1,025,
- Frischwasser 1,000,
- flüssiger Brennstoff 0,950,
- Dieselöl 0,900 und
- Schmieröl 0,900.[4]

Für Wasser, das weder Frisch- noch Seewasser ist (Dichte zwischen 1,000 und 1,025 kg/dm^3), muss das Gewicht für den sogenannten Verbrauchsabzug berechnet werden. Wasser wird an Bord von Schiffen sowohl als (aufbereitetes) Trinkwasser als auch als Betriebswasser für die technischen Systeme des Schiffsantriebs sowie als Waschwasser verwendet. Die Nutzung reicht dabei von dem Waschen der Laderäume und dem Reinigen von Schiffsabgasen (Scrubber-Systeme) bis zum häuslichen Gebrauch des Wassers (Küchenwasser, Hygienewasser, Toilettenwasser). In den meisten dieser Fälle wird das gebrauchte Wasser wieder in die Umwelt gebracht und verunreinigt das dort vorhandene Wasser, was rechtlich nur durch die Bewilligung oder Erlaubnis befugt geschehen darf. Auch bei Einhaltung der Rechtsvorgaben bleibt in jedem Fall eine Verunreinigung der Umwelt.

1.1.1 Grundwasser

Die größten Süßwasservorkommen weltweit liegen im Untergrund und sind in vielen Regionen die wichtigste Quelle für die Wasserversorgung. Dieses Grundwasser ist Teil des Wasserkreislaufs und stammt überwiegend aus Regenwasser, das durch den Boden und den Untergrund bis in die Grundwasserleiter sickert. Oberflächennahe Grundwasservorkommen versorgen Pflanzen mit Wasser und bilden wertvolle Feuchtbiotope. Das Grundwasser tritt

[3] Dichteanomalie des Wassers.

[4] Kapitel III, Regel 27 LLC.

in Quellen zu Tage und speist Bäche und Flüsse. Gerade in den regenarmen Zeiten des Jahres stammt ein großer Teil des Wassers in unseren Flüssen aus dem Grundwasser. Qualität und Menge des Grundwassers beeinflussen damit auch die Oberflächengewässer. Rund 74 % des Trinkwassers stammen aus Grundwasser, das damit die wichtigste Trinkwasserressource Deutschlands ist. Von den insgesamt 1000 Grundwasserkörpern in Deutschland verfehlen lediglich ca. 5 % den guten mengenmäßigen Zustand.[5]

Durch gesetzliche Auflagen von Bund und Ländern und Förderprogramme zum Ausbau der ökologischen Landwirtschaft soll das Grundwasser vor weiteren Verunreinigungen geschützt werden. Mit der im Dezember 2000 in Kraft getretene EU-Wasserrahmenrichtlinie (WRRL) sind weitreichende Maßnahmen zur weiteren Verbesserung der Grundwasserqualität geplant, beziehungsweise bereits durchgeführt. Die wesentlichen Schutzvorschriften für das Grundwasser finden sich in den §§ 46 bis 53 WHG.[6]

Grundsätzlich darf Grundwasser erlaubnisfrei durch Entnehmen, Zutagefördern, Zutageleiten oder Ableiten

- für den Haushalt, für den landwirtschaftlichen Hofbetrieb, für das Tränken von Vieh außerhalb des Hofbetriebs oder in geringen Mengen zu einem vorübergehenden Zweck,
- für Zwecke der gewöhnlichen Bodenentwässerung landwirtschaftlich, forstwirtschaftlich oder gärtnerisch genutzter Grundstücke

genutzt werden, soweit keine signifikanten nachteiligen Auswirkungen auf den Wasserhaushalt zu besorgen sind. Das Grundwasser muss jedoch auf jeden Fall reingehalten werden, auch durch das Lagern oder Ablagern von Gegenständen. Damit kann jede nachteilige Veränderung des Grundwassers ausgeschlossen werden.

1.1.2 Flüsse

Fließgewässer sind die Lebensadern unserer Landschaft. Neben ihren Funktionen in der Kulturlandschaft sind Bäche und Flüsse als Ökosysteme besonders interessant. Die ständige Bewegung und Veränderung durch das fließende Wasser schaffen Nischen für spezialisierte Pflanzen- und Tierarten.[7]

Die Flüsse und Kanäle bilden in Deutschland die Binnenwasserstraßen, auf denen die Binnenschifffahrt stattfindet. Nach dem System der europäischen Klassifizierung für Binnenwasserstraßen besitzen 70 % der deutschen Wasserstraßen internationale Bedeutung, 17 % sind nur von nationaler Bedeutung und 13 % sind nicht klassifiziert bzw. nicht dem allgemeinen Verkehr dienend. Der Rhein stellt die mit Abstand wichtigste und verkehrsreichste Binnenwasserstraße in Europa dar. Rund 80 % des Güterverkehrs in der

[5] https://www.bmu.de/themen/wasser-abfall-boden/binnengewaesser/grundwasser.

[6] https://www.bmu.de/themen/wasser-abfall-boden/binnengewaesser/grundwasser.

[7] Jürgen Schwoerbel , Heinz Brendelberger, Einführung in die Limnologie, Springer Spektrum, 2022.

Binnenschifffahrt findet auf dieser internationalen Wasserstraße statt, die die westlichen Seehäfen mit dem Hinterland verbindet. Im Hinterlandverkehr des Seehafens Rotterdam hat das Binnenschiff beispielsweise einen Güterverkehrsanteil von über 40 %, in Antwerpen sind es über 30 %. Der Niederrhein wird jährlich von knapp 200.000 Schiffen befahren. Das sind im Durchschnitt rund 550 Schiffe pro Tag.[8]

Der Verkehr von Seeschiffen auf den Flüssen ist verkehrsrechtlich nur dort geregelt, wo diese Seeschifffahrtsstraßen sind. Seeschiffe auf Binnenschifffahrtsstraßen unterliegen besonderen rechtlichen Regelungen und sind den Binnenschiffen gleichgestellt oder von den Regeln für Binnenschiffe ausgenommen.

1.1.3 Seen

Seen gehören im Gegensatz zu Bächen oder Flüssen zu den Stillgewässern. Stillgewässer sind ganz allgemein wassergefüllte Bodenvertiefungen im Festland. Ihr Wasserkörper fließt nicht, sondern steht. Nach ihrer Größe, Tiefe, Wasserführung sowie Licht- und Temperaturverhältnisse kann man stehende Gewässer in Seen, Weiher, Teiche oder temporäre Kleingewässer einteilen.[9]

Seen bieten mit ihren Uferzonen, ihrem freien Wasserkörper und dem Seeboden viele Lebensräume für verschiedenste Tier- und Pflanzenarten. Diese (zum Teil) empfindlichen Ökosysteme sind durch Nährstoffeinträge und vor allem durch die zunehmende Nutzung bedroht.[10]

Bei der Umsetzung der EG-Wasserrahmenrichtlinie wurden die rund 780 stehenden Gewässer Deutschlands mit einer Fläche größer 50 ha von den Bundesländern einem Seetyp zugeordnet.

1.1.4 Meere

Die Wasserdecke der Erde, die wir Meer nennen, ist ein einheitliches Ganzes. Es gibt nur ein Weltmeer, das die Kontinente wie die Inseln umflutend rings die Erdoberfläche zusammenhängend umgibt. Wasserbecken, die durch Festlandteile vom Weltmeer losgelöst sind, gelten nicht als Zubehör des Meeres, auch wenn sie salziges Wasser enthalten, oder einst in vergangenen Epochen der Erdgeschichte wirklich Teile des Ozeans gewesen sein sollten.[11]

[8] https://www.binnenschiff.de/system-wasserstrasse/wasserstrasse.

[9] https://www.seen.de/service/see.html.

[10] https://www.umweltbundesamt.de/themen/wasser/seen#wissenswertes.

[11] „Der Ozean" von Dr. Otto Krümmel, Professor der Geographie an der Universität Kiel, erschienen im Jahre 1886.

Nach der WRRL sind Meeresgewässer, und damit das Meer an sich, die Gewässer, der Meeresgrund und der Meeresuntergrund seewärts der Basislinie und die Küstengewässer.

Damit zählen die inneren Gewässer und insbesondere die Binnengewässer der Küstenstaaten nicht zu den Meeresgewässern. Grundsätzlich kann man also von einem miteinander verbundenen Weltmeer ausgehen, das die Ozeane, Meere und Binnenmeere umfasst. So sind die Nordsee als Teil des Nordatlantik und die Ostsee als verbundenes Binnenmeer jeweils Teil des (Welt)meeres – der Bodensee und das Steinhuder Meer jedoch nicht.

Rechtliche Bedeutung erlangt dieser Begriff bei der Anwendung internationaler Vorschriften, die den Schiffsverkehr in der Meeresumwelt regeln, z. B. MARPOL 73/78, oder den Geltungsbereich im Meer ausschließen, z. B. das CDNI.

Zur Meeresumwelt zählen nicht nur die Wasserflächen, Fische, Schiffe, Meeresvögel und andere biologische oder chemische Faktoren. Es sind auch physikalische Aspekte und gesellschaftliche Entwicklung, die bei der Bewertung des Meeresumwelt eine Rolle spielen und berücksichtigt werden müssen, um Aussagen über den Zustand der Meeresumwelt treffen zu können.

1.1.5 Abwasser

Nach dem WHG ist Abwasser

- das durch häuslichen, gewerblichen, landwirtschaftlichen oder sonstigen Gebrauch in seinen Eigenschaften veränderte Wasser und das bei Trockenwetter damit zusammen abfließende Wasser (Schmutzwasser) sowie
- das von Niederschlägen aus dem Bereich von bebauten oder befestigten Flächen gesammelte abfließende Wasser (Niederschlagswasser).

Die Behandlung von Abwässern auf Schiffen, die sich in der Meeresumwelt bewegen, wird durch das MARPOL-Übereinkommen geregelt. In Kapitel IV[12] des Übereinkommens ist Abwasser

- Ablauf und sonstiger Abfall aus jeder Art von Toilette und Pissoir,
- Ablauf aus dem Sanitätsbereich (Apotheke, Hospital usw.) durch in diesem Bereich gelegene Waschbecken, Waschwannen und Speigatte,
- Ablauf aus Räumen, in denen sich lebende Tiere befinden und
- sonstiges Schmutzwasser, wenn es mit einem der definierten Abläufe vermischt ist.

[12] siehe Abschn. 7.3.3.4.

Darüber hinaus definiert das CDNI[13] Abwässer jeweils als Teil der Schiffsabfälle und differenziert diese in Bilgewasser, sonstige Schiffsbetriebsabfall und Abfall aus dem Ladungsbereich.

Dadurch wird klargestellt, dass gebrauchtes Wasser für den Schiffsbetrieb den Vorschriften über den Umgang mit Abfällen unterliegt. Somit wird Abwasser als Abfall behandelt und unterliegt allen damit verbundenen Rechtsetzungen, z. B. dem § 326 StGB.[14]

Der Begriff Abfall wird in Deutschland durch das im Jahr 2012 neugefasste Kreislaufwirtschaftsgesetz (KrWG) definiert und stellt somit die Umsetzung der europäischen Abfallrahmenrichtlinie (Richtlinie 2008/98/EG) dar:

▶ Abfälle ... sind alle Stoffe oder Gegenstände, derer sich ihr Besitzer entledigt, entledigen will oder entledigen muss. Abfälle zur Verwertung sind Abfälle, die verwertet werden; Abfälle, die nicht verwertet werden, sind Abfälle zur Beseitigung. Eine Entledigung im Sinne ist anzunehmen, wenn der Besitzer Stoffe oder Gegenstände einer Verwertung oder einer Beseitigung zuführt oder die tatsächliche Sachherrschaft über sie unter Wegfall jeder weiteren Zweckbestimmung aufgibt.[15]

Für Schiffsabwasser kommt in diesem Sinne eine Beseitigung nach einer Behandlung infrage, bei der durch technische Maßnahmen Grenzwerte zum Einleiten eingehalten werden oder rechtliche Vorgaben beachtet werden. Diese Maßnahmen können sehr diffizil geregelt werden (z. B. Einhaltung der 15-ppm-Grenze bei Bilgewasseranlagen auf Seeschiffen[16]) oder sehr grob rechtlich bestimmt werden (z. B. Vorschriften für das Einleiten von Waschwasser nach dem CDNI).

1.1.6 Trinkwasser

Der Mensch besteht je nach Alter zu 50 bis 70 % aus Wasser. Er scheidet es immer wieder aktiv aus und braucht daher regelmäßig Nachschub. Zwei Liter Wasser sollte eine erwachsene Person durchschnittlich pro Tag trinken. Sauberes Wasser braucht man ebenso zum Zubereiten von Speisen und Getränken, zur Körperpflege, zum Abwaschen oder zum Wäsche waschen – im Mittel 120 l pro Person und Tag. Dieser Bedarf muss für Personen an Bord von Schiffen mitgeführt oder während der Reise erzeugt werden. Gerade für Kreuzfahrtschiffe mit bis zu 9000 Personen an Bord stellt dieser Bedarf eine enorme technische, ökologische und hygienische Herausforderung dar.

---

[13] siehe Abschn. 8.3.

[14] siehe Abschn. 9.2.3.

[15] § 3 KrWG.

[16] vgl. Anlage I MARPOL 73/78.

Trinkwasser ist ein Naturprodukt und wird zu 70 % aus Grund- und Quellwasser gewonnen. Zu 13 % wird See-, Talsperren- oder Flusswasser direkt genutzt. Die übrigen 17 % sind eine Mischung aus ursprünglichem Oberflächenwasser, das durch eine Bodenpassage oder Uferfiltration zu Grundwasser wird. In der Schifffahrt kann Trinkwasser zusätzlich durch Umgebungswasser erzeugt werden und muss dann auch die Anforderungen an die Qualität erfüllen.[17]

Trinkwasser schmeckt in jeder Gegend etwas anders, je nach den Mineralien, die sich aus dem jeweiligen Untergrund im Wasser lösen. Trinkwasser soll zum Genuss anregen, also farblos, klar, kühl sowie geruchlich und geschmacklich einwandfrei sein. Die Qualität des Trinkwassers wird in der Trinkwasserverordnung gesetzlich geregelt; hinzu kommen verschiede Leitlinien, rechtliche Grundlagen, Empfehlungen und Regelwerke.

1.1.7 Wasserverbrauch

Als Wasserversorgung werden alle Schritte zur Sicherung des Bedarfs an Trink- und Brauchwasser von Bevölkerung und Industrie verstanden. Die Wasserversorgung wird in die Beschaffung (Gewinnung), Aufbereitung, Speicherung, Zuführung und Verteilung unterteilt.

Die Aufgabe der öffentlichen Wasserversorgung besteht in der Bereitstellung des Rohstoffes Wasser für die Bevölkerung (Öffentlichkeit). Trinkwasser soll stets in genügender Menge mit ausreichendem Druck und den gesetzlichen Qualitätsansprüchen verfügbar sein. Dies wird durch Wasserversorgungsunternehmen über ein zentrales Versorgungsnetz (Rohrsystem) für einen größeren Abnehmerkreis realisiert.

Das gewonnene Wasser wird nur einzelnen Grundstücken oder Gebäuden zugeführt, eventuell auch über ein kleines Leitungsnetz an einen kleinen Verbraucherkreis verteilt. Dies bietet sich besonders an, wenn kleine Siedlungen oder einzelne Gehöfte weiter entfernt von einem bestehenden zentralen Wasserversorgungsnetz gelegen sind und sich eine Fernrohrleitung nicht rentiert.

1.1.8 Die dauerhafte Wasserbelastung

Tagtäglich werden Unmengen an Plastikmüll produziert. Ein Großteil davon landet in unseren Ozeanen, wo er sich im Laufe der Zeit zu riesigen Müllstrudeln sammelt. Der größte dieser Müllstrudel ist das Great Pacific Garbage Patch im Nordpazifik, das eine Fläche bedeckt, die so groß ist wie ganz Mitteleuropa. Diese gigantischen Plastikinseln setzen sich zu 99 % aus Kunststoffteilen zusammen, die aus Plastiktüten und Plastikflaschen, Plastikverpackungen, alten Fischernetzen und sogar Flip-Flops und Einwegrasierern stammen. Man kann heute von der Existenz fünf solcher Müllstrudel ausgehen, wovon sich

[17] https://www.umweltbundesamt.de/themen/wasser/seen#wissenswertes.

zwei davon im Pazifik befinden, zwei im Atlantik und einer im Indischen Ozean. Die genaue Größe dieser Plastikinseln lässt sich nur schwer abschätzen, da ein Großteil des Plastikmülls sich nicht an der Wasseroberfläche befindet, sondern darunter.

Der Große Pazifische Müllstrudel jedenfalls ist wesentlich größer und enthält deutlich mehr Plastik als bisher angenommen. Nach mehreren Forschungsfahrten und -flügen kommt ein internationales Forscherteam zu dem Schluss, dass knapp 80.000 t Plastik in einem Gebiet von 1,6 Mio. Quadratkilometern treiben. Das entspricht der dreifachen Fläche Frankreichs.

Auch am Meeresboden lagert sich immer mehr Plastikmüll ab, wie in Abb. 1.1 dargestellt.[18] So belegte bereits im Jahr 2012 eine Studie des Alfred-Wegener-Instituts, dass sich der Plastikmüll am Meeresgrund in der Arktis innerhalb von nur zehn Jahren mehr als verdoppelt hat.

Die Seeschifffahrt trägt wesentlich zur „Vermüllung" der Meere bei. Generell gilt zwar, dass etwa 80 % der Mülleinträge von der Landseite eingetragen werden, jedoch gibt es regional große Unterschiede. So sind die dominanten Quellen in der südlichen Nordsee und im Meeresgebiet Ostasiens die Fischerei und die Schifffahrt. Etwa dreiviertel der marinen Abfälle bestehen aus Kunststoffen, deren Zersetzung Jahrhunderte benötigt. Die entstehenden pulverartigen Kleinstpartikel (Mikroplastik) verbleiben in der Meeresumwelt,

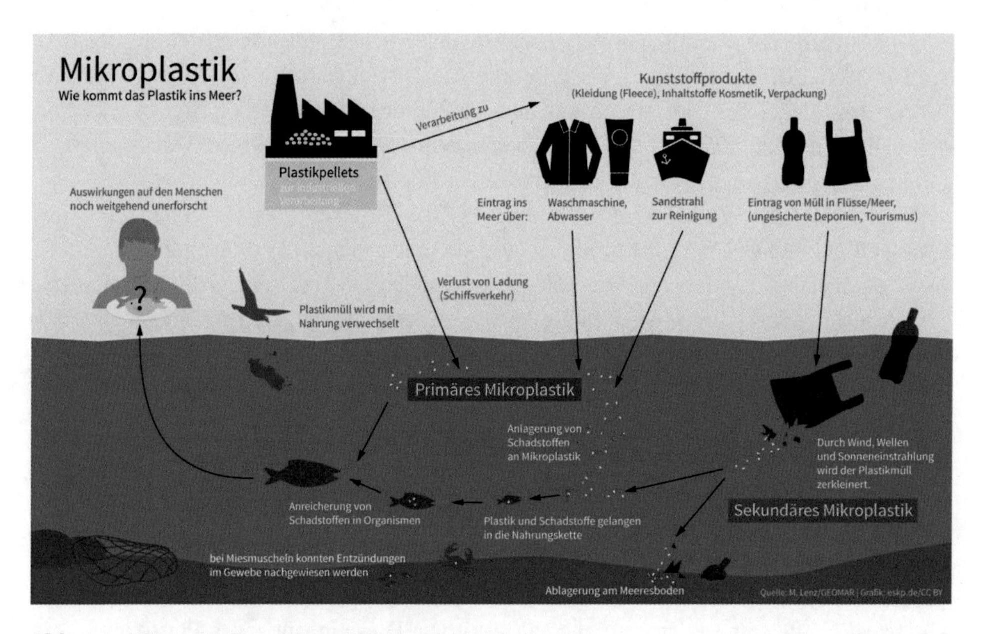

Abb. 1.1 Mikroplastik im Meer. (Quelle: Geomar/eskp.de)

[18] https://commons.wikimedia.org/wiki/File:Mikroplastik-im-Meer-ESKP.png, https://creativecommons.org/licenses/by/4.0/legalcode.

da Mikroorganismen nicht in der Lage sind, sie vollständig zu zersetzen. Der Eintrag von Kunststoff ins Meer ist grundsätzlich verboten (MARPOL Anlage V).[19]

Der Müll wird in der Regel auf Deponien gelagert, von wo aus die Abfälle über den Wind oder die Flüsse irgendwann ins Meer gelangen. Ein geringerer Teil stammt auch aus unseren Kläranlagen, die oftmals nicht in der Lage sind, kleinste Plastikpartikelchen, das sogenannte Mikroplastik, aus dem Wasser zu filtern. So gelangt es aus Kosmetikartikeln in den Abfluss und von dort schließlich in die Ozeane. Auch unsere Kleidung weist kleine Plastikfasern auf. Beim Waschen in der Waschmaschine lösen diese sich und dringen so ebenfalls ins Abwasser ein.[20]

Alle Müllstrudel befinden sich in der Nähe des Äquators, weil hier die Meeresströme aus Norden und Süden aufeinandertreffen und den Müll im Meer bündeln.

1. Nordpazifischer Müllstrudel
   Der Great Pacific Garbage Patch im nordpazifischen Strömungskreis ist der bekannteste, weil größte Müllstrudel in unseren Meeren. Er wird auf eine Größe von 700.000 bis mehr als 15.000.000 km^2 geschätzt. Unter Umständen ist also allein dieser eine Müllstrudel größer als Europa. Pro Quadratmeter soll mindestens ein Plastikteil in diesem Meeresstrudel treiben. Besonders die Insel Hawaii ist von diesem Müllstrudel betroffen.
2. Indischer Müllstrudel
   Der Müllstrudel liegt im südindischen Strömungskreis.
3. Südpazifischer Müllstrudel
   Das ist der Müllstrudel im südpazifischen Strömungskreis.
4. Nordatlantischer Müllstrudel
   Dieser Müllstrudel bündelt den Plastikmüll im nordatlantischen Strömungskreis. Hier treiben etwa 0,2 Plastikteilchen auf jedem Quadratmeter.
5. Südatlantischer Müllstrudel
   Der Müllstrudel im südatlantischen Strömungskreis ist ebenfalls riesig.[21]

Durch seine geringe Größe wird Mikroplastik, das zum Beispiel in Kosmetikprodukten enthalten ist oder sich beim Waschen von Kleidung aus Kunstfasern aus dem Stoff löst, zu einem gewaltigen Problem. Es kann in Kläranlagen nicht aus dem Wasser gefiltert werden und gelangt so in die Flüsse, Seen, Ozeane und letztendlich auch in unseren Körper, wenn wir Meerestiere essen, die Mikroplastik mit Algen oder Plankton verwechselt haben.

Drei Viertel des Mülls im Meer besteht aus Plastik, konkret gelangen jedes Jahr 4,8–12,7 Mio. t Plastik in die Meere. Dieses Plastik ist ein ständig wachsendes Problem und kostet jedes Jahr zehntausenden von Tieren das Leben. Denn bis zur völligen Zerset-

[19] https://www.umweltbundesamt.de/service/uba-fragen/tragen-schiffe-zur-verschmutzung-der--meere-muell.

[20] https://www.eskp.de/schadstoffe/forschungsthema-kunststoffabfall-in-den-ozeanen.

[21] https://www.plastikalternative.de/muellstrudel-im-meer/#woher-kommt-der-ganze-muell.

zung von Plastik können mehrere Hundert bis Tausende an Jahren vergehen. Bis dahin zerfällt es lediglich in immer kleinere Partikel. Diese kleinen, festen und wasserunlöslichen Plastikpartikel unter 5 mm Größe werden Mikroplastik genannt.[22]

Jede Minute landet irgendwo ein Kunststoffprodukt im Meer; Kunststoff, der dort noch eine Lebenserwartung von Tausenden von Jahren hat. Zu den zehn schmutzigsten Flüssen weltweit ist zwar kein europäischer Fluss zu zählen, weil die Umweltvorschriften im europäischen Maßstab gerade die Reinhaltung der Flüsse und der Küstenmeere zum Inhalt haben. Einer neuen Studie von Schweizer Forschern zufolge gehört der Rhein zwischen Basel und Rotterdam zu den weltweit am stärksten mit Plastikteilchen verunreinigten Gewässern. Besonders viele dieser Mikroteile fanden sich im Ruhrgebiet, berichten Wissenschaftler um Patricia Holm von der Universität Basel in der Fachzeitschrift „Scientific Reports". „Die Konzentrationen von Mikroplastik im Rhein liegen damit im Bereich der höchsten Konzentrationen der bisher weltweit untersuchten Gewässer", sagt die Biologin.[23]

Der Rhein ist der bisher erste große Meereszufluss, der auf Plastikabfall untersucht wurde. Andere Forschende hätten zuvor Ozeane, Seen und kleinere Flüsse unter die Lupe genommen. Wissenschaftler entnahmen bis zur Rheinmündung nahe Rotterdam an elf Standorten insgesamt 31 Proben an der Flussoberfläche. Dabei wurde Mikroplastik in einer durchschnittlichen Konzentration von 892.777 Partikeln pro Quadratkilometer gefunden.

Zwischen Basel und Mainz waren es 202.900 Partikel, in der Gegend um Köln 714.053 und im Rhein-Ruhr-Raum im Mittel 2,3 Mio. Partikel. Der Spitzenwert von 3,9 Mio. Partikeln pro Quadratkilometer wurde in Rees gemessen, rund 15 km vor der niederländischen Grenze. Weiter meerwärts sanken die Mikroplastik-Werte wieder. Rechnet man den Spitzenwert von Rees hoch, so bringt der Rhein jeden Tag etwa 191 Mio. Partikel zum Atlantik, was sich auf zehn Tonnen im Jahr summiert.[24]

1.2 Luft und Luftschadstoffe

Die Luft ist ein die Erdatmosphäre umgebendes Gasgemisch, das sich im trockenen Zustand aus den Hauptbestandteilen Stickstoff (78,08 Vol.-%) und Sauerstoff (20,95 Vol.-%) zusammensetzt.

Daneben gibt es noch Edelgase (wie z. B. Argon, Helium, Krypton und Xenon) sowie andere Spurenstoffe (wie z. B. Kohlendioxid, Methan, Wasserstoff, Distickstoffmonoxid und Kohlenmonoxid), deren Anteil zusammen unter 1 Vol.-% liegt.

Die Luft enthält neben den genannten Gasen zudem noch

[22] https://www.wwf.de/themen-projekte/plastik/plastikmuell-im-meer.

[23] https://www.welt.de/wissenschaft/article149778959/Rhein-ist-der-Fluss-mit-den-meisten-Mikropartikeln.html.

[24] https://www.deutschlandfunkkultur.de/umweltverschmutzung-plastikmuell-alarm-am-rhein.

- Wasserdampf, dessen Gehalt in der Atmosphäre zeitlich sowie regional schwankt und im Mittel 0,4 % beträgt,
- Staubpartikel,
- Aerosole (kleine, in der Luft schwebende feste und flüssige Partikel),
- Schwefel- und Stickstoffverbindungen,
- flüchtige organische Verbindungen (VOC),
- Ozon (Sekundärprodukt, regionale und zeitliche Unterschiede) und
- in der Atmosphäre erzeugte Radikale.

Die Anteile der natürlich vorkommenden Gase ändern sich nur geringfügig und sind mit Ausnahme von Wasserdampf und Ozon aufgrund der guten Durchmischung der Atmosphäre bis zu einer Höhe von ca. 100 km (Homosphäre) weitgehend gleichmäßig verteilt. Es können allerdings Schwankungen der einzelnen Komponenten (insbesondere der Spurengase) zeit- und gebietsweise auftreten, die beispielsweise durch Vulkanausbrüche oder Fäulnisprozesse bedingt sind.

Neben den natürlichen Bestandteilen der Luft, können die menschlich (anthropogen) verursachten Luftbeimengungen (z. B. Stickstoffoxide, Kohlenmonoxid, Schwefeldioxid) zu langfristigen Änderungen der entsprechenden Anteile führen. Die zu den Treibhausgasen zählenden und vor allem langlebigen Spurenstoffe, wie z. B. Methan und Kohlendioxid, können zudem klimarelevante Auswirkungen haben.

Als Luftverunreinigungen werden gemäß dem Bundes-Immissionsschutzgesetz (BImSchG) alle Veränderungen der natürlichen Zusammensetzung der Luft bezeichnet, insbesondere durch Rauch, Ruß, Staub, Gase, Aerosole, Dämpfe und Geruchsstoffe. Laut der 39. BImSchV ist ein Schadstoff jeder in der Luft vorhandene Stoff, der schädliche Auswirkungen auf die menschliche Gesundheit oder die Umwelt insgesamt haben kann. Im Rahmen des Umweltschutzes zählen zu den relevanten Luftschadstoffen die Stoffe, für die aufgrund gesetzlicher Vorgaben eine Messverpflichtung besteht und für die es Beurteilungswerte gibt.

1.2.1 Stickoxide

Stickstoffoxide entstehen bei allen Verbrennungsprozessen unter hohen Temperaturen. Bedeutende Emissionsquellen sind der Kraftfahrzeugverkehr und die Verbrennung fossiler Brennstoffe. Zu den natürlichen Quellen zählen Blitze in Gewitterwolken. In der Atmosphäre wird das überwiegend freigesetzte Stickstoffmonoxid schnell in Stickstoffdioxid umgewandelt. Die Umwandlungszeit ist von der Tages- und Jahreszeit sowie von der Ozonkonzentration abhängig. Tagsüber und im Sommer erfolgt die Umwandlung rasch, nachts und im Winter wesentlich langsamer.

Für den Menschen besonders schädlich ist NO_2, da es die Lungenfunktion beeinträchtigt, aber auch Langzeiteffekte auf die kardiovaskulare Mortalität hat, das bedeutet

Todesfälle durch Herz-Kreislauferkrankungen. So wird für Deutschland mit etwa 6000 vorzeitigen Todesfällen durch die NO_2-Belastung gerechnet.

Außerdem sind die Stickstoffoxide mitverantwortlich für die Versauerung und Eutrophierung (Überdüngung) von Böden und Gewässern. In der kalten Jahreszeit entsteht aus gasförmigen Stickoxiden und Ammoniak partikelförmiges Ammoniumnitrat. Dieses trägt zu einer großräumigen Belastung durch Feinstaub bei. Im Sommer führen Stickstoffoxide zusammen mit Kohlenwasserstoffen zur Bildung von Ozon.[25]

1.2.2 Ammoniak

Ammoniak ist eine gasförmige Verbindung des Stickstoffs und breitet sich bei Freisetzung in der Luft aus, reagiert mit anderen Luftschadstoffen und bildet Feinstaub. Ammoniak und die in der Luft gebildeten Feinstaubpartikel gefährden die menschliche Gesundheit und schädigen Pflanzen und Ökosysteme. Der Hauptteil des Ammoniaks wird in der landwirtschaftlichen Produktion freigesetzt.

Ammoniak breitet sich in der Atmosphäre aus, wird transportiert und lagert sich in Ökosystemen ab, wo es dann zu ungewollten und unkontrollierbaren Eutrophierungseffekten kommen kann. Dieser Effekt führt in den Meeren zu einem erhöhten Wachstum der einzelligen Algen, dem Phytoplankton. Darüber hinaus trägt die atmosphärische Ammoniakdeposition auch zur Versauerung von Böden bei.

Ammoniak schädigt Ökosysteme und Pflanzen aber auch direkt, da es toxisch über die Blattorgane wirkt. Besonders empfindliche Arten sind Flechten, doch auch höhere Pflanzen in nährstoffarmen Heide- und Graslandökosystemen und Bodenvegetation in Wäldern reagieren empfindlich auf Ammoniak. Ammoniak kann dadurch zu Veränderungen in der Artenzusammensetzung von Lebensgemeinschaften und zum Absterben einzelner Arten führen.

Ammoniakemissionen sind dort am höchsten, wo die meisten Tierbestände gehalten werden, weil die Tierhaltungsanlagen zu Ammoniakemissionen und zu atmosphärischen Stickstoffdeposition beitragen. Die Anforderungen für die Genehmigung von Tierhaltungsanlagen werden in der Technischen Anleitung zur Reinhaltung der Luft (TA Luft) festgeschrieben, so auch die Vorgehensweise zur Ermittlung und Bewertung von Stickstoffeinträgen.

1.2.3 Feinstaub

Metalle liegen in der Luft überwiegend nicht gasförmig, sondern angelagert an Staubpartikel vor. Durch Einatmen dieses Staubes entsteht ein gesundheitliches Risiko, denn einige Stoffe wie Arsen, Cadmium oder Nickel sind krebserregend.

[25] https://www.umweltbundesamt.at/umweltthemen/luft/luftschadstoffe/stickstoffoxide.

Arsenemissionen sind zum weitaus größten Teil menschengemacht, z. B. entstehen sie bei der Verbrennung von Erdölprodukten. Eine weitere Quelle ist die Metallindustrie.

Arsen kann sowohl über die Lunge als auch über den Magen- und Darmtrakt aufgenommen werden. Nach chronischer Aufnahme über die Luft werden die Schleimhäute und Atemwege geschädigt, und es kann Lungenkrebs entstehen.

Bleiemissionen stammen aus der Industrie und der Verbrennung fossiler Energieträger, wovon alle geringfügige Spuren an Blei enthalten. Blei und dessen Verbindungen werden über die menschliche Lunge gut resorbiert. Die Allgemeinbevölkerung nimmt Blei hauptsächlich über die Nahrung auf, wodurch sich bei Erwachsenen bei chronischer Vergiftung Wirkungen auf das blutbildende System, Bluthochdruck und weitere unspezifische Symptome zeigen. Blei und seine anorganischen Verbindungen sind bei der Internationalen Agentur für Krebsforschung (IARC) als möglicherweise/wahrscheinlich krebserregend eingestuft.

Cadmium gelangt hauptsächlich durch Verbrennungsprozesse, wie durch die Verbrennung von Kraftstoffen, in die Luft. Es wird hauptsächlich über die Nahrung aufgenommen, wobei sich bei chronischer inhalativer Aufnahme ein sogenannter Cd-Schnupfen entwickeln kann. Es ist vor allem nierentoxisch und führt zu Störungen des Knochenstoffwechsels, weshalb Cadmium und seine anorganischen Verbindungen als krebserregend eingestuft sind.

Nickel gelangt ebenfalls zum größten Teil durch Verbrennungsprozesse, wie der Verbrennung fossiler Kraftstoffe, in die Luft. Der Hauptzufuhrpfad für Nickel ist die Nahrung, wenngleich es im Magen- und Darmtrakt schlecht resorbiert wird. Nickelverbindungen sind generell als krebserzeugend für den Menschen eingestuft, metallisches Nickel gilt als wahrscheinlich krebserregend.

1.2.4 Kohlenmonoxid

Kohlenmonoxid (CO) ist ein farb-, geruch- und geschmackloses Gas, das bei der unvollständigen Verbrennung von Brenn- und Treibstoffen entsteht. Es bildet sich, wenn bei Verbrennungsprozessen zu wenig Sauerstoff zur Verfügung steht. In höheren Konzentrationen wirkt CO als starkes Atemgift.

Hauptquellen für die CO-Belastung der Luft sind der Fahrzeugverkehr mit Verbrennungsmaschinen, Industrieprozesse und Haushalte.

1.2.5 Benzol

Benzol ist eine organische chemische Verbindung mit einem aromatischen Geruch. Benzol ist krebserregend. Es ist im Benzin für Kraftfahrzeuge enthalten.

1.2.6 Schwefeldioxid

Schwefeldioxid (SO_2) ist ein farbloses, stechend riechendes, wasserlösliches Gas, das Mensch und Umwelt beeinträchtigt. In der Atmosphäre aus Schwefeldioxid entstehende Sulfatpartikel tragen zudem zur Belastung mit Feinstaub bei.

Schwefeldioxid entsteht überwiegend bei Verbrennungsvorgängen fossiler Energieträger wie Kohle und Öl durch Oxidation des im Brennstoff enthaltenen Schwefels. Es reizt die Schleimhäute und kann zu Augenreizungen und Atemwegsproblemen führen. Da die SO_2-Konzentrationen bundesweit sehr deutlich unter den geltenden Grenzwerten zum Schutz der menschlichen Gesundheit liegen, sind heute durch SO_2 verursachte Gesundheitsprobleme in Deutschland nicht mehr zu befürchten. Schwefeldioxid kann jedoch Pflanzen schädigen und nach Ablagerung in Ökosystemen Versauerung von Gewässern bewirken.

Stickstoffoxide (NOx) gehören zu den sogenannten reaktiven Stickstoffverbindungen, die zu einer Vielzahl von negativen Umweltwirkungen führen können. Zusammen mit flüchtigen Kohlenwasserstoffen sind Stickstoffoxide für die sommerliche Ozonbildung verantwortlich. Stickstoffoxide tragen zudem zur Feinstaubbelastung bei. Sie entstehen als Produkte unerwünschter Nebenreaktionen bei Verbrennungsprozessen. Die Hauptquellen von Stickstoffoxiden sind u. a. jegliche Art von Verbrennungsmotoren. Stickstoffdioxid tragen auch zur Versauerung von Gewässern bei.

Durch die Grenzwerte der SO_2- und NO_x-Emissionen und die Einführung von Sondergebieten durch MARPOL 73/78 konnten in den letzten Jahren die Schwefel- und Stickoxidemissionen auf den Meeren wesentlich reduziert werden.

1.2.7 Ozon

In Bodennähe auftretendes Ozon wird nicht direkt freigesetzt, sondern bei intensiver Sonneneinstrahlung aus Vorläuferschadstoffen – überwiegend Stickstoffoxiden und flüchtigen organischen Verbindungen – gebildet. Ozon wird deshalb als sekundärer Schadstoff bezeichnet. Diese Ozonvorläuferstoffe stammen hauptsächlich aus vom Menschen verursachten Quellen, wie dem Verkehrsbereich. Dort entstehen flüchtige organische Verbindungen überwiegend durch die Verbrennung von Kraftstoff.

Die gesundheitlichen Wirkungen von Ozon bestehen in einer verminderten Lungenfunktion, entzündlichen Reaktionen in den Atemwegen und Atemwegsbeschwerden. Bei körperlicher Anstrengung, also bei erhöhtem Atemvolumen, können sich diese Auswirkungen verstärken.

Ozon wird von Pflanzen durch die Spaltöffnungen der Blattorgane aufgenommen, wodurch bei Pflanzen Schäden an Blattorganen auftreten können. Länger anhaltende Belastungen stellen ein Risiko für das Pflanzenwachstum, Ernteerträge und die Qualität landwirtschaftlicher Produkte dar.

1.2.8 Kohlendioxid-Speicherung im Meeresboden

Ziel der unterirdischen Speicherung von Kohlendioxid (CO_2) ist die Verringerung von CO_2-Emissionen in die Atmosphäre. Das zu speichernde CO_2 kann entweder aus fossilen Energieversorgungsanlagen, aus Industrieanlagen, dem Einsatz von Biomasse zur Energieerzeugung, aus Müllverbrennungsanlagen oder direkt aus der Atmosphäre stammen. Denkbare Speicher sind teilweise oder ganz ausgeförderte Öl- und Gaslagerstätten oder saline Aquifere. Die Speicherung kann sowohl terrestrisch als auch im Meeresuntergrund erfolgen. Die Speicherung in die Wassersäule der Meere ist durch internationale Verträge ausgeschlossen.

Wissenschaftler gehen davon aus, dass durch die Abscheidung von CO_2 bei der Verbrennung fossiler Brennstoffe und einer anschließenden unterirdischen Speicherung ca. 85 % Prozent des CO_2 dauerhaft aus der Atmosphäre ferngehalten werden können. Ob die als Carbon Capture and Storage (CCS) bezeichnete Technik dieses Versprechen halten kann, ist jedoch noch nicht geklärt und gegenwärtig Thema verschiedener Forschungs- und Pilotprojekte.

Problematisch ist vor allem der enorme zusätzliche Energieaufwand für die Abscheidung, den Transport und die Speicherung. Der Einsatz der CCS-Technik erhöht den Verbrauch, der begrenzt verfügbaren fossilen Rohstoffe um bis zu 40 %. Einen effektiven Beitrag zur Bekämpfung des Klimawandels kann die Speicherung von CO_2 nur leisten, wenn das eingelagerte CO_2 dauerhaft und vollständig in den Speichern verbleibt. Diese Anforderung setzt auch das Kohlendioxidspeicherungsgesetz (KSpG)[26] um.

Saubere Luft zu atmen ist ein Grundbedürfnis des Menschen, gleichzeitig verursachen menschliche Aktivitäten aber auch Luftverunreinigungen verschiedenster Art. Als Hauptquellen für die Beeinträchtigung der Luftqualität sind unser zunehmender Energieverbrauch, unser Mobilitätsbedürfnis (vor allem der Straßenverkehr), die Landwirtschaft aber auch die Produktion von Gütern zu nennen. Durch strenge Grenzwerte und damit notwendige emissionsmindernde Maßnahmen in den Bereichen Industrie, Verkehr und private Haushalte ging die Luftverschmutzung in Deutschland in den letzten Jahren zwar deutlich zurück, jedoch überschreiten Feinstaub- und Stickstoffdioxidkonzentrationen gerade in den Innenstädten immer noch geltende Grenzwerte.

Ziel der Luftreinhaltung ist die Verbesserung und Erhaltung sowie eine nachhaltige Sicherstellung der natürlichen Zusammensetzung der Luft in einem Ausmaß, welches den dauerhaften Schutz der Gesundheit des Menschen, den Schutz von Tieren und Pflanzen soweit wie möglich sicherstellt. Unter Luftreinhaltung versteht man dabei die zusammenfassende Bezeichnung für alle Maßnahmen zur Verminderung oder Vermeidung der Verunreinigung der Atmosphäre. Maßnahmen zur Luftreinhaltung lassen sich unterscheiden in gesetzliche Vorgaben (zum Beispiel durch Festlegung von Grenzwerten für Schad-

[26] https://www.umweltbundesamt.de/themen/wasser/gewaesser/grundwasser/nutzung-belastungen/carbon-capture-storage#grundlegende-informationen.

stoffe) und in technische Maßnahmen. Die Maßnahmen zur Luftreinhaltung sollen der anthropogenen – menschengemachten – Luftverschmutzung entgegenwirken oder sie erst gar nicht entstehen lassen.

Der Rahmen der Luftreinhaltung ist durch die gesetzlichen Anforderungen der Europäischen Union wie beispielsweise durch die Luftqualitätsrichtlinie 2008/50/EG vorgegeben. Die einzelnen Staaten bis zu den lokal verantwortlichen Kommunen haben in der Durchführung der Luftreinhaltung jedoch einen eigenen Gestaltungsspielraum.

Teil II

Schiffsbetriebstechnik

Schiffsantriebe

2

Inhaltsverzeichnis

2.1 Grundlagen der Schiffsantriebe

Über Jahrtausende wurden die Schiffe und Boote, die Menschen auf verschiedenen Kontinenten verwendet haben, mit einem Paddel als einzigem Antrieb fortbewegt. Erst mit der Nutzung des Winddruckes als Antrieb wurde die Muskelkraft ergänzt und später ersetzt. Bereits 5000 v. Chr. wurden die ersten Segel nachweislich zum Antrieb von Schiffen genutzt – und werden im Zusammenhang mit dem Umweltschutz als moderne Variante wiederentdeckt.

Bereits im Jahr 1819 überquerte die „Savannah" den Atlantik von New York nach Liverpool zum Teil noch unter Segeln und zum Teil mit Maschinenkraft. Mit dieser Fahrt der Savannah war der Beweis für die Zweckmäßigkeit einer Antriebsmaschine für Seeschiffe erbracht – es begann das Maschinenzeitalter für die Schiffe, wenn auch nach 1900 noch große Tiefwassersegler gebaut wurden. Als Antriebsorgan der maschinengetriebenen Schiffe diente zunächst das Schaufelrad, das sich im rauen Nordatlantik jedoch nicht bewährte.

U. Jacobshagen, *Green Shipping – Schiffsbetrieb und Umweltschutz*,
https://doi.org/10.1007/978-3-658-46807-1_2

Die Entwicklung einer Schiffsschraube von Josef Ressel im Jahr 1872, die auf dem Prinzip der Archimedischen Schraube beruhte (daher auch der Name) machte es möglich, Schiffe mit der Hilfe von Maschinen effizient anzutreiben und ersetzte das Schaufelrad.

Die Weiterentwicklung der Antriebsmaschinen führte von der Dampfmaschine, Dampfkesseln über Dampfturbinen zum Dieselmotor. Heute werden wieder Dampf- bzw. Gasturbinen als Alternative zu Dieselmotoren eingesetzt, um den Vorschriften zur Reinhaltung der Meere und der Luft gerecht werden zu können.

2.2 Konventionelle Schiffsantriebe

2.2.1 Antriebsarten

Direkter Antrieb

Der direkte Antrieb (oder Direktantrieb) stellt ein Antriebskonzept für Schiffe dar, bei dem die Antriebsmaschine direkt mit der Wellenleitung verbunden und somit kein Getriebe zwischengeschaltet ist. In der Regel wird es bei langsam laufenden Dieselmotoren (wie z. B. dem Kreuzkopfmotor) und auf Seeschiffen mit großen Maschinenanlagen über 50.000 kW Antriebsleistung verwendet.

Der Vorteil eines direkten Antriebs liegt in dem höheren Wirkungsgrad gegenüber indirekten Antrieben, die über Getriebe und Kupplungen die Antriebsenergie an den Propeller weiterleiten.

Dieselmotoren mit Direktantriebe werden im Dauerbetrieb mit einer Leistung von ca. 80 % der Maximalleistung betrieben, um das Verhältnis zwischen Geschwindigkeit und Kraftstoffverbrauch zu optimieren. Zum Vortrieb der Schiffe können Fest- oder Verstellpropeller verwendet werden (Abb. 2.1).

Indirekter Antrieb

Indirekte Antriebe werden hauptsächlich für mittelschnell- und schnelllaufende Schiffsdiesel verwendet. Die Drehzahl der Motoren wird über Getriebe auf die Welle reduziert. Die Motoren können über Kupplungen von den Motoren getrennt werden, um einen Vortrieb zu unterbinden oder um in andere Übersetzungsverhältnisse zu schalten.

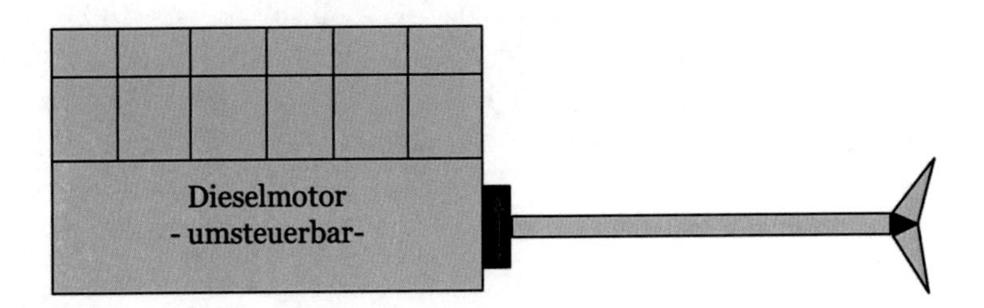

Abb. 2.1 Direkter Antrieb mit umsteuerbarer Antriebsmaschine

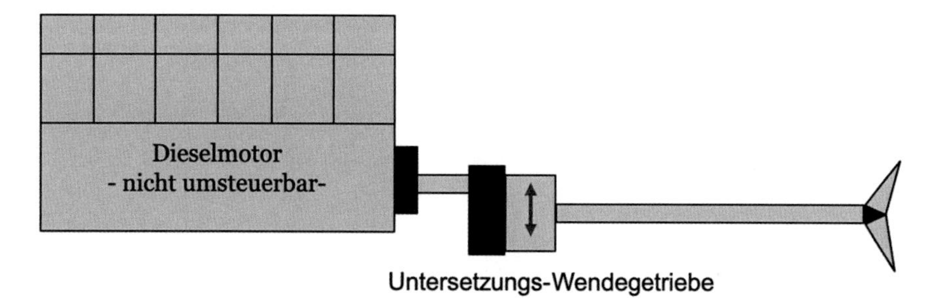

Abb. 2.2 Indirekter Antrieb mit Untersetzungs- und Wendegetriebe

Einfache indirekte Antriebe werden mit einem umsteuerbaren Dieselmotor betrieben, dessen Drehzahl durch ein Untersetzungsgetriebe reduziert wird. Die Drehzahl des Propellers entspricht dann der des Motors im Verhältnis zum Untersetzungsverhältnis des Getriebes. Indirekte Antriebe mit umsteuerbaren Dieselmotoren sind hauptsächlich bei (älteren) Binnenschiffen anzutreffen.

Um das Umsteuern des Motors verhindern zu können, werden indirekte Antriebe mit zusätzlichen Wendegetrieben versehen. Dabei wird im Getriebe nach dem Auskuppeln ein weiteres Zahnrad zu bzw. abgeschaltet, damit sich die Welle nach dem Einkuppeln in entgegengesetzter Richtung dreht (Abb. 2.2).

2.2.2 Getriebe und Kupplungen

Getriebe dienen zur Übertragung und Umformung von Bewegungen, Energie und/oder Kräften. Sie werden eingebaut, um

- die Drehzahl der Kraft- bzw. Antriebsmaschine auf die Drehzahl der Arbeitsmaschine herauf- oder herabzusetzen (Übersetzungsgetriebe),
- die Leistung mehrerer Kraftmaschinen zusammenzufassen (Sammelgetriebe),
- die Leistung einer Kraftmaschine auf mehrere Arbeitsmaschinen (Gruppenantrieb) zu verteilen (Verteiler- oder Verzweigungsgetriebe),
- bei gleichbleibender Drehrichtung der Kraftmaschine die Drehrichtung der Abtriebswelle ändern zu können (Wendegetriebe) oder
- bei gleichbleibendem Antriebsdrehmoment verschiedene Drehmomente auf der Abtriebsseite einstellen zu können (Mehrganggetriebe).

Getriebe übertragen und wandeln in der Regel

- Drehmomente,
- Drehrichtungen,
- Drehzahlen oder
- Kräfte.

Die im Schiffsbetrieb eingesetzten Getriebe müssen, je nach Konzeption des Gesamtsystems, eine, mehrere oder alle dieser Aufgaben erfüllen. Da das Drehmoment der Antriebs- und Abtriebsseite immer verschieden ist, werden Getriebe auch als Drehmomentumformer bezeichnet.

Antriebs- und Abtriebsmoment sind dabei unterschiedlich groß. Neben Getrieben, in denen diese Momentwandlung durch ineinander kämmende Zahnräder erfolgt, gibt es hydraulische Getriebe (z. B. den Föttinger-Transformator), elektrische Getriebe, Kurbel-, Gelenk- und Kurvenscheibengetriebe, die jedoch im Bordbetrieb kaum oder selten eingesetzt werden. In hydraulischen Getrieben wird das Drehmoment der Kraft- bzw. Antriebsseite ausschließlich durch Strömungsenergie der hydraulischen Flüssigkeit auf die Arbeitsseite übertragen. Bei elektrischen Getrieben werden die Drehmomente durch die Rotation magnetischer Felder übertragen. Kurbel-, Gelenk- und Kurvenscheibengetriebe übertragen Drehmomente oder Kräfte rein mechanisch z. B. entsprechend dem Hebelgesetz.

Das Verhältnis der Drehzahlen des antreibenden Rades (Ritzels, Primärrades) zum getriebenen Rad (Sekundärrad) wird als Übersetzung bezeichnet.

Das Übersetzungsverhältnis kann dabei angegeben sein nach

- dem Verhältnis den Drehzahlen von antreibendem zu angetriebenem Rad

$$i = n1 / n2,$$

- dem Verhältnis der Zähnezahlen von angetriebenem zu antreibendem Rad

$$i = Z2 / Z1$$

oder

- dem Verhältnis der Durchmesser von angetriebenem zu antreibendem Rad

$$i = D2 / D1.$$

Bei mehr als zwei Zahnrädern in einem Getriebe entstehen mehrere Radpaarungen. Jeder Radpaarung innerhalb eines Getriebes, bei der sich die Drehzahl ändert, lässt sich prinzipiell ein bestimmtes Übersetzungsverhältnis zuordnen (Abb. 2.3).

Jedes Räderpaar, das dabei ineinandergreift, stellt eine sogenannte Getriebestufe dar und ist durch ein bestimmtes Übersetzungsverhältnis charakterisiert. Ein Getriebe besitzt in der Regel also mehrere Getriebestufen mit jeweils unterschiedlichen Übersetzungsverhältnissen. Das Gesamtübersetzungsverhältnis eines Getriebes ergibt sich aus der Multiplikation der Einzelübersetzungsverhältnisse der jeweiligen Getriebestufen:

$$i = i_1 \cdot i_2 \cdot \ldots \cdot i_n \tag{2.1}$$

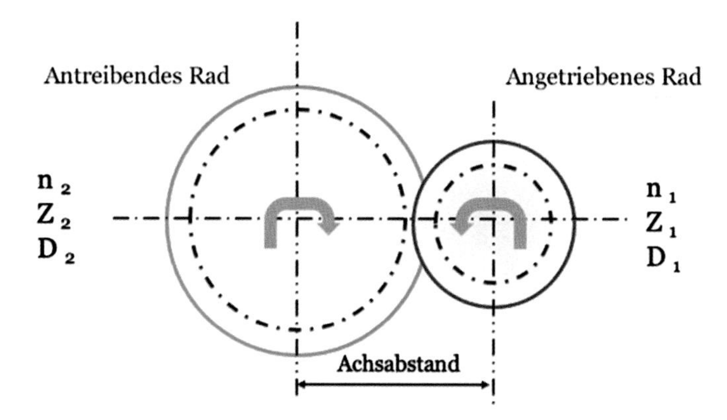

Abb. 2.3 Übersetzungsgetriebe

Getriebe steuern die zugeführte Leistung zugunsten einer hohen Geschwindigkeit (Drehzahl) oder zugunsten einer großen Kraft (Drehmoment). Die mechanische Leistung wird durch das Getriebe nicht verändert. Sie ergibt sich bei translatorischen (geradlinigen) Bewegungen über das Produkt von Kraft F und Geschwindigkeit v:

$$P = F \cdot v \tag{2.2}$$

und bei rotatorischen (kreisförmigen) Bewegungen über das Produkt von Drehmoment M und Drehzahl n:

$$P = 2\pi \cdot M \cdot n \tag{2.3}$$

Die mechanische Leistung P der rotierenden Welle im Getriebe ist demnach vom Drehmoment M und von der Drehzahl n abhängig. Wird von Reibungsverlusten abgesehen, so ist aufgrund des Energieerhaltungssatzes die zugeführte mechanische Leistung an der treibenden Welle genauso groß wie die entnommene Leistung an der getriebenen Welle:

$$P_1 = 2\pi \cdot M_1 \cdot n1 = P_2 = 2\pi \cdot M_2 \cdot n_2. \tag{2.4}$$

Getriebe unterscheiden sich darin, auf welche Art sie den Kraftfluss übertragen; und daraus ergeben sich die drei Grundbauarten:

- Parallelwellengetriebe,
- Winkelgetriebe und
- Planetengetriebe.

Bei Parallelwellengetrieben und Planetengetrieben liegen die antreibende und die abtreibende Welle in einer Richtung (in einer Ebene). Die Kraftübertragung ist damit geradlinig. Parallelwellengetriebe gibt es in den Bauformen Stirnradgetriebe oder Flachgetriebe.

Eine besondere Form stellen die Planetengetriebe dar. Bei ihnen erfolgt die Kraftübertragung koaxial, also gleichachsig. Drehzahl und Drehmoment der eintreibenden Welle – des zentralen Sonnenrads – werden dabei über drei oder mehrere umlaufende Planetenräder auf ein äußeres Hohlrad (Abtriebsseite) übertragen und umgeformt. Die Besonderheit dabei ist, dass Antriebswelle und Abtriebswelle sich dadurch gleichsinnig bewegen. In Kombination mit einem Servomotor bieten Servo-Planetengetriebemotoren eine besonders hohe Dynamik und Präzision.

Bei Winkelgetrieben stehen Antriebs- und Abtriebswelle dagegen senkrecht zueinander, sodass dort der Kraftfluss rechtwinklig umgelenkt wird.

Bei Zahnradgetrieben unterscheidet man nach der Radpaarung in

- Stirnradgetriebe bei parallelen Wellen,
- Kegelradgetriebe bei sich schneidenden Wellen,
- Getriebe mit versetzten Kegelrädern bei sich kreuzenden Wellen (kleinen Achsabständen und größeren Kräften),
- Getriebe mit Schraubenrädern bei sich kreuzenden Wellen (größeren Achsabständen und kleinen Kräften), und
- Schneckengetriebe bei sehr großen Übersetzungsverhältnissen und großen Kräften.

Kupplungen können im Gegensatz zu Getrieben Drehmomente und Drehzahlen nur übertragen, nicht aber wandeln. Eine Kupplung dient der Verbindung von zwei Wellen, wobei je nach Anwendungsfall verschiedene Attribute für die Auswahl ausschlaggebend sein können. Sie können

- drehstarr,
- beweglich,
- elastisch,
- durchschlagsicher oder
- lösbar sein.

(Abb. 2.4) Weiterhin werden Kupplungen eingesetzt, um Schwingungen zu dämpfen, den Versatz zwischen den Wellen auszugleichen und auf das maximal zulässige Drehmoment, zum Schutz der Komponenten, zu begrenzen.

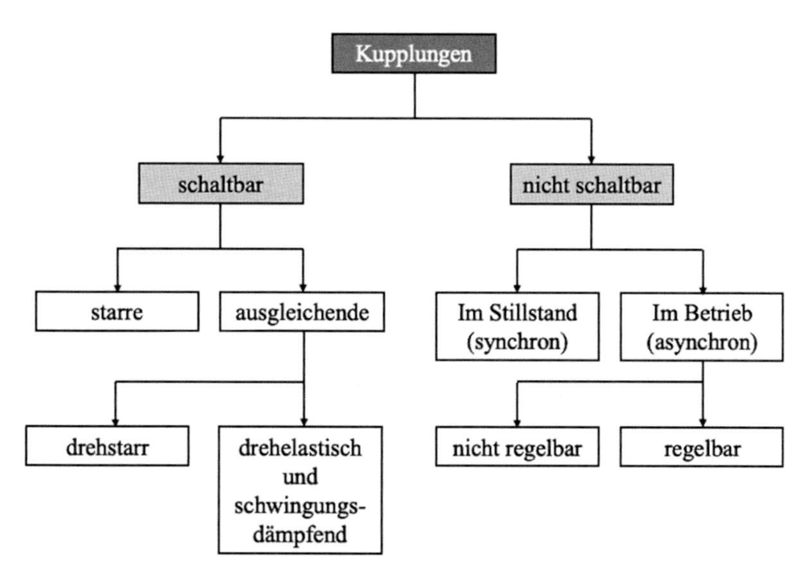

Abb. 2.4 Kupplungsarten

2.3 Gondelantriebe (Pod-Antriebe)

Pod-Antriebe bestehen aus strömungsgünstigen Gondeln, die um 360° um die Hochachse drehbar sind. Der Propeller ist als Zugpropeller an der Gondel, als ummantelter Schubpropeller hinten an der Gondel oder in Kombinationen aus einem oder mehreren freilaufenden Zug- und Schubpropellern angebracht. In der Gondel befindet sich in der Regel der Antrieb in Form eines Elektromotors.

Durch Kortdüsen um die Propeller lassen sich die Strömungsverluste minimieren und somit ein höherer Massenstrom erzeugen.

Propellergondeln können rein mechanisch angetrieben werden. Dabei befindet sich im Schiffskörper ein Dieselmotor, der über ein mechanisches Getriebe auf die in der Gondel befindliche Propellerwelle wirkt.

Elektrische Gondelantriebe können angetrieben werden durch

- die mechanische Übertragung von einem elektrischen Antriebsmotor im Schiffskörper oder
- den in die Gondel integrierten Elektromotor mit direkter Verkopplung der Propellerwelle.

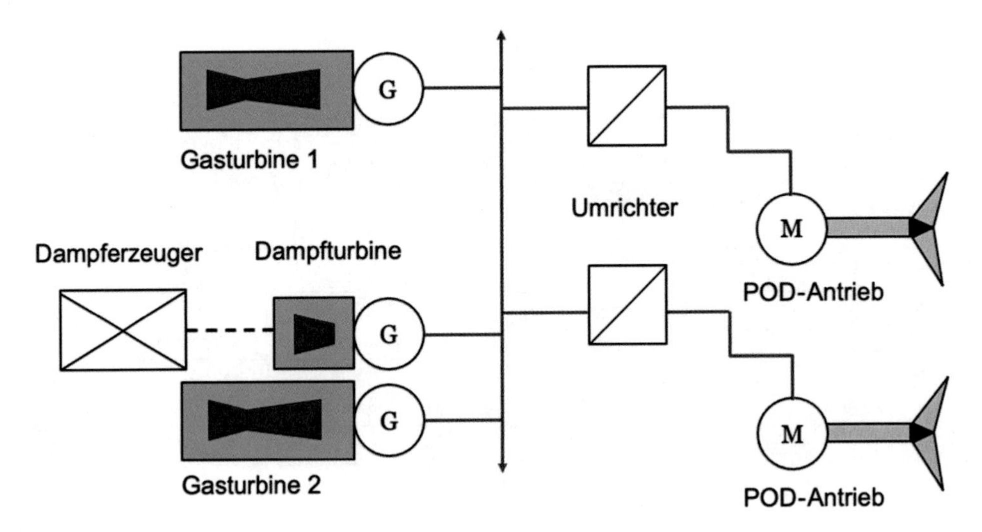

Abb. 2.5 Prinzip einer Pod-Antriebsanlage

In beiden Fällen wird die elektrische Energie meist von einem durch eine Antriebsmaschine nachgeschaltetem Generator erzeugt. Als Antriebsmaschinen werden Dieselmotoren oder Gas- bzw. Dampfturbinen verwendet (Abb. 2.5).

Die Propellergondeln werden mit einem oder mit zwei Propellern ausgestattet sein. Bei Gondeln mit zwei Propellern laufen die Propeller gleichläufig (Tandem) oder gegenläufig (kontrarotierend).

Schiffe mit um 360° schwenkbaren Gondeln benötigen in der Regel keine Ruder, da die Gondeln Antrieb und Manövrierorgan verbinden. Dabei ist bei niedrigen Schiffsgeschwindigkeiten, wie z. B. beim Anlegen oder Positionhalten, eine sehr gute Manövrierfähigkeit des Schiffes gegeben. Durch die fehlenden Ruder ist dagegen die Kursstabilität geringer.

2.4 Wasserstrahl- (Jet-)Antriebe

Wasserstrahl-Antriebe arbeiten als Rückstoßantrieb für hohe Geschwindigkeiten in Spezialschiffen sowie für Rettungseinheiten und in der Sportschifffahrt, aber auch in amphibischen Militärfahrzeugen. Über schnelllaufende und leichte Benzin- oder Dieselmotoren oder Gasturbinen wird ein Impeller angetrieben, der Wasser unter dem Rumpf ansaugt und über bewegliche Düsen am Heck wieder ausstößt.

Die verwendeten Düsen sind beweglich angeordnet und lassen so eine Richtungsänderung des Fahrzeuges zu. Durch Schubumkehrklappen kann der Wasserstrom nach vorne umgelenkt werden, sodass der Schub das Fahrzeug nach achtern drückt. Für die Geschwindigkeit kann durch den Motor die Drehzahl des Impellers verändert werden, wodurch der dynamische Wasserdruck und somit die Geschwindigkeit erhöht wird (Bernoulli-Gleichung).[1]

2.5 Antriebe mit Windkraftunterstützung

2.5.1 Flettner-Rotoren

Der Flettner-Rotor ist ein von Anton Flettner erfundener rotierender Zylinder, der einer Windströmung ausgesetzt wird und so wie ein Segel wirkt. Physikalische Voraussetzung ist der Magnus-Effekt, durch den eine Kraft quer zur Anströmung einen Vorausantrieb erzeugt. Ein angeströmter starrer Zylinder würde nur durch den Windwiderstand der projizierten Fläche Kraft erzeugen, und zwar in Strömungsrichtung. Hingegen erzeugt ein rotierender Zylinder durch den Magnus-Effekt aus Sog- und Staudruckkräften darüber hinaus eine weitaus größere und quer zur Anströmung gerichtete Ablenkungskraft. Ein ausschließlich mit Flettner-Rotoren ausgerüstetes Schiff muss daher ähnlich einem Segelschiff gegen den Wind aufkreuzen und bleibt bei Flaute antriebslos, wie in Abb. 2.6[2] dargestellt.

Der Flettner-Rotor kommt deshalb vor allem bei Rotorschiffen zur Anwendung, weil ein alleiniger Rotorantrieb grundsätzlich nicht möglich ist, da er bei fehlendem Wind keinen Vortrieb und auch keine Manövrierfähigkeit sichert.

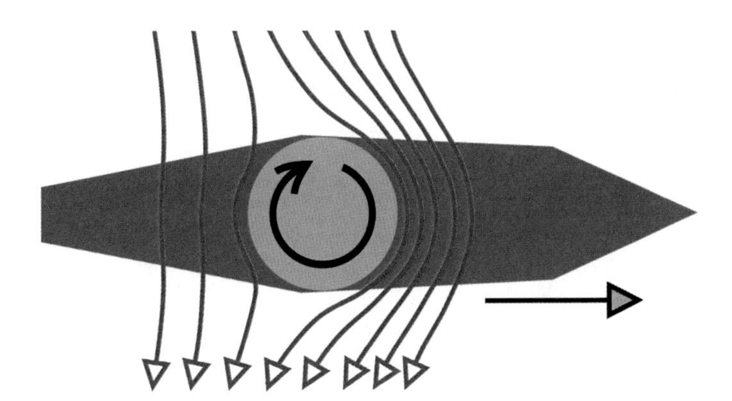

Abb. 2.6 Magnus-Effekt zum Antrieb eines Schiffes. (Quelle: Dan-yell – CC BY-SA 3.0, https://creativecommons.org/share-your-work/cclicenses/)

[1] siehe Abschn. 3.1.

[2] Dan-yell (https://commons.wikimedia.org/wiki/File:Magnus_Effect_at_Flettner_Rotor_Boat.svg), „Magnus Effect at Flettner Rotor Boat“, https://creativecommons.org/licenses/by-sa/3.0/legalcode.

2.5.2 Zugdrachenantriebe

Die deutsche SkySails Group GmbH stellte neben Flugwindkraftanlagen zur elektrischen Energiegewinnung aus Höhenwinden auch einen vollautomatischen Zugdrachenantrieb, der mithilfe von Windenergie zum Antrieb von Frachtschiffen und großen Yachten genutzt werden kann, her. Die mit diesem System ausgestatteten Schiffe sollen profitabler und umweltfreundlicher betrieben werden können, da der von einem Zugdrachen generierte Vortrieb Kraftstoffeinsparungen ermöglicht.

Dieses SkySails-System besteht aus den drei Hauptkomponenten

- Zugdrachen mit Seil,
- Start- und Landesystem sowie
- Steuerungssystem für den vollautomatischen Betrieb.

Der Vortrieb der Schiffe erfolgt durch große Zugdrachen (Lenkmatten), die aus hochfesten und witterungsbeständigen Textilien bestehen.

Die Zugdrachen können in Höhen von 100 bis 300 m operieren, in denen stärkere und stetigere Winde vorherrschen. Sie werden über ein reißfestes Kunststoffseil auf das Schiff übertragen. Sie werden auf dem Vorschiff durch ein Start- und Landesystem automatisch ausgebracht und eingeholt. Der vollautomatische Start- und Landevorgang dauert nur jeweils etwa 10–20 min und kann somit schnell den Vortrieb des Schiffes durch Maschinenanlagen unterstützen.

Mit der SkySails-Technologie sollen sich fast alle Frachtschiffe (ausgenommen große Containerschiffe), Superyachten und Fischtrawler nachrüsten lassen. Allerdings wird das Zugdrachen-System für Schiffe nach Angaben des Herstellers derzeit nicht mehr vermarktet, auch weil die prognostizierten Kraftstoffeinsparungen von bis zu 10–20 % nicht erreicht werden konnten und diese in der Anwendung nur bei ca. 6 % lagen.

2.6 Dieselelektrischer Antrieb

Dieselelektrische Antriebe sind elektrische Antriebe, die die von einem Dieselmotor angetriebenen Generator erzeugte Spannung nutzen. Mit der erzeugten elektrischen Energie werden die Elektromotoren versorgt, die über die Wellenanlage Propeller unmittelbar oder über ein Übersetzungsgetriebe antreiben.

Das erste 1903 mit einem Dieselmotor gebaute Schiff, der Tanker „Vandal“, war mit dieselelektrischem Antrieb versehen, da sein Dieselmotor noch nicht wie eine Dampfmaschine für Rückwärtsfahrt umgesteuert werden konnte. In der Folge wurden vor allem U-Boote mit dieselelektrischem Antrieb ausgerüstet, ab den 1920er-Jahren auch zunehmend größere Fracht- und Passagierschiffe und in den 1930er-Jahren auch ehemalige Schaufelraddampfer.

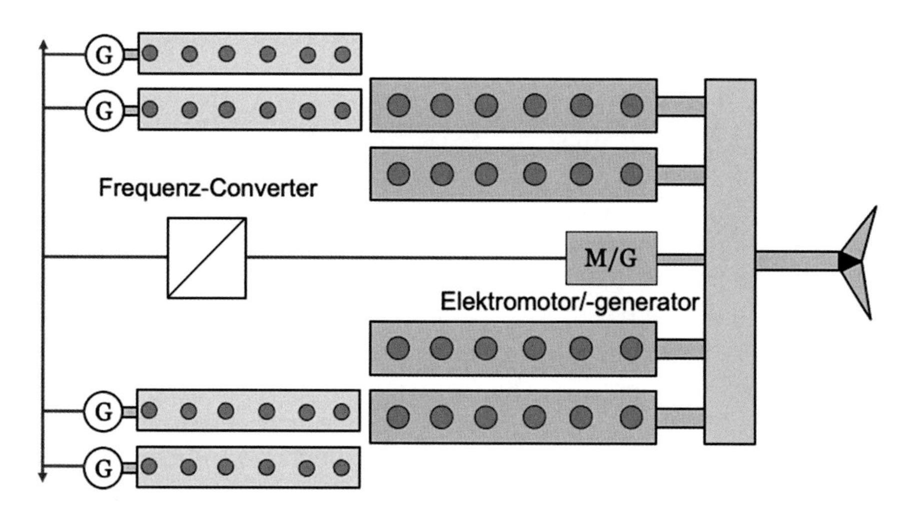

Abb. 2.7 Möglicher Aufbau einer dieselelektrischen Antriebsanlage

In der Praxis werden dieselelektrische Antriebe als System aus Hauptmaschinen und Elektromotoren verwendet, die auf ein gemeinsames Getriebe den oder die Propeller antreiben. Zur Spannungserzeugung werden mehrere Hilfsmaschinen verwendet, die auf eine Spannungsschiene die elektrische Energie zur Verfügung stellen, die für den gesamten Schiffsbetrieb verwendet wird. Je nach Bedarf werden Generatoren zu- bzw. abgeschaltet oder der Schiffsantrieb auf den mechanischen Betrieb umgestellt (Abb. 2.7).

2.7 Hybridantriebe

Hybridantrieb bezeichnet allgemein die Kombination verschiedener Techniken, wie Dieselmotoren, Gasturbinen oder elektrische Antriebe für den Antrieb. In der Schifffahrt werden in der Regel Kombinationen aus Dieselmotoren und Gasturbinen verwendet.

Ein COGAG-Antrieb ist ein Schiffsantriebskonzept, bei dem zwei verschiedene Gasturbinen auf die Antriebswelle geschaltet werden. Der Vorteil dieser Antriebsart ist der geringe Treibstoffverbrauch, der Nachteil das komplizierte Sammelgetriebe.

Ein CODOG-Antrieb ist ein Schiffsantriebskonzept, bei dem sowohl Dieselmotoren als auch Gasturbinen auf die Antriebswelle geschaltet werden können.

Der Vorteil des CODOG-Antriebs ist die einfache Ausführung des Hauptgetriebes, wobei der Nachteil das zusätzliche Gewicht der jeweils nicht in Betrieb befindlichen Antriebskomponente darstellt.

2.8 Vollelektrische Antriebe

Ein integrierter elektrischer Antrieb ist ein Schiffsantriebsystem, bei dem Schiffsdieselmotoren und/oder Gasturbinen nur eine Spannung für die Fahrmotoren erzeugen und keine mechanische Verbindung mit den Propellerwellen besitzen.

Im Binnenbereich werden für kleinere Fahrzeuge bereits vollelektrische Antriebe angeboten. Diese voll- oder batterieelektrischen E-Motoren für Schiffe und Boote sind sehr leise und komplett feinstaubfrei. Die Motoren werden gänzlich ohne Dieselmotoren und nur mit Lithium-Ionen-Akkus betrieben. Der Vorteil der batterieelektrischen Schiffsantriebe liegt in dem erreichbaren Wirkungsgrad von über 95 %.

2.9 Moderne Antriebe ohne Motorkraft

Mit dem MS „Pyxis Ocean" ist ein 230 m langer Massengutfrachter in Dienst gestellt worden, der neben einem Motor zwei große Segel als Antrieb besitzt. Diese sollen den Schiffsmotor unterstützen und ein Drittel des Treibstoffes einsparen. Die flügelförmigen Segel, die mehr als 37 m hoch sind, wurden auf der „Pyxis Ocean" nachgerüstet. Die beiden Segel können im Einsatz bis zu 30 % des Verbrauchs einsparen. Damit wird auch die Belastung mit CO_2, Schwefel und Stickoxiden enorm reduziert. Gleichzeitig fallen weniger Meeresschadstoffe, z. B. Altöl oder Sludge, an (Abb. 2.8).

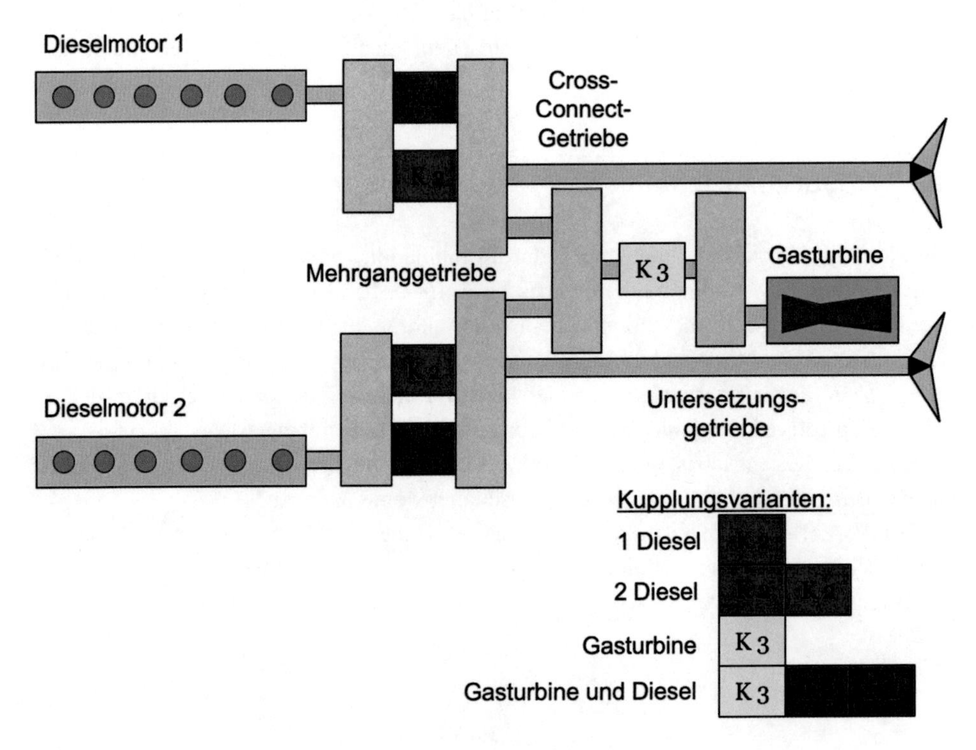

Abb. 2.8 Hybrid-Antrieb als CODAG (für Combined Diesel and Gas)

Durch ein gemeinsames Projekt des Schiffsbauers Wallenius Marine, des schwedischen Forschungsinstituts SSPA und der Königlich Technischen Hochschule in Stockholm zur Nutzung von Windenergie als Schiffsantrieb wird ein Frachtschiff von 200 m Länge für den kommerziellen Markt entwickelt. Die MS „Oceanbird" soll 2025 vom Stapel laufen und wäre dann mit 200 m Länge und 40 m Breite das größte Segelschiff der Welt. Das Hauptargument für die Entwicklung des Segelfrachters ist der wesentlich geringere Verbrauch von Ressourcen und der um 90 % niedrigere Ausstoß von klimaschädlichem CO_2.

Das Schiff ist ein sehr großer Auto- und Lkw-Transporter und kann bis zu 7000 Autos aufnehmen. Die Durchschnittsgeschwindigkeit auf der Nordatlantikroute wird auf 10 Knoten geschätzt, was um einiges langsamer als ein konventionelles Schiff ist. Die Überquerung des Nordatlantik wird somit 12 anstatt der üblichen acht Tage dauern. Die langsamere Fahrt ist das Haupthandicap aller Segelschiffe, die im Jahr nur zwei Drittel der Routen im Vergleich zu ölbetriebenen Schiffen schaffen. Das fordert seinen Tribut im schlechteren Nutzen des Kapitaleinsatzes.

3 Physikalische Voraussetzungen

Inhaltsverzeichnis

Der Betrieb von Schiffsanlagen erfolgt durch komplexe physikalische Vorgänge, deren Grundprinzip die Umwandlung von Energie zugrunde liegt. Der Zusammenhang der Veränderung von Druck, Volumen und Temperatur, um die Arbeit einer Verbrennungsmaschine zu gewährleisten, lassen sich durch verschiedene physikalische Gesetze erklären. Dazu können folgende Fragen als Grundlage zur Erläuterung der komplexen Vorgänge gestellt werden:

- Wie wird die Energie des Kraftstoffes in Antriebsenergie umgewandelt?
- Wie verhält sich die Volumenveränderung innerhalb des Zylinders einer Verbrennungsmaschine zu dem dadurch erzeugten Druck?
- Wann und warum verbrennt (explodiert) der Kraftstoff?
- In welchem Verhältnis stehen Temperatur, Druck und Volumen während des Arbeitsspiels einer Verbrennungsmaschine?
- Welche Faktoren lassen sich für einen ökologischeren Betrieb verändern?

U. Jacobshagen, *Green Shipping – Schiffsbetrieb und Umweltschutz*,
https://doi.org/10.1007/978-3-658-46807-1_3

3.1 Grundlagen der Motorentechnik

3.1.1 Grundlegende physikalische Gesetzmäßigkeiten

Energieerhaltungssatz

Als Grundlage der Motorentechnik dient die allgemeine, thermische und chemische Umwandlung von Energie. Nach dem Energieerhaltungssatz ist die Energie eine Erhaltungsgröße, sodass sich die Gesamtenergie eines abgeschlossenen Systems mit der Zeit nicht ändert. Energie kann zwischen verschiedenen Energieformen umgewandelt werden und kann aus einem System heraus oder in ein System hinein transportiert werden. Energie kann aber weder erzeugt noch vernichtet werden.

Als Energieformen im Prozess einer Verbrennung treten insbesondere auf:

- potenzielle Energie (Energie der Lage/Energie der Ruhe) – die Energie (das Arbeitsvermögen) ist in der Masse gespeichert (Epot),
- kinetische Energie (Bewegungsenergie) – ist die Energie, die in den bewegten Körpern steckt (abhängig von Masse und Geschwindigkeit) (Ekin),
- Wärmeenergie ist die Energie – die in erwärmten Körpern steckt,
- elektrische Energie sowie
- chemische Energie.

Gesetz von Boyle und Mariotte

Das Gesetz des Iren Robert Boyle (1662) und des Franzosen Edme Mariotte (1676), auch Boyle-Mariotte'sches Gesetz oder Boyle-Mariotte-Gesetz und oft mit Boyle'sches Gesetz abgekürzt, sagt aus, dass der Druck idealer Gase bei gleichbleibender Temperatur (isotherme Zustandsänderung) und gleichbleibender Stoffmenge umgekehrt proportional zum Volumen ist:

$$p \sim 1/V \tag{3.1}$$

$$p1 \cdot V1 = p2 \cdot V2 = pn \cdot Vn = 1$$

wird der Druck auf ein Gaspaket erhöht, verkleinert sich durch den erhöhten Druck das Volumen. Verringert man den Druck, so dehnt es sich aus (Abb. 3.1).

Gesetz von Gay-Lussac

Das erste Gesetz von Joseph Louis Gay-Lussac und Jacques Charles, auch Gay-Lussac'sches Gesetz, Gesetz von Charles oder Charles'sches Gesetz, besagt, dass das Volumen idealer Gase bei gleichbleibendem Druck (isobare Zustandsänderung) und gleichbleibender Stoffmenge direkt proportional zur Temperatur ist. Das Volumen V eines Gases dehnt sich bei einer Erhöhung der Temperatur T aus und zieht sich bei einer Abkühlung zusammen:

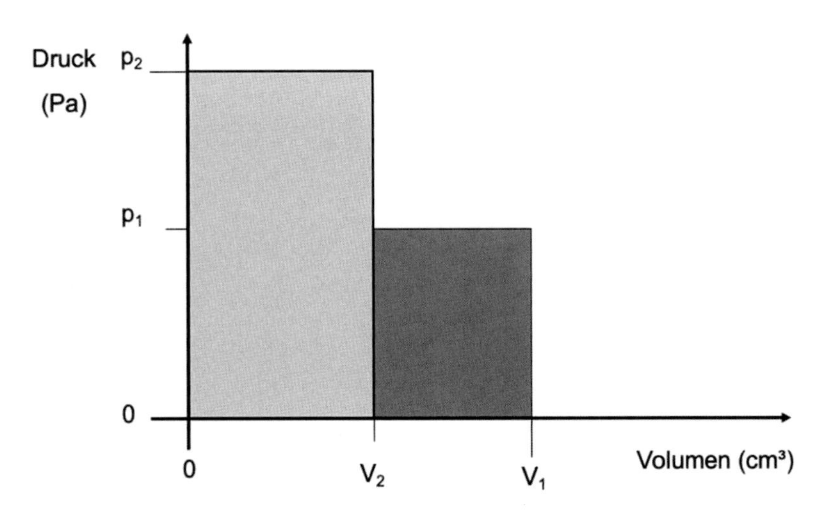

Abb. 3.1 Isotherme Zustandsänderung nach Boyle-Mariotte

$$V \sim T, V/T = \text{konstant} \tag{3.2}$$

$$V1/V2 = T1/T2$$

Bei einer nicht isobaren Zustandsänderung, also wenn das Volumen bei Temperaturerhöhung nahezu konstant bleibt, erhöht sich der Druck im Verhältnis zur Temperaturerhöhung – isothermer Druckanstieg. In Motoren wird dieser Zustand im Moment der Zündung genutzt, wenn sich der Kolben nahe dem oberen Totpunkt befindet und sich die Temperatur schlagartig erhöht. Der ebenfalls schlagartige Druckanstieg führt dazu, dass der Kolben nach dem Überschreiten des OT nach unten zum unteren Totpunkt gedrückt wird. Somit wird Arbeit verrichtet (Abb. 3.2).

Durch diese Zusammenhänge lässt sich die verrichtete Arbeit im Verbrennungsmotor bestimmen. Grundlage dafür ist das Verhältnis von Druck und Volumenänderung, das im Weiteren durch den sogenannten Kreisprozess dargestellt wird. Für die Diagnostik von Verbrennungsmotoren wird dieser Prozess in ein Verhältnis zu dem Kurbelwinkel des Kolbens gesetzt, wodurch Aussagen zur Qualität des Arbeitsprozesses getroffen werden können.

Die mechanische Arbeit ist das Produkt aus Kraft und Weg:

$$W = F \cdot s, \left(F = p \cdot A, W = p \cdot A \cdot s\right) \tag{3.3}$$

Während des Arbeitsprozesses einer Verbrennungsmaschine mit Hubkolben wird Volumenarbeit verrichtet. Diese Volumenarbeit ist ein Produkt des Druckes in dem System und der Veränderung des Volumens durch die Bewegung des Kolbens:

$$W1,2 = p \cdot \left(V1 - V2\right) \tag{3.4}$$

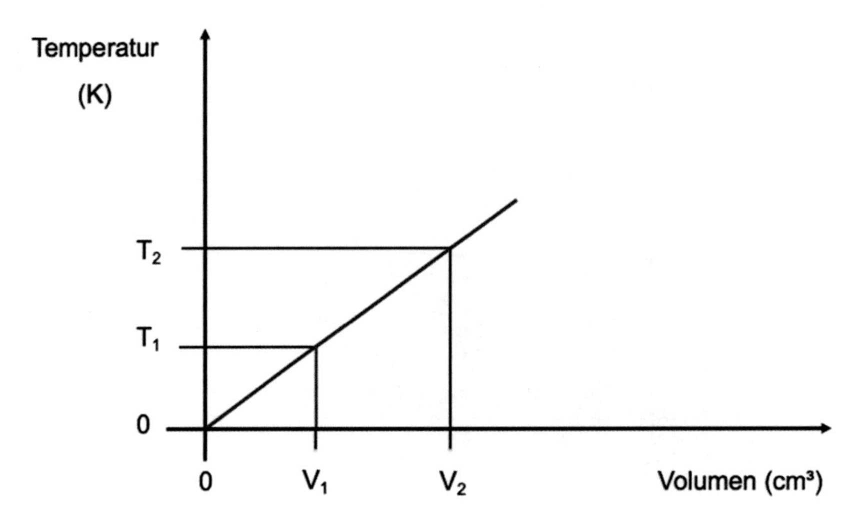

Abb. 3.2 Isobare Zustandsänderung nach Gay-Lussac

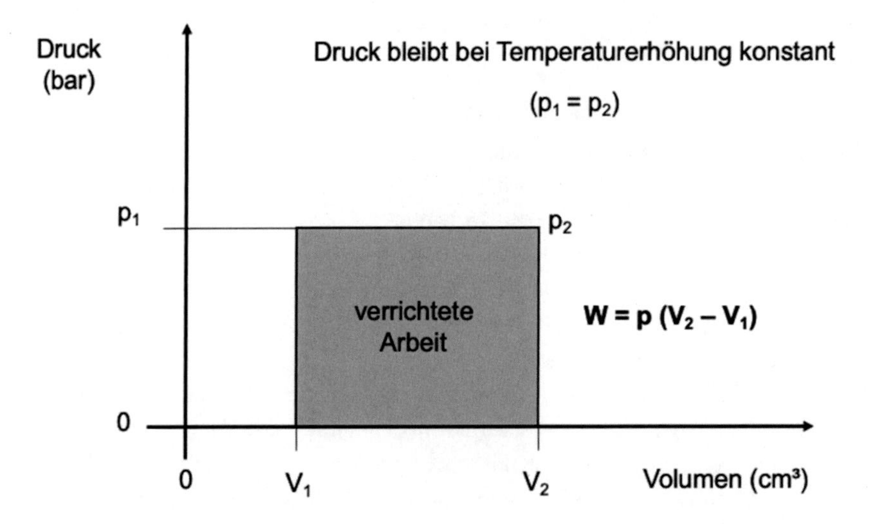

Abb. 3.3 Arbeitsprozess bei konstantem Druck

Die gesamte geleistete Arbeit in dem System führt durch den Arbeitsprozess (Kreisprozess) der Kolbenbewegung zu einer nutzbaren Leistung, die zum Antrieb eines Wasserfahrzeuges erforderlich ist (Abb. 3.3).

Gesetz von Amontons

Das Gesetz von Amontons, das auch als Zweites Gesetz von Gay-Lussac bezeichnet wird, sagt aus, dass der Druck idealer Gase bei einer isochoren Zustandsänderung und gleichbleibender Stoffmenge direkt proportional zur Temperatur ist. Bei einer Erhöhung der Temperatur T des Gases erhöht sich der Druck p und bei einer Abkühlung wird er geringer:

$$p \sim T, p/T = \text{konstant} \tag{3.5}$$

$$p1/p2 = T1/T2$$

Gesetz der Homogenität

Das Gesetz der Homogenität beschreibt, dass ein ideales Gas homogen ist und somit überall dieselbe Dichte hat. In einem großen Behälter mit einem homogenen Gas wird an einer Stelle eine Teilmenge eingeschlossen und hat dann dieselbe Stoffmenge wie eine Teilmenge mit demselben Volumen an anderer Stelle. Teilt man die gesamte Stoffmenge auf zwei gleich große Volumina auf, so enthalten sie die gleiche Stoffmenge, nämlich die Hälfte der ursprünglichen. Das Volumen V ist bei gleichbleibendem Druck und gleichbleibender Temperatur proportional zur Stoffmenge n:

$$V \sim n, V/n = \text{konstant} \tag{3.6}$$

$$V1/V2 = n1/n2$$

3.1.2 Motorleistung

Ein System mit einer mechanischen Leistung P verrichtet in der Zeitspanne t die Arbeit W. Die Leistung, die sich durch die Einwirkung des Gasdrucks auf die Kolben in den Arbeitszylindern ergibt, heißt „indizierte Leistung" oder „Innenleistung" (P_i). Da sich der Gasdruck während eines Arbeitstakts ändert, rechnet man mit einem auf die Kolbenfläche wirkend gedachten mittleren Arbeitsdruck oder mittleren indizierten Kolbendruck (p_i). Grundsätzlich ergibt sich die mechanische Leistung aus der Kraft und dem Weg, der in einer Zeit zurückgelegt wird:

$$P = F \cdot v \tag{3.7}$$

Bei Drehbewegungen ist der Kraftweg eine Kreisbahn und die Geschwindigkeit gleich der Umfangsgeschwindigkeit. Setzt man zunächst in die o. g. Gl. (3.7) für v die Umfangsgeschwindigkeit $\pi \cdot d \cdot n / 60$ ein, so ist die Leistung in Watt

$$P = F \cdot \pi \cdot d \cdot n/60.$$

Aus $D = 2 \cdot r$ und $M = F \cdot r$ folgt dann:

$$P = M \cdot \pi \cdot n - 30[\mathrm{W}]\,\text{und}$$

$$P = M \cdot \pi \cdot n/30 \cdot 1000\ [\mathrm{W}].$$

Bei Auflösen der Division π / (30 · 1000) erhält man

$$P \approx M \cdot n/9550. \tag{3.8}$$

Die Kraft F ist allgemein das Produkt aus Fläche und Druck (Innendruck) und die Geschwindigkeit der Quotient aus Weg durch Zeit woraus aus Formel (3.7) folgt:

$$Pi = A \cdot pi \cdot s/t$$

Der Weg s beschreibt bei einer Kolbenhubmaschine den Kolbenweg vom unteren zum oberen Totpunkt. Das Hubvolumen V_H ergibt sich aufgrund der (annähernd) zylindrischen Form als Produkt des Kolbenhubs und der Kolbenfläche A.

Die Zeit t bezeichnet dann die Drehzahl (min^{-1}) in Sekunden, also durch 60 und geteilt durch zwei, weil in einem Viertaktarbeitsverfahren nur jede zweite Bewegung von OT nach UT durch eine Zündung geschieht. Die Arbeit wird pro Zylinder verrichtet, sodass sich die Gesamtleistung aus der Summe aller Zylinder z ergibt:

$Pi = VH \cdot pi \cdot n \cdot z/120$	[da Nm/s = 0,01 kW]
$Pi = VH \cdot pi \cdot n \cdot z/1200$	[kW].

Der Faktor im Nenner findet nur Anwendung auf Viertaktmotoren, weil hier nur bei jeder zweiten Überschreitung des OT eine Zündung stattfindet. Für Zweitaktmotoren gilt, dass bei jedem Erreichen des OT gezündet wird, wodurch sich der Nenner halbiert. Um diese Formel sowohl für Zweitakt- als auch für Viertaktmotoren anwenden zu können, wird im Nenner die Taktzahl x mit dem angeglichenen Wert 300 multipliziert. Für Zweitaktmotoren gilt $x = 2$ und für Viertaktmotoren $x = 4$. Somit lässt sich die Innenleistung von Kolbenhubmaschinen durch folgende Formel errechnen:

$$Pi = VH \cdot pi \cdot n \cdot z/(x \cdot 300). \tag{3.9}$$

Der Nenner in Formel (3.9) ändert sich jeweils für die Anwendung auf Viertaktmotoren ($x = 4$, $4 \cdot 300 = 1200$) und Zweitaktmotoren ($x = 2$, $2 \cdot 300 = 600$). Daraus folgt, dass ein Zweitaktmotor (theoretisch und mit den gleichen Abmessungen) eine doppelte Leistung eines Viertaktmotors erbringen kann.

Die Leitung einer Verbrennungskraftmaschine hängt im Betrieb somit von der Drehzahlstufe ab. Schiffsmotoren, die als Teil einer Antriebsanlage ohne Getriebe und Kupplung arbeiten (Direktantrieb) erreichen mit der höchsten Fahrtstufe und Geschwindigkeit auch die höchste Drehzahl und Leistung. Bei Motoren mit Schaltgetrieben kann die Leistung bei höheren Geschwindigkeiten reduziert werden, was zu einem geringeren Kraftstoffverbrauch führt.

3.1.3 Wirkungsgrad

Der Wirkungsgrad ist allgemein das Verhältnis von Nutzen zu Aufwand. Er wird verwendet, um die Effizienz von Energiewandlungen, z. B. von Wärme in mechanische Energie, aber auch für Energieübertragungen zu beschreiben. Der Wirkungsgrad η (Eta) hat einen Wert zwischen 0 und kleiner 1 oder zwischen 0 % und weniger als 100 %.

Der Wirkungsgrad einer Verbrennungskraftmaschine bezieht sich auf den Heizwert des Kraftstoffes in kJ/kg oder kWh/kg. Der Heizwert ist das Maß für die spezifisch nutzbare Wärme. Sind spezifischer Kraftstoffverbrauch (b_e) und Heizwert (H_u) des Brennstoffes bekannt, so lässt sich der Wirkungsgrad (η) wie folgt berechnen (Tab. 3.1):

$$\eta = 1/\left(be \cdot Hu\right) \tag{3.10}$$

Beispiel 3.1 Der Zweitakt-Dieselmotor Wärtsilä RT-flex96C hat einen spezifischen Kraftstoffverbrauch von 171 g/(kWh) bei 102 min^{-1} im Volllastbetrieb:

$$\eta = 1/\left(0{,}171\text{kg}(\text{kWh}) \cdot 11{,}9\text{kWh/kg}\right),$$

$$\eta = 1/\left(0{,}171 \cdot 11{,}9\left[\text{kg} \cdot \text{kWh}/\left(\text{kWh} \cdot \text{kg}\right)\right]\right)$$

$$\eta \approx 0{,}49 \approx 49\ \%.$$

Der Heizwert von Diesel ist im Vergleich zu Benzin etwas höher. Durch den bedeutend geringeren spezifischen Kraftstoffverbrauch von Dieselmotoren gegenüber Benzinmotoren liegt der Wirkungsgrad für diese Motoren sehr viel höher. Daraus ergibt sich ein Hauptgrund dafür, dass für den Antrieb von Schiffen keine Benzinmotoren verwendet werden können (Tab. 3.2).

Tab. 3.1 Übliche Heizwerte

	MJ/kg	kWh/kg
Diesel	42,9–43,1	≈ 11,9
Normalbenzin	41,2–41,9	≈ 11,5
Superbenzin	41,2–41,6	≈ 11,4
Flugbenzin (AvGas)	43,5	≈ 12,1
Kerosin	43	≈ 11,9

Tab. 3.2 Beispiele für unterschiedliche Wirkungsgrade

	Spezifischer Kraftstoffverbrauch b_e	Heizwert H_u (kWh/kg)	Wirkungsgrad η
Dieselmotor, Viertakt	180–210	≈ 11,9	0,47–0,4
Benzinmotor, Viertakt	220–250	≈ 11,5	0,39–0,35
Dieselmotor, Zweitakt	160–190	≈ 11,9	0,52–0,44
Benzinmotor, Zweitakt	250–350	≈ 11,5	0,35–0,25

3.2 Kraftstoffverbrauch

Bei Dieselmotoren wird die verbrauchte Kraftstoffmenge je Arbeitseinheit angegeben, also der spezifische Kraftstoffverbrauch in g/kWh oder kg/kWh. Die Angabe in g/kWh erfolgt hauptsächlich für den Betriebspunkt mit der höchsten Kraftstoffeffizienz. Der tatsächliche spezifische Verbrauch in Abhängigkeit von Drehzahl und Leistungsabgabe wird in einem Verbrauchskennfeld dargestellt.

Der Mitteldruck p_{me} ist dabei die Rechengröße, um den Wirkungsgrad und den Ladungswechsel des Dieselmotors unabhängig von Hubraum oder Größe des Motors zu beurteilen. Er ist als Druck (Pa) somit der Quotient aus der vom Motor bei einem Arbeitsspiel verrichteten mechanischen Arbeit und seinem Hubraum:

$$pme = We/VH \left[\mathrm{N \cdot m/m3 = N/m2 = Pa}\right] \tag{3.11}$$

Der Mitteldruck kann nicht wie zum Beispiel der Kompressionsdruck gemessen werden, sondern ist nur rechnerisch zu ermitteln.

Der tatsächliche Kraftstoffverbrauch B eines Verbrennungsmotors ist abhängig von dem ermittelten spezifischen Kraftstoffverbrauch b_e und der effektiven Leistung P_{eff} des Motors:

$$B = be \cdot Peff \left[\mathrm{g/h,\ kg/h}\right] \tag{3.12}$$

▶ **Beispiel 3.2** Der Zweitakt-Dieselmotor Wärtsilä RT-flex96C hat einen spezifischen Kraftstoffverbrauch von 171 g/(kWh) bei 102 min^{-1} im Volllastbetrieb (1,96 MPa Arbeitsdruck) und in der Fahrtstufe eine Gesamtleistung von 84.420 kW. Der Verbrauch pro Tag kann nach Formel 3.12 errechnet werden:

$$\mathrm{B = 171\,g/kWh \times 84420\,kW}$$

$$\mathrm{B = 14435820\,g/h}$$

$$B = 14435{,}82\,\text{kg/h}$$

$$B \approx 14{,}44\,\text{t/h}$$

Pro Tag:

$$B \approx 14{,}44\,\text{t/d} \cdot 24 = 346{,}56\,\text{t/d}$$

Verbrennungsmotoren

4

Inhaltsverzeichnis

Verbrennungsmotoren werden nach dem Prinzip der Zündung des Kraftstoffes und so auch nach der Art des verwendeten Kraftstoffs unterschieden. Für den Antrieb von Schiffen werden heute hauptsächlich Verbrennungsmotoren nach dem Dieselprinzip verwendet. Moderne Entwicklungen lassen mittlerweile auch alternative Kraftstoffe zu, die die Umwelt weniger belasten und bessere Energiebilanzen zulassen. Der Vorteil des Dieselmotors gegenüber dem Benzin- oder Ottomotor stellt der bessere Wirkungsgrad, also die Nutzung der zugeführten Energie für den Antrieb, dar. Der klare Nachteil ist die enorme Umweltbelastung durch Fein- und Feinststaub, Ruß, Kohlendioxid und Schwefel. Dennoch soll im Weiteren hauptsächlich auf die Dieselmotoren eingegangen werden, weil nur diese für einen Schiffsantrieb infrage kommen (siehe Wirkungsgrad).

Die unterschiedlichen Bauformen von Verbrennungsmotoren variieren nach der Art der Anwendung, um leistungsfähige Motoren in kleinen Räumen nutzen zu können. Die Hauptbauformen (nicht abschließend) sind

- Einzylindermotor,
- Reihenmotoren,
- Gegenkolbenmotor,

U. Jacobshagen, *Green Shipping – Schiffsbetrieb und Umweltschutz*,
https://doi.org/10.1007/978-3-658-46807-1_4

- Sternmotor
- V-Motoren und
- Boxermotor als Variante des V-Motors.

In der Schifffahrt werden als Verbrennungsmotoren fast ausschließlich Reihenmotoren und V-Motoren verwendet. Die Verwendung von Gegenkolbenmotoren eignet sich nur für Spezialanwendungen und findet in der konventionellen Schifffahrt kaum Beachtung. Sternmotoren, die für die Luftfahrt entwickelt wurden, finden ihre Anwendung ebenfalls nur für Boote und Schiffe mit sehr schnell laufenden Dieselmotoren. Diese Bauform ermöglicht es, sehr viele kleine Zylinder im Kreis anzuordnen (Stern) und mehrere Sterne hintereinander auf eine Kurbelwelle wirken zu lassen. So werden z. B. Motoren mit Sternen aus 7 Zylindern und mit 8 Sternen hintereinander gebaut, die zusammen 56 Zylinder beinhalten. Auch wegen der sehr hohen Wartungsintensität werden diese Motoren in der konventionellen Schifffahrt nicht verwendet.

Verbrennungsmotoren mit einer ungeraden Anzahl an Zylindern (z. B. kleine Pkw-Motoren oder große Schiffsmaschinen) werden grundsätzlich als Reihenmotor gestaltet. Motoren mit einer großen und geraden Anzahl Zylinder können mit zwei Zylinderseiten als V gebaut werden (V-Motoren). Dadurch wird der Motor in seiner Gesamtlänge stark verkleinert und der Motor insgesamt kompakter.

Ein V-Motor (früher auch „Gabelmotor" genannt) ist ein mehrzylindriger Hubkolbenmotor, bei dem die Zylinder auf zwei Zylinderbänke aufgeteilt sind. Die Zylinderbänke stehen dann in einem Winkel zueinander, sodass die Kolben im Wechsel über die Pleuelstangen auf die Kurbelwelle einwirken. Für den Schiffsbetrieb ist dies neben dem Reihenmotor die häufigste Motorbauart.

4.1 Arbeitsverfahren

4.1.1 Viertaktprinzip

Die Vorgänge in allen Verbrennungskraftmaschinen sind gleich und benötigen folgende Abläufe:

- Der Zylinder muss mit der für die Verbrennung erforderlichen Luft gefüllt werden,
- die Luft muss erhitzt werden,
- der Kraftstoff muss in den Zylinder gelangen, wird gezündet und soll möglichst vollständig verbrennen,
- der Verbrennungsdruck (Gasdruck) soll den Kolben antreiben und
- die entspannten Verbrennungsgase müssen den Zylinder verlassen.

Das Arbeitsspiel des Viertaktverfahrens umfasst die folgenden Takte:
1. Takt – Ansaugen,

2. Takt – Verdichten,
3. Takt – Arbeiten (Expandieren) und
4. Takt – Ausstoßen.

Nach einem Arbeitsspiel hat die Kurbelwelle zwei vollständige Umdrehungen vollzogen.

4.1.1.1 Dieselmotor

Der erste Takt (Ansaugen[1]) beginnt bereits, wenn der Kolben während des vierten Taktes vor dem oberen Totpunkt (OT), dem oberen Umkehrpunkt des Kolbens, steht. Das Auslassventil (AV) ist noch geöffnet, und das Einlassventil (EV) wird bereits vor dem OT geöffnet. Dadurch können die Abgase weiter durch den Kolben ausgestoßen werden und gleichzeitig wird Frischluft in den Zylinderraum gedrückt (aufgeladener Motor). Die einströmende Frischluft unterstützt das Ausstoßen der Abgase, und es kommt zu dem sogenannten Ladungswechsel. Der Zeitraum, in dem beide Ventile geöffnet sind, nennt man Ventilüberschneidung. Unmittelbar nach Überwinden des OT schließt das Auslassventil.

Der Kolben passiert den OT und bewegt sich zum unteren Totpunkt (UT), dem unteren Umkehrpunkt des Kolbens. Der Brennraum vergrößert sich und wird mit Frischluft gefüllt. Die einströmende Luft wird in der Regel durch Abgasturbolader (ATL) vorverdichtet und in den Brennraum gedrückt. Gleichzeitig wird die Luft vor dem Einströmen gekühlt, sodass eine größere Menge an Sauerstoff zur optimalen Verbrennung zur Verfügung steht. Die Ladeluftmenge ist in jeder Fahrtstufe nahezu konstant (siehe Ladeluftverhältnis).

Einige Grad Kurbelwinkel nach dem Überschreiten des unteren Totpunktes (UT) befindet sich der Kolben in der Aufwärtsbewegung, und das Einlassventil schließt. Den Zeitraum zwischen dem UT und dem Schließen des Einlassventils nennt man Nachladeffekt. Dieser bewirkt eine bessere Befüllung des Verbrennungsraums und dadurch eine Leistungssteigerung des Motors. Gleichzeitig wird die Luft durch die Verringerung des Volumens bereits vorverdichtet.

Der zweite Takt (Verdichten) beschreibt die Kompression der im Verbrennungsraum vorhandenen Luft. Diese wird durch die Kolbenbewegung und der damit verbundenen Volumenreduzierung auf ein Verhältnis von bis zu 28:1 komprimiert. Durch die extreme Verringerung des Volumens bei gleichbleibender Volumenmasse steigt die Temperatur auf etwa 600–700 °C, und der Druck des verdichteten Gases je nach Kompressionsverhältnis auf ca. 40–60 bar an. Bereits ca. 30–15 Grad Kurbelwinkel vor dem OT beginnt das Einspritzen des Dieselkraftstoffs, der in der heißen Luft sofort verdunstet und fein vernebelt. Die Dieselpartikel verbinden sich mit dem Sauerstoff (Oxidation) und bilden ein brennbares Gemisch. Nachdem das Gemisch durch die Menge an bisher eingespritztem Diesel zündfähig (Zündverzug, ca. nach 1/1000 s) geworden ist, beginnt die Zündung, sodass das Kraftstoff-Luft-Gemisch zu verbrennen beginnt. Der dritte Takt (Zündung) beginnt be-

[1] Der Begriff „Ansaugen“ ist nur noch bei sogenannten Saugmotoren korrekt. Bei modernen Dieselmotoren wird die Luft durch Lüfter (Abgasturbolader, Kompressor oder Gebläse) in den Verbrennungsraum gedrückt und bereits vorverdichtet.

reits. Die Einspritzung wird je nach Fahrtstufe fortgesetzt und endet erst nach dem Überschreiten des OT durch den Kolben. Direkt nach dem OT zündet das Gemisch vollständig, und die sogenannte explosionsartige Hauptzündung treibt den Kolben nach unten in Richtung UT. Die Einspritzung wird so lange fortgeführt, bis die Menge an Kraftstoff ausreichend ist, um die gewählte Fahrtstufe (Drehzahl) zu erreichen. Die Einspritzmenge und damit die Fahrtstufe sind direkt abhängig von der Dauer der Einspritzung bei nahezu konstantem Einspritzdruck.

Der Kolben bewegt sich in Richtung UT und verrichtet Arbeit durch das Einwirken des Verbrennungsdrucks auf die Kolbenoberfläche. Bereits vor dem UT öffnet das Auslassventil, und der vierte Takt (Ausstoßen) beginnt. Durch den noch sehr hohen Druck des verbrannten Gemisches, strömen dieses bereits zum Teil aus dem sich öffnenden AV. Nach dem Überschreiten des UT bewegt sich der Kolben zum OT und drückt die Abgase aus dem vollständig geöffneten AV. Der vierte Takt endet mit dem Schließen des AV, und der erste Takt beginnt schon mit dem Öffnen des EV, sodass sich diese Takte überschneiden.

Die Luftmenge im Viertaktverfahren des Dieselmotors ist theoretisch konstant. Das Verhältnis von Luft zu Brennstoff zum jeweils stöchiometrisch idealen Verhältnis für einen theoretisch vollständigen Verbrennungsprozess ist dabei abhängig von der jeweiligen Fahrtstufe und der Menge an eingespritztem Kraftstoff (siehe Ladeluftverhältnis).

4.1.1.2 Benzinmotor

Das Viertaktverfahren des Ottomotors läuft ähnlich ab, wie das des Viertakt-Dieselmotors. Wesentliche Unterschiede ergeben sich aus der Art der Zündung und dem daraus folgenden Verbrennungsverlauf.

Im ersten Takt des Ottomotors wird im OT das Auslassventil geschlossen und das Einlassventil geöffnet. Angesaugt bzw. geladen wird ein Benzin-Luft-Gemisch, das in der Regel außerhalb des Brennraumes erzeugt wird. Nach dem Überschreiten des UT schließt das Einlassventil, und das Gemisch wird auf ein Verhältnis von 1:10 bis 1:14 komprimiert. Die Temperatur steigt auf ca. 400–600 °C und der Druck auf ca. 10–20 bar. Im OT ist die Kompression abgeschlossen, und durch die Fremdzündung mittels Zündkerze (OT +/– 2°) wird das Gemisch zur Explosion gebracht. Der Zünddruck treibt den Kolben in Richtung UT und dadurch wird Arbeit verrichtet. Im UT öffnet das Auslassventil und durch die Aufwärtsbewegung werden die Abgase ausgestoßen.

4.1.2 Zweitaktprinzip

Als Grundlage für das Zweitakt-Arbeitsverfahren sind für ein Arbeitsspiel die gleichen Abläufe erforderlich, wie für ein Viertaktverfahren. Die Abläufe werden in zwei Takten durchgeführt, sodass ein Arbeitsspiel nur eine Kurbelwellenumdrehung umfasst. Es ist festzustellen, dass bei jeder Überschreitung des oberen Totpunktes eine Zündung stattfindet. Theoretisch kann ein vergleichbarer Zweitaktmotor die doppelte Leistung eines Viertaktmotors aufbringen (siehe Leistung).

Die zwei Takte eines Arbeitsspiels sind:
1. Takt – Ansaugen und Verdichten und
2. Takt – Arbeiten und Ausstoßen.

Zweitakt-Dieselmotoren sind entweder nur mit Einlass- und Auslassschlitzen in der Laufbuchse versehen oder nutzen Auslassventile zur Spülung. Um die Spülung (Ladungswechsel, Ausstoß von Abgasen und Ansaugen von Fischluft) ohne Einlassventile durchzuführen, werden drei verschiedene Systeme genutzt:

1. Querstromspülung
   Aus- und Einlassschlitze liegen in der Zylinderlaufbuchse einander gegenüber und werden beide vom Kolben freigegeben und geschlossen. Dabei öffnet der Auslassschlitz in der Abwärtsbewegung zuerst und schließt sich zuletzt. Um den Zylinder möglichst gut zu spülen, ist entweder der Kolben so geformt, dass er den Einlassstrom in Richtung Zylinderkopf umlenkt oder die Mündung des Überströmkanals ist schräg nach oben gerichtet. Diese Art der Spülung wird hauptsächlich bei kleineren Ottomotoren verwendet.
2. Gleichstromspülung
   Bei gleichstromgespülten Motoren liegen Einlassschlitze und Auslassventile an entgegengesetzten Enden des Zylinderraums. Während der Spülung drückt die einströmende Frischluft das Abgas zum Auslassventil, die dann im Zylinderkopf verbaut sind. Durch die Verwendung von Auslassventilen ist dieses Verfahren wartungsintensiver als die Umkehrspülung.
3. Umkehrspülung
   Bei der Umkehrspülung befinden sich Einlass- und Auslassschlitze mit unterschiedlichen Größen in der Zylinderlaufbuche horizontal übereinander. Während der Aufwärtsbewegung des Kolbens werden die Einlassschlitze durch die konische Form immer weiter verschlossen, sodass der Luftstrom geringer wird. Im gleichen Maß werden die darüberliegenden Auslassschlitze verschlossen. Nach dem vollständigen Verschließen der Einlassschlitze wird die Luft bereits komprimiert und drückt die restlichen Abgase aus den noch leicht geöffneten Auslassschlitzen. Bei vollständigem Verschließen des Zylinderraums sollten keine Abgase mehr vorhanden und keine Ladeluft aus dem Auslassschlitz entwichen sein.

Das Aufladen des Motors im ersten Takt beginnt bereits vor UT mit dem beginnenden Öffnen der Einlassschlitze. Durch ein ATL, einen Kompressor oder ein Gebläse wird Frischluft in den Verbrennungsraum gedrückt, die die Abgase in Richtung Auslassschlitze (oder -ventile) drückt. In der Aufwärtsbewegung werden erst die Einlassschlitze und danach die Auslassschlitze (AS) durch den Kolben verdeckt. Nach dem vollständigen Passieren der AS beginnt die Kompression der vorhandenen Luft im gleichen Verhältnis, wie bei einem Viertaktverfahren (s.o.). Auch hier wird rechtzeitig vor OT begonnen, den Kraftstoff einzuspritzen, der in der heißen Luft verdunstet und oxidiert. Nach dem oben beschriebenen Zündverzug beginnt das Gasgemisch zu brennen und zündet explosionsartig nach dem Überschreiten des OT. Während der Abwärtsbewegung durch den Zünddruck im zweiten Takt wird Arbeit verrichtet, bis der Kolben beginnt, die Auslassschlitze freizugeben. Die Auslassschlitze werden zum Ausstoßen vor dem UT vollständig freigegeben, und ebenfalls vor UT öffnen die Einlassschlitze. Durch die einströmende Frischluft wird der Verbrennungsraum gespült bis zum nochmaligen Verschließen der Auslassschlitze durch die Kolbenaufwärtsbewegung. Dann ist der zweite Takt abgeschlossen und der erste hat bereits mit dem Öffnen der Einlassschlitze begonnen.

Die Unterschiede des Zweitaktverfahrens vom Otto- zum Dieselmotor sind gleich denen im Viertaktverfahren und für eine weitere Betrachtung nicht relevant.

4.1.3 Ladeluftverhältnis

Das Verbrennungsluftverhältnis λ mit der Einheit 1 setzt die tatsächlich zur Verfügung stehende Luftmasse m_{L_tats} in ein Verhältnis zur mindestens notwendigen Luftmasse m_{L_st}, die für eine stöchiometrisch vollständige Verbrennung theoretisch benötigt wird:

$$\lambda = m_L \text{tats}/m_{Lst} \tag{4.1}$$

Aus dieser Kennzahl lassen sich Rückschlüsse auf den Verbrennungsverlauf, die Temperaturen, die Schadstoffentstehung und den Wirkungsgrad ziehen. Für den Zahlenwert ist der Grenzwert 1 von besonderer Bedeutung:

- Ist λ = 1, so gilt das Verhältnis als stöchiometrisches Verbrennungsluftverhältnis mit $m_{L\text{-}tats}/m_{L\text{-}st}$. Das ist der Fall, wenn alle Brennstoffmoleküle vollständig mit dem Luftsauerstoff reagieren könnten, ohne dass Sauerstoff fehlt oder unverbrannter Kraftstoff übrigbleibt (vollständige Verbrennung).
- Mit λ < 1 (z. B. 0,9) herrscht ein sogenannter Luftmangel. Bei Verbrennungsmotoren spricht man von einem fetten oder auch reichen Gemisch.
- Mit λ > 1 (z. B. 1,1) herrscht ein sogenannter Luftüberschuss vor. Bei Verbrennungsmotoren spricht man von einem mageren oder auch armen Gemisch.

Dieselmotoren arbeiten grundsätzlich mit einem mageren Gemisch von λ = 1,3 (bei Volllast) bis etwa 6 (im Leerlauf). Es ist immer mehr Luft vorhanden, als für den Verbrennungsprozess benötigt wird. Bei höheren Fahrstufen (Drehzahl) steigt die Menge des Kraftstoffes, der sich mit der konstanten Luftmenge verbindet und verringert dadurch das Verbrennungsluftverhältnis.

In modernen Benzinmotoren beträgt das Luftverhältnis etwa λ = 1. Ein Gemischregler bei Einspritzermotoren hat die Aufgabe, durch Variation der Einspritzdauer der einzelnen Einspritzventile das Luftverhältnis in der Nähe von λ = 1 zu halten. Der effizienteste Betrieb stellt sich bei leicht magerem Gemisch von ca. λ = 1,05 und höchste Motorenleistung bei fettem Gemisch von ca. λ = 0,85 ein.

4.1.4 Bauteile und deren Zusammenwirken

Für den Verbrennungsprozess ist das Zusammenwirken der wesentlichen Bauteile im Motor notwendig, die in der Lage sind, die starken Temperatur- und Druckänderungen zu kompensieren und die Energie mit möglichst geringen Verlusten umzuwandeln. Der Wirkungsgrad und die Leistung des Motors sind von der Qualität und Bauteile abhängig, was eine regelmäßige Diagnostik des Motors erfordert. Über diagnostische Instandhaltung, z. B. p-V-Diagramme, lassen sich Aussagen zum Zustand einzelner Bauteile ableiten.

Die Hauptbauteile lassen sich in innere und äußere sowie statische und dynamische unterteilen. Die statischen, also unbeweglichen Bauteile, sind

- Zylinderkopf,
- Gehäuse (Motorblock),
- Ölwanne und
- Zylinderlaufbuchse.

Der Zylinderkopf dichtet den Verbrennungsraum ab und enthält einen Teil des Verdichtungsraums zur Aufnahme des Verbrennungsdrucks. Im Zylinderkopf sind die Einspritzdüse, Ein- und Auslassventile mit Kipphebeln und Stößeln verbaut. Zur Abdichtung wird der Zylinderkopf über die Zylinderkopfdichtung mit dem Gehäuse oder Motorblock verbunden, bei großen Dieselmotoren verschraubt. Das Gehäuse nimmt alle Bauteile auf und gilt als äußere Hülle des Motors. In großen Schiffsdieselmotoren wird auf einer sogenannten Grundplatte über ein Gestell das Gehäuse mit dem Schiffskörper verbunden. Der untere Abschluss der äußeren Bauteile stellt die Ölwanne, die unabhängig von der Art der Schmierung (Trocken- oder Nasssumpfdruckumlaufschmierung) das nötige Schmieröl aufnimmt und für den Schmierölkreislauf zur Verfügung stellt.

Die Zylinderlaufbuchse als inneres Bauteil kennzeichnet den Hubraum des Motors. In ihr bewegt sich der Kolben vom unteren zum oberen Totpunkt (Hubvolumen V_H). Oberhalb des oberen Totpunktes befindet sich der Kompressionsraum V_C, der im Verhältnis zum Hubvolumen das Verdichtungsverhältnis ε kennzeichnet:

$$\varepsilon = \left(V_H + V_C\right) / V_C \tag{4.2}$$

Als dynamische Bauteile können

- Kolben/Kolbenringe,
- Ventile,
- Nockenwelle,
- Kurbelwelle,
- Pleuelstange und
- Kipphebel

bezeichnet werden.

Der Kolben ist der eigentliche Arbeiter im Verbrennungsmotor. Er wandelt den Verbrennungsdruck in mechanische Bewegung um, wodurch Arbeit verrichtet wird. Die Kolbenringe als Verdichtungsringe dichten den Verbrennungsraum gegen das Kurbelgehäuse ab. Dazu werden diese Ringe mindestens zweifach ausgeführt und am Kolben mit ihrer Öffnung versetzt angebracht. Bei Kolben mit zwei Verdichtungsringen werden diese mit ihren Öffnungen (Stoß) um 180°, bei drei Verdichtungsringen um 120° und so weiter angebracht. Damit wird eine optimale Kompression gewährleistet und ein Druckverlust in das Kurbelgehäuse minimiert. Defekte Verdichtungsringe führen zwangsläufig zu Druck- und Leistungsverlusten. Die Verdichtungsringe überbrücken im Betrieb des Motors zusätzlich das Spiel des Kolbens und stellen die Feinstabdichtung des Zylinders her.

Unterhalb der Verdichtungsringe befindet sich mindestens ein Ölabstreifring, der das überschüssige Schmieröl von der Zylinderlaufbuchse abstreift und in die Ölwanne zurückleitet (siehe Schmierölsystem).

Der Kolben leitet während des Verbrennungsprozesses im dritten Takt die Wärme an das Kühlmedium weiter. Dazu ist der obere Bereich des Kolbens mit einer besonderen Materialkombinationen ausgestattet (Feuerplatte). Diese ist leicht konisch geformt, sodass sie sich während des Betriebes durch die entstandene Temperaturerhöhung in eine zylindrische Form ausdehnen kann.

Der Kolben ist über die Pleuelstange mit der Kurbelwelle verbunden und bildet somit das Triebwerk des Motors. Die Kräfte auf den Kolben werden dadurch auf die Kurbelwelle übertragen und versetzen diese in die erforderliche Drehbewegung. Gleichzeitig wird der Kolben über die Pleuelstange durch die Drehbewegung nach oben gedrückt, um im zweiten Takt die eingeströmte Luft zu verdichten und im vierten Takt die Abgase auszustoßen. Im Ausstoßtakt des Motors drückt der Kolben die Abgase aus den Auslassventilen bzw. aus dem Auslassschlitz, um einen Ladungswechsel zu unterstützen.

Die Ventile (hauptsächlich bei Viertaktmotoren) geben die Gaswege für Ansaug- und Ausstoßtakt frei. Während des Verdichtungs- und Arbeitstaktes dichten sie den Verbrennungsraum ab. Die Schäfte der Ventile dehnen sich während des Betriebes durch die sehr hohen Temperaturen aus, was durch ein Ventilspiel im kalten Zustand des Motors ausgeglichen werden muss. Die Ausdehnung der Auslassventile ist dabei bedeutend größer als die der Einlassventile, weil diese ständig mit heißen Abgasen umspült und die Einlassventile im ersten Takt durch die einströmende Frischluft gekühlt werden. Das Ventilspiel wird an den Kipphebeln eingestellt und kann bei kleineren Motoren durch die Verwendung von Hydrostößeln kompensiert werden.

Die Kipphebel werden über die Stößelstange oder direkt von der Nockenwelle angetrieben. Diese Welle steuert die Öffnungs- und Schließzeiten der Ventile (siehe Kreisprozess) und kann durch zusätzliche Nocken eine Einspritzdüse (z. B. bei Pumpe-Düse-Einspritzverfahren) bedienen.

4.1.5 Kräfte im Triebwerk

Der Kolben und das Triebwerk unterliegen verschiedenen Kräften, die sich beim Betrieb des Motors ständig ändern. Die Kolbenmassenkraft unterliegt einer dauernden Änderung durch die dafür grundlegende Geschwindigkeit des Kolbens. In den Totpunkten steht der Kolben nahezu still, und die höchste Geschwindigkeit erreicht er, wenn der Kurbelwinkel 90° beträgt.

Die Art der Bewegung und Geschwindigkeit der verschiedenen Bauteile ist ursächlich für die Kräfte, die durch sie wirken. Infolge der Hubbewegung der Kolben und Pleuel sowie infolge des ungleichförmigen Übertragungsverhaltens des Kurbeltriebs treten Massenkräfte auf, die sich in den Motorlagern abstützen und benachbarte Strukturen zu Schwingungen anregen.

Die Massenkräfte der linear bewegten Teile des Kurbeltriebes (oszillierende Massen) lassen sich berechnen mit der oszillierenden Masse m_{osz}, der Winkelgeschwindigkeit der Kurbelwelle ω, dem Kurbelwinkel α, dem Kurbelradius r sowie der Pleuellänge l:

$$F_{osz} = m_{osz} \cdot r \cdot \omega^2 \cdot \left(\cos(\alpha) + \lambda \cdot \cos(2 \cdot \alpha)\right) \tag{4.3}$$

Während einer Kurbelwellenumdrehung bewegt sich der Kolben vom oberen zum unteren und wieder zum oberen Totpunkt und legt somit dabei zweimal den Kolbenhub zurück. In dieser Bewegung wird er ständig beschleunigt und wieder verzögert. Die Triebwerksbewegung, das heißt die jeweilige Stellung des Kolbens, wird durch den Kurbelwinkel β (den Winkel zwischen der Zylinderachse und der Kurbelkröpfung) beschrieben. Durch diese ständige Beschleunigung auf Maximalwert und Verzögerung bis zum (theoretischen) Stillstand entstehen Massenkräfte, die auf die Kurbelwelle wirken. Um diesen Kräften entgegenzuwirken, werden Ausgleichsmassen an der Kurbelwelle verbaut. Abhängig von der rotierenden Masse m_{rot} entsteht dabei eine Rotationskraft F_{rot}, die abhängig ist von der rotierenden Masse m_{rot}, die als Summe der Masse der Kurbelzapfen m_{KW} den Ausgleichsmassen der Kurbelwangen m_A und der rotierenden Pleuelmasse m_P entsteht (Abb. 4.1):

$$F_{rot} = m_{rot} \cdot r \cdot (\pi \cdot n/30)a^2 \tag{4.4}$$

Ein bestimmender Faktor ist die Kolbengeschwindigkeit V_m, die sich ständig ändert und nur als Mittelwert angegeben werden kann:

$$V_m = (2 \cdot r \cdot n)/30 \tag{4.5}$$

Die Tangentialkraft F_T bestimmt mit dem Kurbelradius das Drehmoment des Kurbeltriebes:

$$M_D = F_T \cdot r \tag{4.6}$$

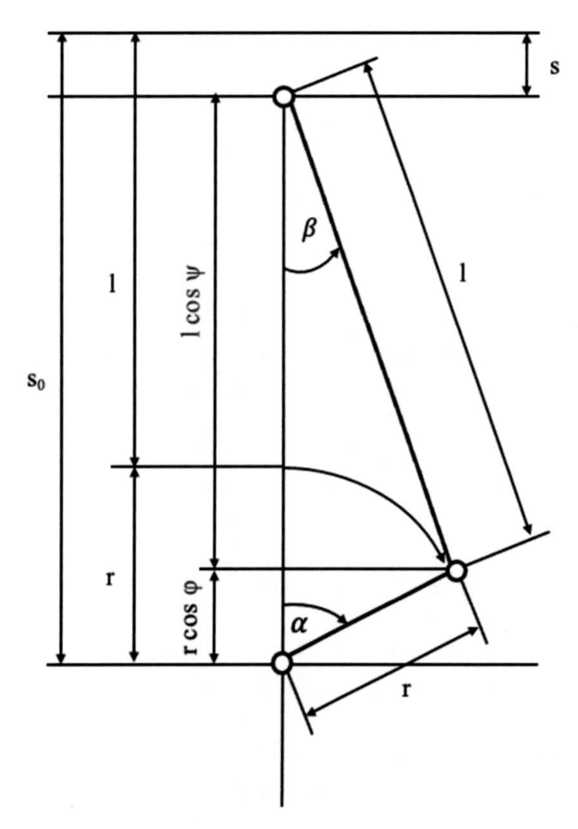

Abb. 4.1 Darstellung der Kräfte im Triebwerk

Die Tangentialkraft F_T wird bestimmt durch die Stangenkraft (FS_T), den Kurbelwinkel (α) sowie den Auslenkwinkel der Pleuelstange (β).

Die Tangentialkraft F_T und somit auch das Drehmoment M_D sind dann am größten, wenn ($\alpha + \beta$) sich zu 90 Grad ergänzen (sin 90 = 1) und somit die Tangentialkraft F_T und Stangenkraft FS_T gleich sind.

4.1.6 Verhältnis von Druck und Volumen (p-V-Diagramme)

Der theoretische Verlauf des Verhältnisses von Druck zu Volumen bei Dieselmotoren wird Gleichdruckprozess genannt, bei dem die Wärme bei konstantem Druck (isobar) zugeführt wird. Im Gegensatz dazu steht der Gleichraumprozess (auch Ottokreisprozess genannt), bei dem die Wärme bei konstantem Volumen zugeführt wird (isochor). Sowohl der Gleichdruckprozess als auch der Gleichraumprozess können in der Praxis nicht realisiert werden, da sowohl eine Wärmezufuhr ohne Druckerhöhung als auch eine beliebig schnelle Wärmezuführung nicht möglich sind. Die teilweise isobare und teilweise isochore Wärmezufuhr

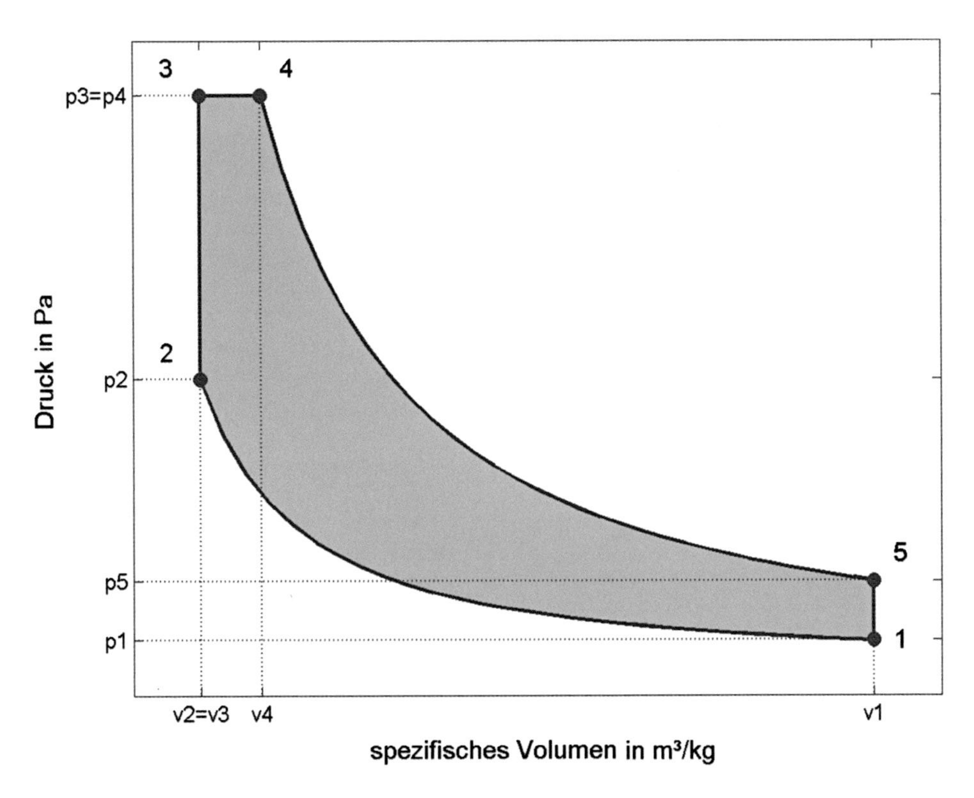

Abb. 4.2 p-V-Diagramm nach Seiliger (Quelle: Schusch, 2005, in der Wikipedia auf Deutsch: Seiliger-Prozess)

im sogenannten Seiliger-Prozess liefert dazu eine sehr gute Annäherung an die real ablaufenden Prozesse in Diesel- und Ottomotoren. Der Seiliger-Kreisprozess, wie in Abb. 4.2 dargestellt, ist ein gemischter Vergleichsprozess, der verwendet wird, um die Vorgänge in Verbrennungsmotoren darzustellen und bildet den sogenannten vollkommenen Motor ab.

In dem p-V-Diagramm nach Seiliger werden die Druck- und Volumenverläufe des Verdichtungs- und des Arbeitstaktes dargestellt, weil hier Arbeit W verrichtet wird. Während der Verdichtung wird auf den Kolben Arbeit verrichtet und im Arbeitstakt leistet der Kolben nutzbare Arbeit. Die dargestellte blaue Fläche in dem Diagramm stellt die gesamte nutzbare Arbeit eines Verbrennungsmotors dar.

Der gemeinsame Seiliger-Prozess kann für alle Diesel- und Ottomotoren angenommen werden, weil die Zustandsänderungen für alle Verbrennungsmotoren zutreffen:

1 – 2 isentrope Verdichtung,
2 – 3 isochore Verbrennung,
3 – 4 isobare Verbrennung,
4 – 5 isentrope Entspannung und
5 – 1 isochores Auspuffen.

Tab. 4.1 Zustandsänderungen im p-V-Diagramm nach Seiliger

	Dieselmotor	Ottomotor
1 – 2	Der Kolben bewegt sich in Richtung oberer Totpunkt. Die sich im Zylinder befindliche Luft wird verdichtet. Es wird Arbeit an der Luft verrichtet.	Der Kolben bewegt sich in Richtung oberer Totpunkt, und das Luft-Kraftstoff-Gemisch wird verdichtet. Es wird Arbeit am Luft-Kraftstoff-Gemisch verrichtet.
2 – 3	Der Dieselkraftstoff wird vor dem oberen Totpunkt in den Brennraum eingespritzt. Durch die hohe Temperatur der komprimierten Luft entzündet sich der Einspritzstrahl, und die innere Energie des Brennstoffes wird in Form von Wärme freigesetzt. Dies erfolgt in diesem Prozessschritt zunächst bei ungefähr gleichbleibendem Volumen.	Die Zündkerze startet die Verbrennung des Luft-Kraftstoff-Gemisches vor dem oberen Totpunkt, und die innere Energie des Brennstoffes wird in Form von Wärme und Druck freigesetzt. Dies erfolgt zunächst bei ungefähr gleichem Volumen (isochor).
3 – 4	Durch die andauernde Verbrennung über den oberen Totpunkt hinaus wird die Temperatur bei etwa gleichem Druck der Brenngase weiter erhöht.	Nach dem oberen Totpunkt des Kolbens erreicht die Verbrennung vor der Höchsttemperatur nun Höchstdruck, der so lange gehalten wird (isobar), bis der Hauptteil des Gemisches verbrannt ist und die Temperatur wieder sinkt.
4 – 5	Die Verbrennung endet, und das Verbrennungsgas entspannt sich bei gleichbleibender Entropie. Es wird Arbeit am Kolben geleistet. Das Volumen des Verbrennungsgases steigt an, Druck und Temperatur sinken, bis der Kolben den unteren Totpunkt erreicht.	Das Gemisch verbrennt nun vollständig, und das Brenngas entspannt sich weiter bei gleichbleibender Entropie, bis der Kolben den unteren Totpunkt erreicht. In dieser Prozessphase wird am Kolben Arbeit geleistet.
5 – 1	Das Auslassventil öffnet, und die heißen Abgase strömen mit Überdruck aus dem Brennraum. Energie wird in Form von Restabgas und Wärme mit wenig Gegendruck ausgestoßen.	Das Auslassventil wird geöffnet, und die Abgase strömen zuerst durch den Restdruck und dann durch die Aufwärtsbewegung des Kolbens. Dabei wird Energie in Form von Restdruck und Wärme abgeführt.

Die Unterschiede zwischen den Zustandsänderungen von Diesel- und Ottomotor sind in Tab. 4.1 dargestellt.

Der Kreisprozess für einen Dieselmotor ist in Abb. 4.1 dargestellt. Die blaue Fläche stellt die gesamte Nutzarbeit dar, wobei im Bereich 1–2 Arbeit auf das System durch die Kompression und im Bereich 4–5 Arbeit durch das System durch die Expansion geleistet wird. Die Differenz zwischen aufgewendeter Arbeit und erzeugter Arbeit ergibt die Nutzarbeit des Systems.

4.1.7 Unterschied zwischen Benzin- und Dieselverfahren

Die Unterschiede zwischen Otto- und Dieselmotoren liegen vor allem in der Art der Kompression und der darauffolgenden Zündung. Während im Ottoverfahren der Kraftstoff sehr

Tab. 4.2 Wesentliche Unterschiede von Otto- und Dieselmotoren

	Benzin- (Otto-)motor	Dieselmotor
Kraftstoff	Er wird mit Benzin, Benzol, Methanol, Flüssiggas oder Wasserstoff betrieben	Er wird mit Dieselkraftstoff, leichten bis mittleren oder auch schweren Ölen und Flüssiggas betrieben
Kraftstoffverbrauch	(spezifisch) ca. 250–350 g/kWh	(spezifisch) ca. 160–190 g/kWh
Leistungsgewicht	ca. 1–3 kg/kW	ca. 3–8 kg/kW
Verdichtung	Angesaugt und verdichtet wird ein Luft-Kraftstoff-Gemisch.	Angesaugt oder vorverdichtet eingedrückt und verdichtet wird reine Luft.
Gemischbildung	Die Gemischbildung findet i. d. R. außerhalb des Verbrennungsraums statt (früher Vergaser, heute Saugrohr).	Innere Gemischbildung findet im Zylinder oder im geteilten Brennraum statt.
ε	7–10:1	14–28:1
T_{comp}	400–600 °C	700–900 °C
p_{Comp}	ca. 10–20 bar	ca. 40–60 bar
Zündung	Fremdzündung (Zündkerze)	Selbstzündung
$t_{Zünd}$	OT +/− 2 Grad	• Einspritzbeginn ca. 30–15 Grad vor OT • Zündbeginn vor OT nach Zündverzug (ca. 1/1000 s) • Vollständige Zündung nach OT
T_{verbr}	bis 2500 °C	bis 2000 °C
p_i	5–15 bar	6–18 bar
T_{abgas}	700–1000 °C	400–600 °C
η	bis 35 %	bis 55 % (Zweitakt-Dieselmotoren)

zündunwillig sein muss (Oktan-Zahl), ist der Dieselkraftstoff sehr zündwillig (Cetan-Zahl). Somit stellt die Art der Zündung grob den größten Unterschied dar, der dann zu den unterschiedlichen physikalischen Größen führt. Neben den ausführlichen Beschreibungen der Arbeitsverfahren stellt Tab. 4.2 die nach den Hauptkriterien entscheidenden Unterschiede dar.

4.2 Benzinmotoren

Benzin- (oder Otto-)motoren werden in der Schifffahrt ausschließlich für kleinere Antriebsarten verwendet, z. B. als Außenbordmotoren. Ursächlich dafür ist die geringere Leistungsfähigkeit gegenüber Dieselmotoren, die hauptsächlich durch den Wirkungsgrad bedingt wird. Trotz der wesentlich geringeren Umweltbelastung von Benzinmotoren, ist deren Einsatzfähigkeit für Schiffe sehr begrenzt. Im Weiteren soll nur sehr kurz auf die wesentlichen Merkmale von Benzinmotoren eingegangen werden, weil sie gerade für die Entwicklung des Green Shipping keine Rolle spielen.

4.2.1 Vergasermotoren

Der Vergaser ist eine Vorrichtung zur äußeren Gemischbildung eines Ottomotors und erzeugt durch Zerstäuben von Benzin bzw. eines Zweitaktgemisches in Luft ein verbrennungsfähiges Kraftstoff-Luft-Gemisch, das in den oder die Brennräume des Verbrennungsmotors geleitet wird. Im Vergaser befindet sich auch das Drosselorgan (Drosselklappe oder -schieber), mit der das Drehmoment und damit die Leistung des Motors eingestellt wird. Dabei wird ein Aerosol aus Kraftstofftröpfchen und Luft erzeugt wird, welches dann aufgrund des hohen Dampfdrucks größtenteils verdampft.

Vergaser arbeiten nach dem Prinzip der Venturi-Düse, bei der nach der Bernoulli-Gleichung ein hydrodynamischer Druck an der engsten Stelle des Lufttrichters mit dem Durchfluss zunimmt und der der statische Druck sich entsprechend verringert:

$$p_{ges} = p + \rho \cdot g \cdot h + \rho \cdot c^2 / 2 = \text{konstant.} \tag{4.7}$$

Diese Druckdifferenz saugt den Treibstoff, der in der Schwimmerkammer auf konstantem Niveau gehalten wird, durch die Hauptdüse in den Lufttrichter, wo er zu dem benötigten Aerosol zerstäubt wird. Die Durchmesser von Lufttrichter und Hauptdüse müssen auf die maximale Leistung des Motors ausgelegt werden, was dazu führt, dass bei niedriger Drehzahl der Unterdruck nicht ausreicht, um einen konstanten Motorlauf zu erreichen.

Durch die Anpassung der Abgasbestimmungen ab Mitte der 1980er-Jahre gelang es nicht mehr, befriedigende Lösungen zur optimalen Gemischaufbereitung mittels Vergaser zu finden. Die steigenden Anforderungen an die Abgasqualität, die sich nur noch mit Katalysatoren und Lambdaregelung erfüllen ließen, erforderten elektronisch gesteuerte Vergasersysteme, die an Komplexität den elektronischen Saugrohreinspritzungen nahekamen. Diese ersetzten daher in den 1990er-Jahren den Vergaser im Fahrzeugbau und mittlerweile auch bei der Verwendung von Benzinmotoren in der Schifffahrt als Außenbordmotoren.

4.2.2 Saugrohreinspritzer

Bei der elektronischen Saugrohreinspritzung wird der Kraftstoff in das Saugrohr des Motors eingespritzt, wo er sich mit der angesaugten Luft vermischt. Vom Kolben wird ein Kraftstoff-Luft-Gemisch angesaugt, bei dem Luft und Kraftstoff gleichmäßig in einem Verhältnis verteilt sind, das ein homogenes, stöchiometrisches Gemisch gewährleistet und eine vollständige Verbrennung des Kraftstoffs ermöglicht. Die Steuerung der Einspritzung erfolgt mechanisch oder elektronisch.

Die Einpunkteinspritzung (Single Point Injection, SPI) nutzt nur eine Einspritzdüse für alle Zylinder unmittelbar hinter der Drosselklappe, während bei der Mehrpunkteinspritzung (Multi Point Injection, MPI) für jeden Zylinder eine Einspritzdüse vor dem Einlassventil eingebaut ist.

4.2.3 Homogene Kompressionszündung

Homogene Kompressionszündung (Homogeneous Charge Compression Ignition, HCCI) bezeichnet das Konzept für einen Motor, bei dem die Verbrennung eines homogenen Gemisches, infolge sehr hoher Verdichtung, gleichzeitig im gesamten Brennraum erfolgt. Ziele dieser Entwicklung sind die Senkung des Verbrauches und des Schadstoffausstoßes. Diese Technik kombiniert Vorteile aus der Diesel- und Benzintechnik (Diesotto-Verfahren).

Die Zündung wird bei geringer und hoher Last wie beim Ottomotor üblich über Fremdzündung eingeleitet. Im mittleren Leistungsbereich wird die Verbrennung des Kraftstoff -Luft-Gemisches durch die HCCI eingeleitet. Eine elektrisch gesteuerte Nockenwellenverstellung regelt die erweiterte Ventilsteuerung. Des Weiteren werden nach Bedarf Direkteinspritzung, Kompressor- oder Turboaufladung und eine variable Verdichtung verwendet. Die Zündung wird dann durch die bei der Verdichtung steigende Temperatur als Selbstzündung ausgelöst. Anders als beim konventionellen Ottomotor ist sie erwünscht und Grundlage des Prinzips, weshalb im HCCI-Bereich eine Zündung durch die Zündkerze nicht benötigt wird. Da der HCCI-Betrieb nur im Teillastbereich möglich ist, ist bei Motoren für Ottokraftstoff für einen Mischbetrieb dennoch eine Zündkerze erforderlich. Der ideale Kraftstoff für den HCCI-Betrieb weicht von den bisher gehandelten Kraftstoffen ab, weil die Fähigkeit zur Selbstzündung durch Anpassung der Oktanzahl gegeben sein muss.

4.3 Dieselmotoren

4.3.1 Funktionsweise von Schiffsdieselmotoren

Im Gegensatz zu Binnenschiffen, die aufgrund der 10. BimSchV ausschließlich Gasöl oder vergleichbaren Kraftstoff verwenden dürfen, verwenden Schiffsdieselmotorenanlagen von Seeschiffen hauptsächlich Schweröl verschiedener Qualitäts- und somit Reinheitsstufen. Für lange Seereisen von bis zu 20 Tagen wird der gesamte Kraftstoffbedarf in Tanks mitgeführt. Vor der Nutzung des Schweröls als Verbrennungskraftstoff wird dieses gereinigt und die Reinigungsrückstände an Bord gelagert (Sludge). Schmieröle werden auf Seeschiffen ebenfalls für die Trockensumpfumlaufschmierung in Tanks gelagert. Auf Binnenschiffen und Sportbooten werden in der Regel kleinere Motorenanlagen verwendet, deren Schmierölbedarf in der eigenen Ölwanne des Motors zur Verfügung gestellt werden. Während es auf den Binnenwasserstraßen grundsätzlich verboten ist, Schiffsbetriebsabfälle über Bord zu geben (CDNI), können in der definierten Meeresumwelt bestimmte Mengen Öl in das Meer geleitet werden (MARPOL 73/78).

Durch die Verbrennung der verschiedenen Kraftstoffe und dem Auspuffen der Abgase gelangen Verbrennungsrückstände, wie CO_2 oder Schwefeloxide, in die Umluft. Für die Seeschifffahrt wurden Grenzwerte eingeführt und bestimmte Sondergebiete, wie Nord- und Ostsee, eingerichtet, um die Verschmutzung der Luft so gering wie möglich zu halten.

Die Einführung von Abgasreinigungsanlagen scheitert häufig an dem hohen Platzbedarf und den Kosten für die Nachrüstungen. Insbesondere die Vermeidung des Ausstoßes großer Mengen Schwefelbestandteile, die in besonders hohem Maß in Schwerölen enthalten sind, soll durch Rechtsetzungen (Anlage VI MARPOL 73/78) und technische Maßnahmen (Scrubber) unterstützt werden.

4.3.2 Kraftstoffsysteme

Die Kraftstoffsysteme von Schiffsdieseln bestehen hauptsächlich aus

- Kraftstofftank, eventuell mit Tagesverbrauchstank,
- Zuleitungen mit Lecköl- und Überströmleitung,
- Grob- und Feinfilter,
- Kraftstoffförderpumpe,
- Einspritzpumpe (bzw. Hochdruckpumpe bei dem Common-Rail-System) sowie
- Einspritzdüsen bzw. Injektoren.

Größere Schiffe lagern den benötigten Kraftstoff in Tanks, um die erforderliche Menge an Kraftstoff auf längeren Reisen mitführen zu können. Bei der Verwendung von Schweröl verschiedener Qualitätsstufen muss dieses vor der Verbrennung gereinigt werden, um grobe Verschmutzungen (Klarifikation) und Wasser (Purifikation) zu separieren. Dazu werden Separatoren verwendet, die das Schweröl reinigen. Das Schweröl wird im Anschluss in sogenannten Tagesverbrauchstanks durch Kraftstoffpumpen für die Verwendung in den Dieselmotoren zur Verfügung gestellt. Zusätzlich oder anstelle von Schweröl wird auf Seeschiffen Gasöl oder leichtes Dieselöl verwendet. Der Reinigungsaufwand solcher Kraftstoffe ist bedeutend geringer, sodass bei Gasöl ausschließlich eine Filterung und Wasserabscheidung erforderlich ist. Dazu sind bereits im oder an dem Tank Grobfilter und vor der Förderpumpe Wasserabscheider angebracht. Diese dienen auch der Überwachung der Qualität des Dieselkraftstoffs, z. B. zur Erkennung der Dieselpest.

Die am Motor vorhandene Förderpumpe drückt den Kraftstoff mit geringem Druck über redundante (doppelte) Feinfilter zu der verwendeten Einspritz- oder Hochdruckpumpe. Die notwendige Redundanz der Feinfilter ergibt sich aus der Notwendigkeit, Feinfilter im laufenden Betrieb reinigen zu können, um einen dauernden Betrieb der Schiffsdieselanlage gewährleisten zu können. An der Einspritzpumpe wird der nicht verwendete Kraftstoff durch Überströmleitungen zum Tank zurückgeführt.

Die Einspritz- oder Hochdruckpumpen erzeugen den notwendigen Einspritzdruck, der an die jeweilige Einspritzdüse oder den Injektor weitergeleitet wird. Je nach Fahrstufe werden unterschiedliche Quantitäten an Kraftstoff zur Verfügung gestellt. Um Druckverluste und Blasenbildung zu vermeiden, fördert die Einspritzpumpe mehr Kraftstoff als für den Verbrennungsprozess benötigt wird. Überschüssiger Kraftstoff wird durch Leckölleitungen an den Einspritzdüsen abgeleitet und in den Tank zurückgeführt (Abb. 4.3).

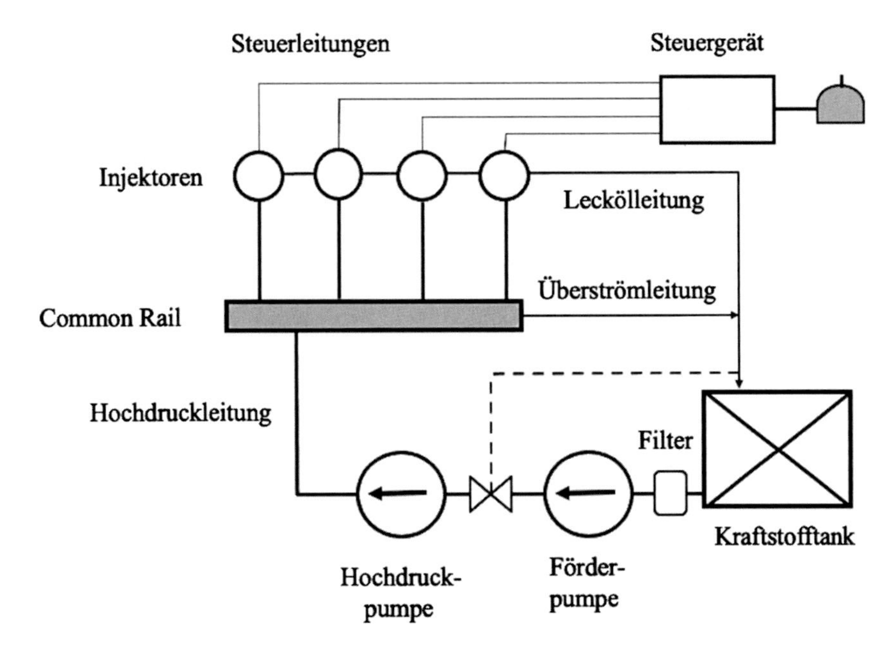

Abb. 4.3 Kraftstoffsystem am Beispiel einer Common-Rail-Einspritzanlage

4.3.2.1 Einspritzarten

Indirekte und direkte Einspritzung
Die direkte Einspritzung des Kraftstoffs beginnt bei Dieselmotoren vor dem oberen Totpunkt (OT) in die komprimierte Luft im Verbrennungsraum. Nach der beginnenden Oxidation und sobald sich ein zündfähiges Gemisch gebildet hat, beginnt der Kraftstoff noch vor dem OT zu brennen (Zündbeginn). Nach dem OT explodiert das brennende Gemisch und treibt den Kolben zum unteren Totpunkt (UT). Die Einspritzung endet je nach Fahrstufe einige Grad Kurbelwinkel nach dem OT.

Der Einspritzdruck bei der direkten Einspritzung muss bedeutend größer sein als der bereits im Verbrennungsraum herrschende Kompressionsdruck von bis zu 60 bar. Für fast alle Einspritzarten liegt der Einspritzdruck bei ca. 200–350 bar. Common-Rail-Einspritzanlagen arbeiten mit Drücken von bis zu 2800 bar. Die Belastung der Bauteile ist durch die hohen Drücke sehr groß, sodass höchste Anforderungen an die Bauteile und deren Materialzusammensetzung gestellt werden müssen.

Bei der indirekten Einspritzung wird der Treibstoff in eine vom eigentlichen Brennraum getrennte Vorkammer oder Wirbelkammer eingespritzt. Dadurch ist ein relativ geringer Einspritzdruck (ca. 140–200 bar) ausreichend. Indirekt einspritzende Dieselmotoren zeichnen sich durch einen etwas weicher ablaufenden Verbrennungsvorgang aus, allerdings ist der spezifische Verbrauch etwas höher als bei direkt einspritzenden Motoren. Als

Einspritzdüsen werden Zapfendüsen mit nur einem Strahl verwendet, die an der Vorkammer angebracht sind und in diese linear den Kraftstoff einspritzen. Dort finden die Gemischbildung und der Zündbeginn statt. Die Verbrennung des Gasgemisches wird in den Verbrennungsraum geleitet, sodass der Kolben angetrieben werden kann. Die Vorkammer ist vor der ersten Zündung noch zu kalt, um eine Selbstzündung des Dieselkraftstoffs zuzulassen, weshalb die Kammer vorgewärmt werden muss. Dazu sind sogenannte Glühkerzen erforderlich, die als Zündhilfe die erste Selbstzündung gewährleisten und danach abgeschaltet werden – sogenanntes Vorglühen.

Dieselmotoren mit indirekter Zündung wurden aufgrund der geringeren Drücke und des dadurch bedingten geringeren Leistungsgewichts hauptsächlich für kleiner Fahrzeugantriebe verwendet.

Klassische Einspritzpumpen

Konventionelle oder klassische Einspritzpumpen für Schiffsdieselmotoren wurden in der Regel als Blockeinspritzpumpen für kleine oder Einzeleinspritzpumpen für große Dieselmotoren ausgefertigt. Die Aufgaben der Einspritzpumpe sind im Wesentlichen

- die Hochdruckerzeugung und Brennstoffförderung,
- die zeitliche Steuerung der Einspritzung,
- die Regelung der Einspritzmenge sowie
- die Gleichzumessung zu den einzelnen Zylindern.

Klassische Einspritzpumpen werden durch eine Förderpumpe mit Kraftstoff unter Niederdruck (max. 2 bar) versorgt, der die Pumpräume der einzelnen Zylinder durchfließt. Durch eine Nockenwelle im Gehäuse der Einspritzpumpe wird ein Kolben (Plunger) bewegt, der zum Einspritzzeitpunkt den Pumpraum verschließt und so den Kraftstoff unter Hochdruck gegen ein Druckventil drückt. Mit Erreichen des Einspritzdrucks öffnet das Druckventil, und der Kraftstoff wird über eine Leitung der Einspritzdüse zur Verfügung gestellt. Da das System ständig mit Kraftstoff gefüllt und der flüssige Kraftstoff (theoretisch) inkompressibel ist, kann der Förderbeginn mit dem Einspritzbeginn gleichgesetzt werden. Die Kraftstoffförderung wird in der Abwärtsbewegung des Plungers beendet, wenn eine Schrägkante die Steuerbohrung im Kolbenraum freigibt, durch die der Kraftstoffdruck abgebaut werden kann. Je nach gewünschter Fahrtstufe wird diese Öffnung früher (Teillast) oder später (Volllast) freigegeben. Die Menge des eingespritzten Kraftstoffes ist somit von der zeitlichen Dauer der Einspritzung bei gleichbleibendem Einspritzdruck abhängig. Überschüssiger Kraftstoff wird durch Überströmleitungen an der Einspritzpumpe und Leckölleitungen an den Einspritzpumpen zum Kraftstofftank zurückgeführt.

Einspritzpumpen arbeiten rein mechanisch und werden mit den Einspritzdüsen mit Druckleitungen verbunden. Dadurch besteht die Möglichkeit, dass durch mechanische Schwingungen, Reibung oder Höhenunterschiede von Einspritzpumpe und Einspritzdüse (siehe Bernoulli-Gleichung) Druckverluste auftreten.

Pumpe-Düse-System

Wie bei Verteiler- und Reiheneinspritzpumpen wird beim Pumpe-Düse-System der Einspritzdruck separat für jeden Zylinder erzeugt. Das geschieht in einer Plungerpumpe mit einem Kolben, der durch je einen eigenen Nocken auf der Nockenwelle betätigt wird. Um einen für den Einspritzprozess günstigen Druckverlauf zu erhalten, ist ein über die Zeit steiler Druckanstieg erforderlich. Dazu muss der Kolben stark beschleunigt werden. Erzielt wird dies rein mechanisch durch eine ovale Nockenform im Zusammenspiel mit dem oberhalb der Pumpe angebrachten Kipphebel. Der Druckaufbau im Raum unter dem Kolben, dem Plungerraum, kann durch Öffnen und Schließen eines Magnetventils oder eines durch einen Piezo-Aktor betätigten Ventils gesteuert werden. Ist das Ventil geschlossen, baut der Kolben Druck auf, und der Kraftstoff wird durch das Einspritzventil eingespritzt. Durch das Öffnen des Steuerventils wird der Einspritzvorgang abgebrochen, wobei für eine gute Verbrennung ein möglichst schneller Druckabfall und schlagartiges Abbrechen des Einspritzvorganges notwendig ist. Piezoaktoren arbeiten dabei bis zu dreimal schneller als Magnetsteller oder -ventile. Piezoelemente (oder -aktoren) bewirken eine Änderung der elektrischen Polarisation und somit das Auftreten einer elektrischen Spannung an Festkörpern, wenn sie elastisch verformt werden (direkter Piezoeffekt). Im Pumpe-Düse-Einspritzsystem verformen sich Materialien bei Anlegen einer elektrischen Spannung (inverser Piezoeffekt) und geben den Einspritzweg frei bzw. verschließen diesen. Die dafür notwendige Spannung wird durch ein Steuergerät an die Pumpe-Düse-Einheit angelegt. Da der Druck in der Pumpe-Düse-Einheit (PDE) durch die Nocken der Nockenwelle erzeugt wird, ist die dafür benötigte Antriebsenergie nur in dem für die Einspritzung relevanten Bereich aufzubringen.

Pumpe-Leitung-Düse

Das System Pumpe-Leitung-Düse kann als Entwicklungsschritt zwischen einer klassischen Einspritzpumpe und der Pumpe-Düse-Einheit angesehen werden. Die Einzeleinspritzpumpe ist dabei direkt an dem zu bedienenden Zylinder angebracht und wird elektronisch über eine Computer-Einheit gesteuert, um das Magnetventil für die Einspritzung zu aktivieren. Der Kraftstoff wird über eine Leitung zu den Einspritzdüsen geleitet, die mechanisch arbeiten. Trotz der Vorteile des präzisen Einspritzverlaufes können Leitungsverluste auftreten

Common-Rail

Anders als bei bisherigen Einspritzsystemen wird mit dem Common-Rail-Einspritzverfahren eine Trennung von Druckerzeugung und Einspritzung erreicht. Der Förderbeginn und die Einspritzmenge werden direkt in den Injektoren durch Steuergeräte (Computer-Units) gesteuert. Sehr hohe Drücke (bis zu 3000 bar) werden durch eine Hochdruckpumpe erzeugt und in einem Druckspeicher (Hochdruck-Verteilerrohr) ständig zur Verfügung gestellt. Die vom Verbrennungsmotor angetriebene Hochdruckpumpe bringt den vom Vorfördersystem aus dem Tank bereitgestellten Kraftstoff auf den erforderlichen, vom Steuergerät vorgegebenen Einspritzdruck im Druckspeicher. Die Injektoren (Einspritzdüsen) sind an das gemeinsame Hochdruck-Verteilerrohr (Kraftstoffsammelschiene) angeschlossen und spritzen den Kraftstoff direkt in den Brennraum.

Die Leistung der Hochdruckpumpe wird so ausgelegt, dass zu jeder Zeit und in jedem Betriebszustand mehr Kraftstoff gefördert werden kann, als der Motor benötigt, wodurch die Pumpe für den normalen Betrieb überdimensioniert ist. Zur Druckregelung bei ungeregelten Pumpen wird ein Druckregelventil verwendet, das die nicht benötigte Kraftstoffmenge aus dem Verteilerrohr auf Umgebungsdruck entspannt und in den Kraftstofftank zurückleitet. Dadurch kann sich der Kraftstoff am Druckregelventil auf 140 °C oder mehr erhitzen, was kraftstoffführende Teile schädigen oder zerstören und den Einsatz eines Kraftstoffkühlers erforderlich machen kann. Hauptnachteil dieses Systems mit ungeregelter Pumpe und Druckregelventil ist neben der evtl. erforderlichen Kraftstoffkühlung der hohe Leistungsbedarf der Pumpe, die stets die maximale Menge Kraftstoff fördert.

Eine Common-Rail-Einspritzung optimiert den Verbrennungsprozess und die Motorlaufeigenschaften und reduziert Partikelemissionen. Durch den sehr hohen Druck wird der Kraftstoff sehr fein zerstäubt. Kleine Kraftstofftropfen weisen im Verhältnis zum Volumen eine große Oberfläche auf. Das begünstigt einerseits die Geschwindigkeit des Verbrennungsprozesses und andererseits eine geringe Partikelmasse in den Emissionen. Als Nachteil ist der prozentuale Anteil der kleinen Partikel größer, was zur Feinstaubproblematik beiträgt.

Die vom Verbrennungsmotor angetriebene Hochdruckpumpe bringt den vom Vorfördersystem aus dem Tank bereitgestellten Kraftstoff auf den erforderlichen, vom Steuergerät vorgegebenen Einspritzdruck im Druckspeicher. Die einzelnen Injektoren (Einspritzdüsen) sind an das gemeinsame Hochdruck-Verteilerrohr angeschlossen und spritzen den Kraftstoff direkt in den Brennraum.

4.3.2.2 Kraftstoffreinigung

Die Reinigung von Kraftstoffen in der Schifffahrt ist grundsätzlich von der Qualität des genutzten Kraftstoffs abhängig (Schweröl, MDO, Gasöl). Durch mikrobiellen Befall von Kraftstoffen kann es zu großen Schadensfällen an Verbrennungsmotoren kommen. Zur Vermeidung von Mikroben in den Tanks und damit der Abwendung der sogenannten Dieselpest muss der Kraftstoff weitestgehend von Wasserbestandteilen gereinigt werden. Die Dieselpest, auch bekannt als Bakterienwachstum im Kraftstoff, tritt auf, wenn sich Bakterien im Kraftstofftank vermehren und sich dadurch eine dicke Schicht aus Bakterien und Schleim bildet. Genau diese Schicht kann zur Verstopfung der Kraftstoffleitungen und Filter führen, was Störungen und auch Ausfälle nach sich zieht.

Wasser im Kraftstoff kann darüber hinaus im Verbrennungsraum für Schäden sorgen, wenn die Wassermenge nicht verdunstet werden kann und sich somit im Verbrennungsraum sammelt. Die Folge wäre durch die Inkompressibilität des Wassers ein sogenannter hydraulischer Schlag.

Kraftstoffsysteme in der Schifffahrt sind mit Vorrichtungen zur Entwässerung des Kraftstoffes versehen. Ein solches kann direkt an den Tagesverbrauchstanks (Hochbehälter) angebracht sein. Durch Schräganordnungen dieser Tanks sammelt sich das Wasser als schwere Komponente (Dichtetrennung) im unteren Teil des Tanks und wird dort aus dem Tank abgeleitet. Gleichzeitig werden schwerere Feststoffe aus dem Kraftstoffsystem entfernt.

Bei Schiffsdieselmotoren, die Schweröl nutzen, wird dieses vor der Verbrennung durch Separatoren zweistufig (Purifikation und Klarifikation) von Wasser und schweren Feststoffen befreit. Nach der Separation gelangt der gereinigte Kraftstoff in separate Tanks zur Verwendung im Verbrennungsprozess.

Kleinere Motoren, die ausschließlich mit Gasöl betrieben werden (z. B. bei Binnenschiffen), werden in der Regel mit Wasserabscheidern ausgestattet. In diesen Filtern rotiert der Kraftstoff durch den Druck der Förderpumpe, sodass sich schwere Bestandteile (Wasser und Feststoffe) im unteren Pumpengehäuse sammeln und abgelassen werden können.

Grundsätzlich sind Schiffsmaschinenanlagen am oder in dem Kraftstofftank mit Grobfiltern und direkt vor der Einspritzanlage mit redundanten Kraftstoff-Doppelfiltern (Feinfilter) ausgestattet.

4.3.3 Schmierölsysteme

Das Öl im Schmierölsystem von Verbrennungsmotoren übernimmt im Wesentlichen folgende Hauptaufgaben:

1. Schmieren
   Zwischen den Kontaktflächen der Metallteile, die im Arbeitsprozess zusammenwirken, z. B. zwischen Kolben, Kolbenringen und Laufbuchse, entsteht ein Schmierfilm, der verhindert, dass eine Misch- oder Trockenreibung entsteht, durch die eine Beschädigung der Bauteile möglich wird. Die Trockenreibung, also eine Berührung der Metallteile ohne Schmierfilm, soll während des Startvorgangs des Motors schnellstmöglich überwunden werden, um einen mechanischen Verschleiß zuverlässig zu verhindern. Der Transport des Öls zu den Schmierstellen durch den Schmieröldruck führt dazu, dass eine Nassreibung entsteht und so die sich bewegenden Metallteile durch den Schmierfilm voneinander getrennt bleiben.
2. Kühlen
   Das Schmieröl führt während des Verbrennungsprozesses Wärme ab und unterstützt so das Kühlwassersystem. Kühlstellen, an denen kein Wasser eingesetzt werden kann (z. B. der Kolbenboden), werden ausschließlich durch das Schmieröl gekühlt, welches dann durch einen Wärmetauscher rückgekühlt werden muss.

3. Abdichten
   Der Schmierfilm sorgt an den sich bewegenden Teilen dafür, dass Gase unter hohem Druck nicht ungewollt entweichen können und dichten somit den Verbrennungsprozess zwischen Kolbenringen und Laufbuchse sowie in den Ventilschäften ab.
4. Reinigen
   Während des Umlaufs des Schmieröls durch den Motor nimmt es gelösten Ölschlamm sowie Verbrennungsrückstände und andere Verunreinigungen auf und transportiert diese zu den Filtern.
5. Korrosionsschutz
   Insbesondere an den geschmierten Lagerstellen (Kurbelwellenlager, Nockenwellenlager) und der Kolbenschmierung wird durch das Öl verhindert, dass Korrosion durch z. B. Wasser im Öl oder schwefelhaltige Verbrennungsrückstände entstehen kann.
6. Übertragung von Kräften
   Durch die (theoretische) Inkompressibilität des Öls werden Kräfte, die durch die oszillierende Bewegung des Kolbens entstehen, aufgenommen und weitergeleitet, ohne dass dadurch eine Misch- oder Trockenreibung entstehen kann.

Grundsätzlich werden Öle ausschließlich für den jeweiligen Verwendungszweck eingesetzt. Die an Bord von Schiffen eingesetzten Schmier-, Hydraulik- oder Getriebeöle können nicht gemischt oder zweckentfremdet genutzt werden.

Für den Betrieb von Schiffsdieselmotoren werden je nach Verwendung zwei verschiedene Arten von Schmierung eingesetzt:

1. Nasssumpfschmierung
   Bei der Nasssumpfschmierung (auch Nasssumpf-Druckumlaufschmierung) befindet sich das gesamte für den Umlauf benötigte Schmieröl in der Ölwanne (Sumpf). Diese Art der Schmierung wird in der Regel für kleinere Motoren verwendet, z. B. Hilfsmotoren auf Seeschiffen oder Antriebsmaschinen von Binnen- und kleinen Seeschiffen.
2. Trockensumpfschmierung
   Die Trockensumpfschmierung verfügt über einen oder mehrere Schmieröltanks, in die das Öl nach dem Umlauf gepumpt und zur Schmierung gesaugt wird. In der Ölwanne des Motors wird das Öl aufgefangen und in den Tank gepumpt, sodass der Sumpf immer trocken ist. Zusätzlich kann die Trockensumpfschmierung mit einer motorunabhängigen Vorschmierpumpe versehen sein, wenn die Schmierstellen mit dem Motorstart nicht sofort mit Öl versorgt werden können (Abb. 4.4).

Durch die Schmierölpumpe wird das Öl mit einem Druck von 3–6 bar über den Grobfilter aus der Ölwanne oder den Schmieröltank gesaugt und über einen der redundanten Feinfilter zu den Schmierstellen gepumpt. Durch ein Thermostat kann die Temperatur des Öls während des Betriebes verringert werden, indem bei erhöhter Temperatur ein Teil des Schmieröls in einem Wärmetauscher (Ölkühler) rückgekühlt wird. Dadurch wird die

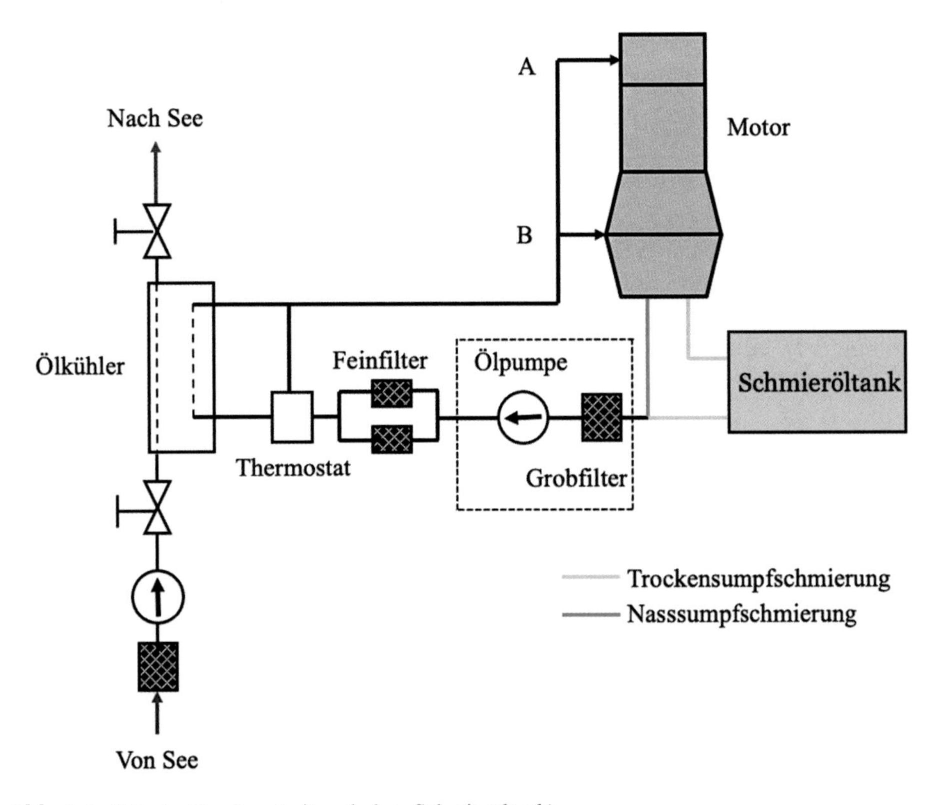

Abb. 4.4 Schmierölsystem (mit und ohne Schmieröltank)

Viskosität und somit die Schmierfähigkeit auf dem für den Arbeitsprozess notwendigen Wert gehalten. Im Wesentlichen werden zwei Schmierstellen des Motors mit Öl versorgt:

1. Steuerungsteile
   Zu den Steuerungsteilen gehören die Nockenwelle und die Ventile mit Kipphebeln und Stößelstangen. Die Ventilschäfte werden dabei zur Schmierung und zum Abdichten gegen den Abgasdruck mit Öl gefüllt. Bei modernen Motoren mit Hydrostößeln wird durch das Schmieröl das Ventilspiel durch die wärmebedingte Längenausdehnung gewährleistet.
2. Triebwerksteile
   Die Triebwerksteile sind alle im unteren Gehäuse befindlichen Bauteile, die durch ihre rotierende oder oszillierende Bewegung geschmiert werden. Dazu gehören die Grund- und Kurbelwellenlager, die Pleuellager, der Kolben und die Laufbuchse. Die Laufbuchse wird durch Spritzöl aus dem Kurbelwellenlager oder einer zusätzlichen Spritzöldüse geschmiert. Der Kolbenunterboden und der Kolbenbolzen werden in der Regel durch eine Hohlbohrung der Pleuelstange mit Öl versorgt.

Das Öl läuft durch die Schwerkraft zurück in die Ölwanne und wird von dort wieder direkt (Nasssumpf) oder über den Schmieröltank (Trockensumpf) zu den Schmierstellen gepumpt.

Unabhängig von der Art der Motorenschmierung (Nass- oder Trockensumpfschmierung) an Bord von Schiffen, wird das Öl zunächst durch einen Grobfilter gesaugt. Die Aufgabe des Filters ist es, den Maschinenbetrieb zu sichern und den Motor zu schützen. Grobe Verunreinigungen werden gefiltert und gelangen so nicht in den Schmierölkreislauf.

Nach der Pumpe wird das Öl durch einen von zwei Feinfiltern gepumpt. Eine Redundanz der Feinfilter ist notwendig, um im laufenden Betrieb einen Filter reinigen zu können und somit einen Dauerbetrieb des Dieselmotors aufrechterhalten zu können.

4.3.4 Kühlwassersysteme

4.3.4.1 Zweck der Kühlung

Durch den Arbeitsprozess eines Motors wird die Verbrennungswärme in mechanische Arbeit gewandelt. Die Energie sollte optimal genutzt werden, um einen möglichst hohen Wirkungsgrad der Maschine erreichen zu können. Jedoch lässt sich die erzeugte Wärmemenge aus verschiedenen Gründen im realen Betrieb nicht vollständig wandeln. Je mehr Verbrennungswärme gewandelt werden kann, desto höher ist die Ausbeute an mechanischer Leistung. Mit der Kühlung werden ca. 30 % der Wärmeenergie abgeführt, wodurch sich der Wirkungsgrad verringert (Abb. 4.5).

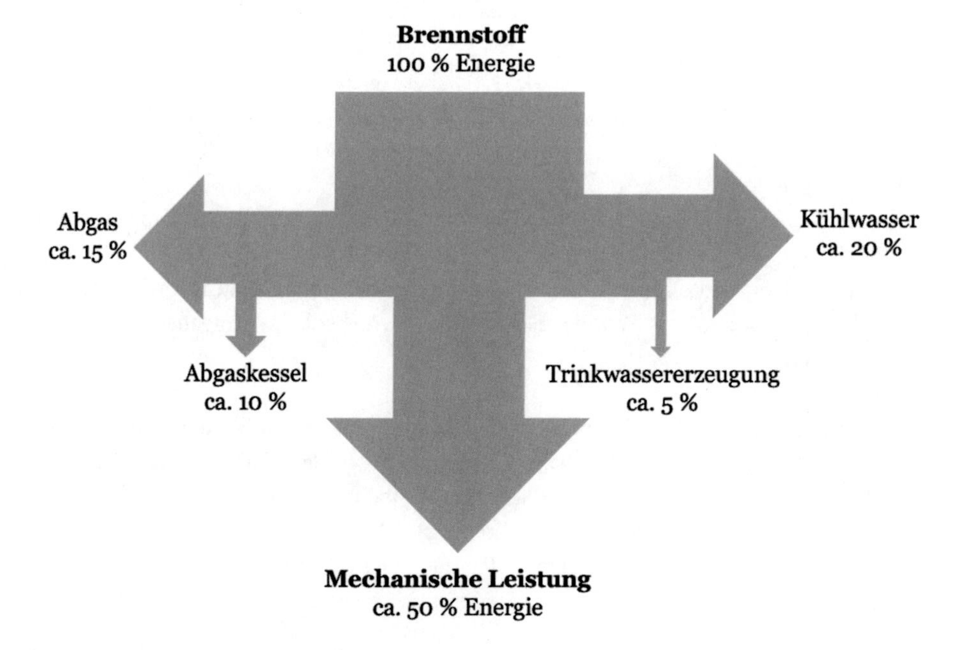

Abb. 4.5 Sankey-Diagramm zur Energieeffizienz

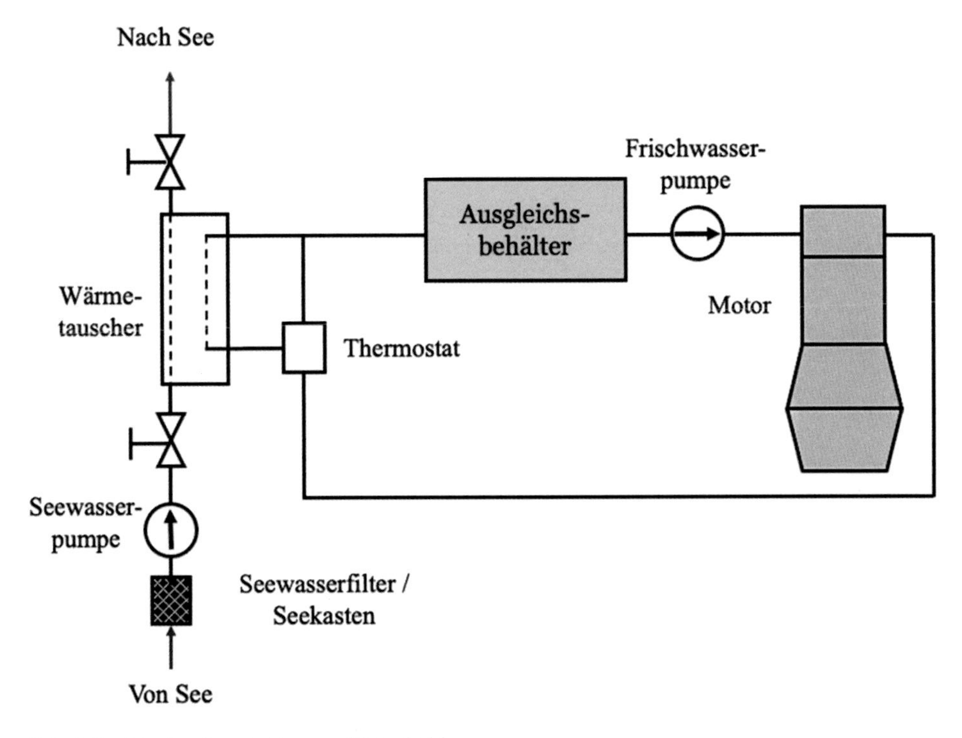

Abb. 4.6 Prinzip einer indirekten Motorkühlung

Die in Abb. 4.6 dargestellte Kühlung ist notwendig, um

- die Sicherheit des Bedienpersonals zu gewährleisten,
- die Materialfestigkeit der beweglichen Teile zu gewährleisten,
- einen Dauerbetrieb zu ermöglichen
- die Anlagensicherheit zu gewährleisten und
- einen dauerhaften Schmierfilm durch die Optimierung des VI zu erhalten.

Um die Materialfestigkeit zu erhalten und thermische Schäden an den Motorbauteilen zu verhindern, werden insbesondere

- Zylinderlaufbuchse,
- Zylinderkopf,
- Auslassventil,
- Kolben,
- Einspritzventil (Kraftstoffdüse) und
- Abgasturbolader

gekühlt. Gleichzeitig ist es erforderlich, möglichst wenig Energie dem Verbrennungsprozess durch Wärmeabfuhr zu entziehen, sodass der Wirkungsgrad und damit die zu erreichende Leistung möglichst groß sind. In modernen Dieselmotoren sollte daher die Differenz der Temperatur (ΔT) vor und nach dem Motor maximal 10 K betragen.

Die Ausdehnung der Bauteile ist neben dem Ausdehnungskoeffizienten α des Werkstoffes direkt abhängig von der Differenz der Temperatur vor und nach der Erwärmung:

$$l2 = l1 \cdot \left(1 + \alpha \cdot \left[T2 - T1\right]\right)$$

$$l2 = l1 \cdot \left(1 + \alpha \cdot \left[\Delta T\right]\right) \tag{4.8}$$

und

$$A2 = A1 \cdot \left(1 + 2\alpha \cdot \left[T2 - T1\right]\right) = A1 \cdot \left(1 + \beta \cdot \left[\Delta T\right]\right) - \text{Flächenausdehnung,}$$

$$V2 = V1 \cdot \left(1 + 3\alpha \cdot \left[T2 - T1\right]\right) = V1 \cdot \left(1 + \gamma \cdot \left[\Delta T\right]\right) - \text{Volumenausdehnung.}$$

Im laufenden Betrieb gewährleistet diese, dass die Ausdehnung der Bauteile bei Erwärmung gering bleibt und ein Zusammenwirken der Bauteile verschleißarm funktioniert (Tab. 4.3).

Die Menge des zu verwendenden Kühlwassers ist abhängig von der Leistung des Motors und seiner möglichen Nenndrehzahl (Tab. 4.4).

Tab. 4.3 Kühlwassertemperaturen (°C) für die indirekte Kühlung in Abb. 4.6

	Langsam laufende Zweitaktmotoren	Mittelschnell laufende Viertaktmotoren	Schnell laufende Viertaktmotoren
Motorkühlwasser (Frischkühlwasser)			
Eintritt in den Motor	65–75	70–80	76–87
Austritt aus dem Motor	75–80	80–90	80–95
ΔT	5–10	5–10	4–8
Vorwärmung auf	50	40–50	40
Vorwärmung Schwerölbetrieb	60–70	60–70	Entfällt
Seewasser			
Eintritt in den Kühler	32–38	32–38	32–38
Austritt aus dem Kühler	max. 50	max. 50	max. 50

Tab. 4.4 Auf die Motorleistung bezogene Kühlmittelvolumenströme [l/kWh]

	Langsam laufende Zweitaktmotoren	Mittelschnell laufende Viertaktmotoren	Schnell laufende Viertaktmotoren
Motorkühlwasser	5–6	30–40	50–80
Seewasser	30–40	30–50	30–50

4.3.4.2 Indirekte und direkte Kühlung

Auf älteren Schiffen oder bei Antriebsmotoren mit einfacher Kühlung kam die direkte Kühlung zum Einsatz. Dabei wird der Motor direkt mit Seewasser gekühlt, sodass kein Frischwasser verwendet wird. Der Vorteil liegt in der einfachen Bauweise des Systems, weil kein Wärmetauscher verwendet wird. Dadurch wird der Motor jedoch permanent zu stark gekühlt, was einen erhöhten Verschleiß zur Folge hat. Durch das Außenbordsseewasser tritt verstärkt Korrosion auf, was erhöhte Reinigungs- und Wartungsarbeiten notwendig macht. Die Kühlwassertemperatur ist stark von der Umwelttemperatur abhängig und erreicht selten Werte über 50 °C. Neben den Verunreinigungen im Motor durch Seewasserbestandteile führt dies zu einer erhöhten Kesselsteinbildung. In der modernen Schifffahrt findet die direkte Kühlung ausschließlich bei Außenbordmotoren Anwendung.

Moderne Schiffe verwenden eine indirekte Kühlung, bei der im internen Kreislauf das Frischwasser den Motor durchfließt und dieses in einem Wärmetauscher rückgekühlt wird. Durch die Einstellung eines Thermostats besteht die Möglichkeit, die Temperaturdifferenz des Kühlwassers unter 10 °C, bei modernen Viertaktdieselmotoren bereits unter 5 °C zu halten. Dadurch wird eine optimale Energieeffizienz erreicht und der thermisch bedingte Verschleiß auf ein Minimum beschränkt.

Das Frischwasser wird durch eine Frischwasserpumpe, die in der Regel durch die Kurbelwelle angetrieben wird, in den Motorkreislauf gedrückt. Nach der Passage des Motors wird durch den eingestellten Thermostaten ein Teil des Wassers rückgekühlt, sodass vor dem Motor Wasser mit einer Temperatur in den Motor gelangt, das sich durch die Verbrennungswärme um maximal 10 °C erwärmen kann. Ein Ausgleichsbehälter wird in diesem System verwendet, um die (geringe) Wärmeausdehnung des Wassers zu kompensieren und mögliche Wasserverluste aufzufüllen. Das Seewasser, das den Wärmetauscher zur Kühlung durchfließt, wird mit einer maximalen Temperatur von 50 °C wieder nach außenbords gepumpt.

4.3.4.3 Kühlersysteme

Wärmetauscher für die Rückkühlung des Frischwassers werden an Bord von modernen Seeschiffen als Zentralkühler für verschiedene Funktionen verwendet. Diese können getrennt nach Hochtemperatur- und Niedrigtemperatur-Systemen unterschieden werden. Als Niedrigtemperaturkühler werden Schmierölkühler und Ladeluftkühler insbesondere von Hilfsmaschinen, die mit konstanter Drehzahl laufen, verwendet. Hochtemperatur-Zentralkühler werden hauptsächlich für große Hauptmaschinen und die Frischwassergeneratoren verwendet.

Wärmetauscher werden bei kleineren Fahrzeugen häufig als Außenhaut- oder Taschenkühler verwendet. Diese Kühler befinden sich an der Außenhaut und werden ständig mit Seewasser umspült. Der Vorteil liegt in der verzichtbaren Zuführung des Seewassers und damit der fehlenden Seewasserpumpe mit Seewasserfilter. Ausgeführt werden diese Taschen als Lamellen oder außen angebrachte Rohrleitungen, durch die das Frischkühlwasser fließt. Eine Ausführung der Taschenkühler ist der sogenannte Kastenkühler, der innen an der Schiffswand angebracht ist. Die Kühlwasserlamellen werden in einem Kasten durch Einlassschlitze im unteren Kasten mit Seewasser umspült und erwärmen dieses im laufenden Schiffsbetrieb. Durch die Erwärmung des Seewassers verringert sich die Dichte und das Gewicht des Seewassers, und es steigt nach oben, wo es im oberen Bereich wieder austritt. Durch die Dichteänderung entsteht ein Druckunterschied, sodass im unteren Bereich kaltes Wasser angesaugt und im oberen Bereich warmes Wasser ausgestoßen wird.

Größere Schiffe werden mit sogenannten Scoop-Kühlern ausgestattet, durch die aufgrund der Schiffsbewegung Seewasser im unteren Bereich einfließt und die Rohrleitung durchfließt. Bei geringerer Geschwindigkeit oder Stillstand des Schiffes wird der Durchfluss durch eine Hafenpumpe gewährleistet.

4.3.5 Anlasssysteme für Dieselmotoren

Zum Anlassen des Dieselmotors wird das Triebwerk durch eine von außen wirkende Kraft so beschleunigt, dass es allein durch seine Schwungkraft die Verdichtung im OT überwindet. Die Kurbelwelle und alle damit verbundenen Aggregate werden in Bewegung gesetzt, sodass die Einspritzpumpe vor dem OT Kraftstoff fördern kann und eine erste Selbstzündung stattfindet. Danach wird die Kurbelwelle angetrieben, und der Motor läuft bis zur vollständigen Reduzierung der Kraftstoffzufuhr selbstständig. Kleinere Motoren werden über einen Anlassermotor gestartet, der über ein Ritzel mit der Schwungscheibe der Kurbelwelle verbunden wird. Sobald nach Erreichen der Mindestdrehzahl die erste Zündung stattgefunden hat, wird das Ritzel über eine Federkraft zurückgezogen, und der Anlasser wird stromlos.

Große Zweitakt-Dieselmotoren werden mittels Anlassluft gestartet. Dabei wird über einen Anlassluftverteiler Druckluft von ca. 30 bar durch ein Anlassluftventil auf den jeweiligen Kolben geleitet, der somit die Kurbelwelle in Bewegung setzt. Nach der ersten Zündung des Motors und dem selbstständigen Betrieb wird die Luftzufuhr unterbunden und das Anlassluftventil am Zylinder geschlossen.

4.3.6 Elektrische Anlagen

An Bord von Schiffen werden sowohl Gleich- als auch Wechselspannungen verwendet. Während eine Gleichspannung in der Regel durch Akkumulatoren zur Verfügung gestellt wird, muss die Wechselspannung über Generatoren erzeugt werden. Dazu werden als Hauptspannungsquelle Dieselgeneratoren verwendet, die durch Wellengeneratoren und Turbogeneratoren während des Betriebes der Hauptmaschine unterstützt werden. Im Hafenbetrieb werden Landanschlüsse verwendet, um eine eigene Spannungserzeugung zu vermeiden und so die Umwelt zu schonen.

Der Bedarf der erforderlichen elektrischen Energie im Schiffsbetrieb wird durch mehrere Generatoren sichergestellt (vgl. Abb. 4.7), sodass die Belastung der Generatoren durch die Vielzahl an Verbrauchern verteilt wird. Die Generatoren sollten dann jeweils mit unter 50 % des Gesamtbedarfs belastet werden, um bei einem Ausfall eines Generators einen sogenannten Blackout zu vermeiden.

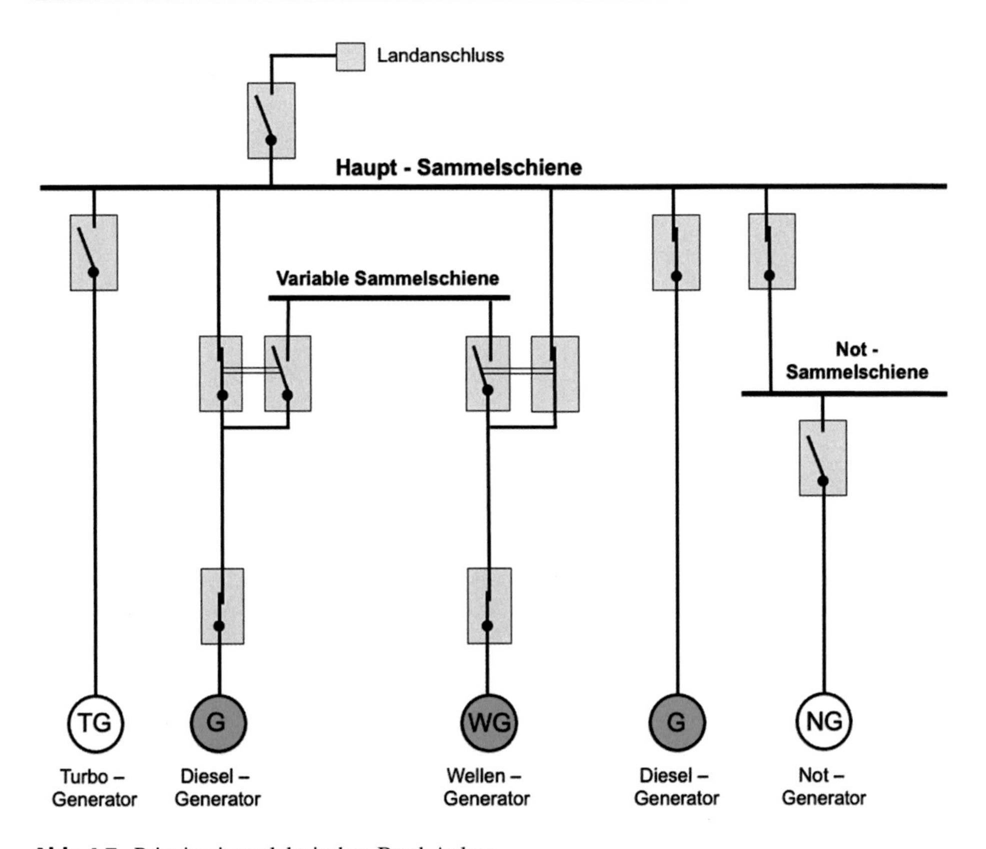

Abb. 4.7 Prinzip einer elektrischen Bord-Anlage

4.3.6.1 Grundlagen der Spannungserzeugung

Die elektrische Spannung (oft auch vereinfacht nur als Spannung bezeichnet) ist eine grundlegende physikalische Größe der Elektrotechnik und Elektrodynamik. Ihr Formelzeichen ist U und die Einheit wird in Volt (V) angegeben. Die Spannung charakterisiert die Stärke einer Spannungsquelle und ist aufgrund des Ohm'schen Gesetzes die Ursache für den elektrischen Strom, der durch den als Verbraucher bestimmten Widerstand fließt:

$$R = U/I \tag{4.9}$$

Auf natürliche Weise entsteht elektrische Spannung zum Beispiel durch Reibung, z. B. bei der Bildung von Gewittern, und bei chemischen Redoxreaktionen, wie sie bei der Korrosion auftreten.

Zur technischen Nutzung werden Wechselspannungen durch elektromagnetische Induktion erzeugt. In einer Spule wird eine Spannung induziert, wenn sich das von der Spule des Generators umfasste Magnetfeld ändert. Dabei ist der Betrag der Induktionsspannung umso größer, je schneller sich das von der Spule umfasste Magnetfeld ändert. Mit zunehmender Umdrehungszahl des antreibenden Motors steigt die Spannung, die in den Spulen des Generators erzeugt wird.

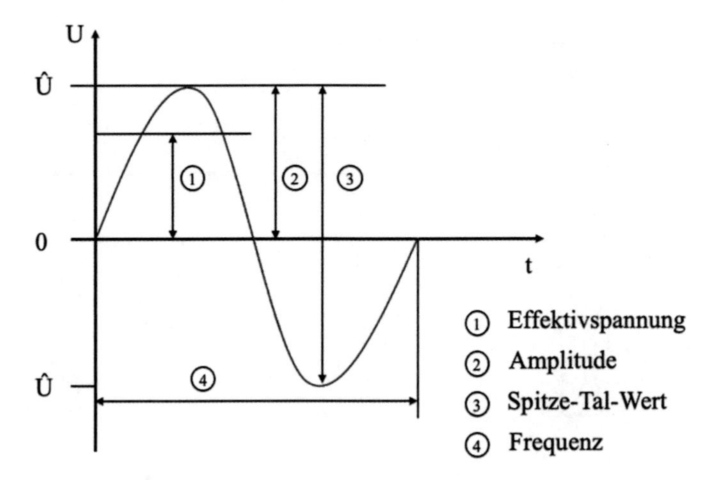

Abb. 4.8 Wechselspannung

Als Wechselspannung wird eine elektrische Spannung bezeichnet, deren Polarität in regelmäßiger Wiederholung wechselt, deren zeitlicher Mittelwert null ist, wobei die Kurvenform der Spannung dabei unerheblich und keineswegs an den Sinusverlauf gebunden ist (Abb. 4.8).

Unter dem Effektivwert U_{eff} einer Wechselspannung versteht man diejenige zeitlich konstante Spannung (Gleichspannung), die am gleichen Widerstand R in der gleichen Zeit die gleiche Energie wie die Wechselspannung liefert:

$$U_{eff} = \hat{U} / \sqrt{2} \quad (4.10)$$

Werden in einem Drehstromgenerator drei Spulen im Kreis um jeweils 120° versetzt angeordnet, entstehen bei einem dazu zentrisch rotierenden Drehfeld drei ebenso zeitlich versetzte Wechselspannungen. Diese Wechselspannungen erreichen ihre maximale Auslenkung zeitlich um je eine Drittelperiode versetzt nacheinander.

Der zeitliche Versatz der Außenleiterspannungen wird durch den Phasenverschiebungswinkel φ beschrieben. Dieser Winkel beträgt bei einer Dreiphasenspannung (vgl. Abb. 4.9) jeweils 120°. Die drei Leiter werden als Außenleiter bezeichnet und üblicherweise mit L 1, L 2 und L 3 abgekürzt. Zwischen der Frequenz f des erzeugten Wechselstromes, der Antriebsdrehzahl n und der Polzahl p (Gesamtzahl der Nord- und Südpole des Magnetsystems) besteht die Beziehung

$$f = p \cdot n.$$

Eine zweipolige Maschine muss somit mit 3000 U/min laufen, um eine 50-Hz-Wechselspannung zu erzeugen (Turbogenerator), mehrpolige Maschinen z. B. in Wasserkraftwerken entsprechend langsamer. Arbeiten mehrere Drehstromgeneratoren parallel

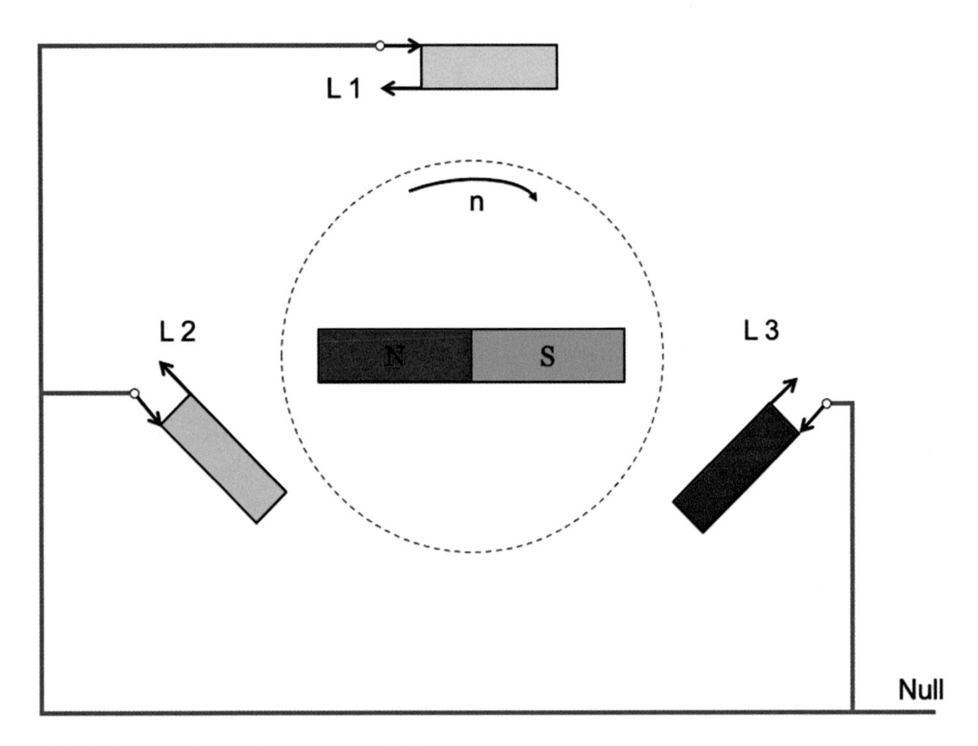

Abb. 4.9 Dreiphasen-Spannungsinduktion

auf einem Netz, müssen alle Maschinen synchron laufen, also in Gleichtakt mit der Netzfrequenz. Die indizierte Spannung U eines Drehstromgenerators ist dann abhängig von

- der Geschwindigkeit des Rotors, der von dem Dieselmotor oder der Welle angetrieben wird,
- der Kreiskonstanten π,
- dem Durchmesser d und der Länge l des Rotors,
- der Umdrehungsfrequenz f,
- der Polzahl p,
- der Flussdichte B,
- der Leiteranzahl z und
- der Spulenwindungszahl N_s:

$$U = 2 \cdot B \cdot l \cdot v \cdot Ns = 2 \cdot B \cdot l \cdot \pi \cdot d \cdot (f/p) \cdot Ns. \tag{4.11}$$

Im laufenden Betrieb des Generators ist die Spannung unmittelbar abhängig von der Frequenz, die in Bordnetzen bei ca. 50 min^{-1} liegt. Durch Synchronoskope werden alle auf einer Schiene arbeitenden Generatoren auf diese Frequenz und Phasengleichheit eingestellt.

4.3.6.2 Schaltungsarten

Die durch Generatoren erzeugte Effektivspannung an Bord von Schiffen beträgt in der Regel 400 V. Diese kann für sämtliche Verbraucher im Zusammenhang mit dem Schiffsbetrieb genutzt werden. Um eine geringere Spannung zu nutzen, beispielsweise für Haushaltsgeräte, können Verbraucher in zwei wesentlichen Grundschaltungsarten betrieben werden.

Zwischen jeweils zwei Leitern des Generators fällt eine Spannung ab, die vom Generator erzeugt wird. Bei einem Generator, der 400 V Effektivspannung erzeugt, bedeutet das, dass

$$U_{12} = U_{23} = U_{31} = 400\,\mathrm{V}$$

beträgt.

Durch die Schaltung am Klemmbrett eines Verbrauchers kann ein Nullpunkt erzeugt werden, der nicht als Leiter fungiert. Die Spannung, die zwischen einem Leiter und dem Nullpunkt abfällt, entspricht

$$\underline{U}_{\mathrm{L1N}} = \underline{U}_{\mathrm{L2N}} = \underline{U}_{\mathrm{L2N}} = U_{12} / \sqrt{3} = U_{23} / \sqrt{3} = U_{31} / \sqrt{3}.$$

Der zusätzliche Nullleiter (vgl. Abb. 4.10) wird im Verbraucher durch die Sternschaltung erzeugt. Dieser Nullpunkt ist spannungslos und wird auch als Rückleiter bezeichnet. Somit lässt sich jegliche Spannung um den Faktor $\sqrt{3}$ reduzieren.

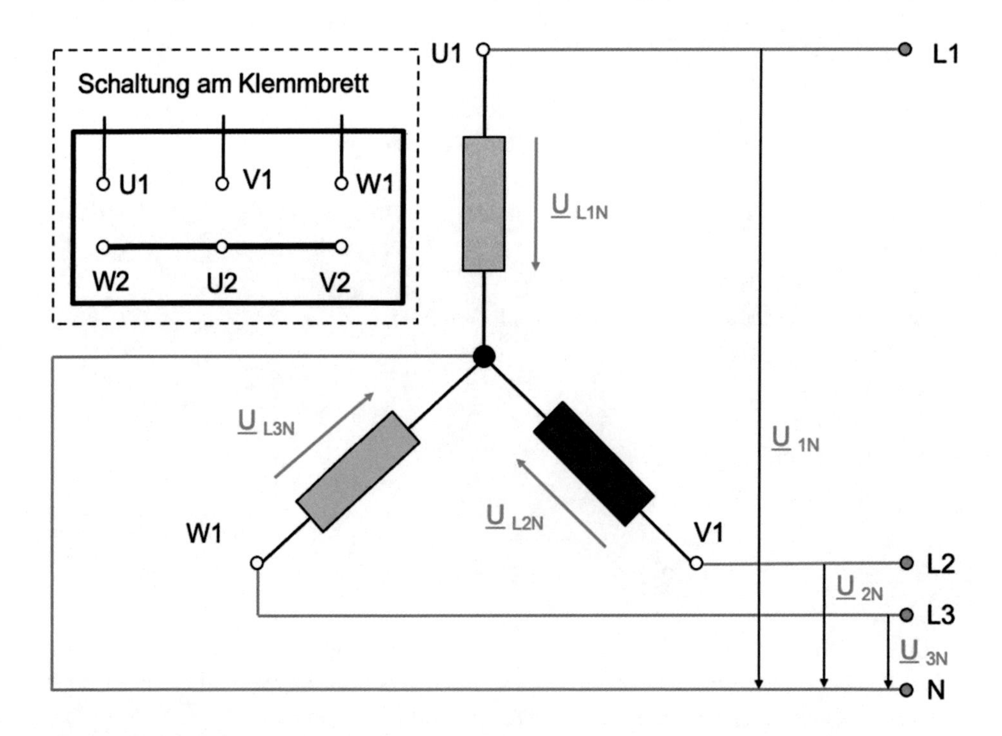

Abb. 4.10 Sternschaltung

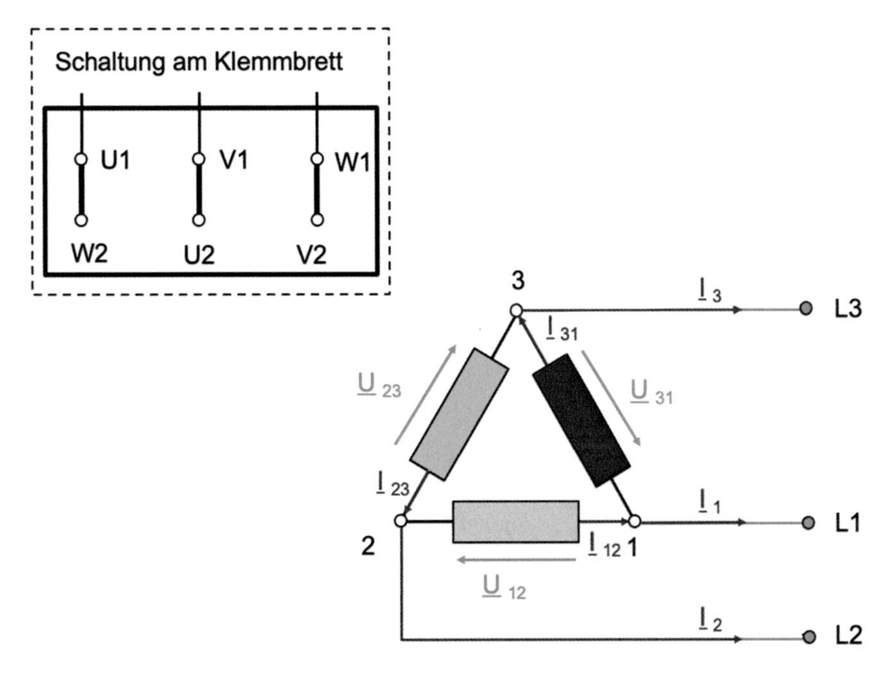

Abb. 4.11 Dreiecksschaltung

Die Dreiecksschaltung (Abb. 4.11) verwendet jeweils die Spannung zwischen den Leitern und wird nicht reduziert.

Verbraucher, insbesondere E-Motoren, werden mit einem Typenschild versehen, das die notwendige Spannung zum Betrieb des Motors angibt. Durch die Verwendung von Stern- (Y) oder Dreiecksschaltungen (Δ) besteht die Möglichkeit, verschiedene Spannungen für den Motor zu verwenden. Eine Dreiecksschaltung verwendet somit immer die Spannung des Netzes, während die Sternschaltung diese reduziert. Sind zwei Spannungen am Motor angegeben (Regelfall), dann ist für die höhere Spannung die Sternschaltung, für die niedrigere Spannung die Dreieckschaltung auszuführen.

Für die Bereitstellung von Haushaltsspannung an Bord von Schiffen (Steckdosen) wird die Spannung zwischen einem Leiter und dem Nullpunkt verwendet.

▶ **Beispiel 5.1** Ein Dieselgenerator erzeugt an Bord eine konstante Spannung $U = 400$ V. Die Spannung zwischen den Leitern L1, L2 und L3 beträgt jeweils 400 V. Ein Pumpenmotor benötigt laut Typenschild eine Spannung von 3 x 220 V. Auf dem Typenschild des Motors ist die Kennzeichnung 3 x 220/240 V ~ /3 x 380/420 ~ und Δ Y angegeben.

Der Motor benötigt eine Spannung von 220 V Dreiphasen-Wechselspannung. Bei Verwendung eines 220-V-Spannungsnetzes muss die Schaltung am Klemmbrett in Δ-Schaltung vorgenommen werden. Zur Verwendung eines

400-V-Spannungsnetzes an Bord von Schiffen wird der Motor in Y-Schaltung betrieben, weil die Spannung so um den Faktor $1/\sqrt{3}$ reduziert wird und eine Spannung von U ≈ 220 V genutzt wird.

Widerstände und Ströme

Nach dem Ohm´schen Gesetz ist die Größe des elektrischen Stroms I von dem Widerstand R des Verbrauchers abhängig – der Widerstand zieht den Strom. Der Strom fließt durch die Leitungen und wird dann durch die Schaltung der Widerstände beeinflusst:

$$I = U/R \text{ und}$$

$$R = U \cdot I$$

Der Gesamtwiderstand eines Stromkreises ergibt sich aus den Schaltungen der Einzelwiderstände. Je größer der Gesamtwiderstand dabei wird, desto kleiner ist der Strom, der fließt.

In einer Reihenschaltung der Widerstände ergibt sich ein Gesamtstrom, der durch die Summe der Einzelwiderstände gezogen wird. Die Spannung U teilt sich dann als Spannungsabfälle über den Widerständen auf. Je mehr Einzelwiderstände in der Schaltung vorhanden sind, desto größer ist der Gesamtwiderstand und desto kleiner wird der Strom.

Für die Reihenschaltung gilt:

$$U\text{ges} = U1 + U2 + \ldots + U\text{n},$$

$$I\text{ges} = I1 = I2 = \ldots = I\text{n und}$$

$$R\text{ges} = R1 + R2 + \ldots + R\text{n}$$

Der Gesamtwiderstand einer Reihenschaltung ist somit immer größer als der größte Einzelwiderstand.

Die Parallelschaltung von Verbrauchern ist durch die konstante Spannung U gekennzeichnet, die über alle Widerstände abfällt. Die Stromstärke I wird durch die Einzelwiderstände bestimmt, durch die der jeweilige Teilstrom fließt und als Summe den Gesamtstrom ergibt. Der Kehrwert des Gesamtwiderstandes ergibt sich aus der Summe der Kehrwerte der Einzelwiderstände. Je mehr Einzelwiderstände in der Schaltung vorhanden sind, desto kleiner ist der Gesamtwiderstand und desto größer wird der Strom.

Für die Parallelschaltung gilt:

$$U\text{ges} = U1 = U2 = \ldots = U\text{n}$$

$$I\text{ges} = I1 + I2 + \ldots + I\text{n und}$$

$1/R\text{ges} = 1/R1 + 1/R2 + \ldots + 1/R\text{n}$ oder bei zwei Verbrauchern

$$R\text{ges} = R1 \cdot R2/R1 + R2.$$

Der Gesamtwiderstand einer Parallelschaltung ist somit immer kleiner als der kleinste Einzelwiderstand dieser Schaltung.

Akkumulatoren
Akkumulatoren sind elektrochemische Energiespeicher, die nach dem Prinzip wiederaufladbarer galvanischer Elemente funktionieren. Sie bestehen aus zwei Elektroden und einem Elektrolyten, der elektrische Energie auf elektrochemischer Basis speichert. Beim Laden wird die vom Gleichstrom-Generator abgegebene elektrische Energie durch chemische Reaktionen gespeichert. Während des Entladens laufen in der Batterie die chemischen Reaktionen umgekehrt ab, wobei die gespeicherte Energie als elektrische Energie freigesetzt wird.

4.4 Abgasreinigung

Unter Abgasreinigung versteht man die Entfernung schädlicher Komponenten aus den Abgasen, die nach dem Verbrennungsprozess in die Umluft abgegeben werden. Die Abgase werden auf mechanischem, katalytischem oder chemischem Wege gereinigt. Bestimmte Emissionen (z. B. Stickstoffoxide, Schwefel) werden bereits über die Begrenzung im Kraftstoff reduziert.

Dieselmotoren arbeiten mit sehr hohen Luft-Kraftstoff-Verhältnissen bis zu $\lambda = 6$. Die Luftmenge ist während der verschiedenen Drehzahlbereiche nahezu konstant, und es ändert sich je nach eingestellter Last das Kraftstoffverhältnis bzw. die Kraftstoffmenge.

Durch Oxidationskatalysatoren können zunächst Kohlenwasserstoffe (HC), Kohlenmonoxide (CO) sowie lösliche Partikel oberhalb einer Temperatur von etwa 170 °C oxidiert werden. Die Effektivität eines Katalysators hängt entscheidend von der Betriebstemperatur ab. Unterhalb von ca. 140 °C finden praktisch keine Reaktionen statt.

In Partikelfiltern werden die Regelungen zur Fein- und Feinststaub-Belastung, die durch das Verbrennen von Dieselkraftstoffen als Ruß entstehen, erfüllt. Die Rußpartikel werden im Partikelfilter verbrannt, wobei die Einleitung und der Verlauf der Verbrennung durch das Motorsteuergerät geregelt wird. Oberhalb von ca. 600 °C brennen die Partikel zu CO_2 ab. Im normalen Fahrbetrieb stellen sich derart hohe Temperaturen beim Dieselmotor jedoch nicht ein, sodass hierfür gesonderte Maßnahmen notwendig sind. Den Start der Verbrennung leitet das Motorsteuergerät durch eine Spätverstellung der Einspritzung ein, sodass ein Teil des eingespritzten Kraftstoffes noch im Abgasrohr mit entsprechend hohen Temperaturen nachverbrennt. Ist die Rußverbrennung angesprungen, sorgt die entstehende Wärme im Filter dafür, dass auch der Rest der Partikelbeladung erfasst wird. Daraufhin kann dann der Einspritzzeitpunkt wieder die normalen Kennfeldwerte annehmen.

Durch eine selektive katalytische Reduktion (vgl. Abb. 4.12) werden im SCR-Katalysator Stickoxide (NO, NO_2) reduziert, während unerwünschte Reaktionen wie die Oxidation des eingebrachten Reduktionsmittels mit dem Luftsauerstoff und die Oxidation von Schwefeldioxid zu Schwefeltrioxid weitgehend unterdrückt werden. Für die Reaktion wird Ammoniak (NH_3) benötigt, das dem Abgas zugemischt wird. Die Produkte der Reaktion sind Wasser (H_2O) und Stickstoff (N_2). Bei der Reaktion handelt es sich um eine Komproportionierung der Stickoxide mit Ammoniak zu Stickstoff:

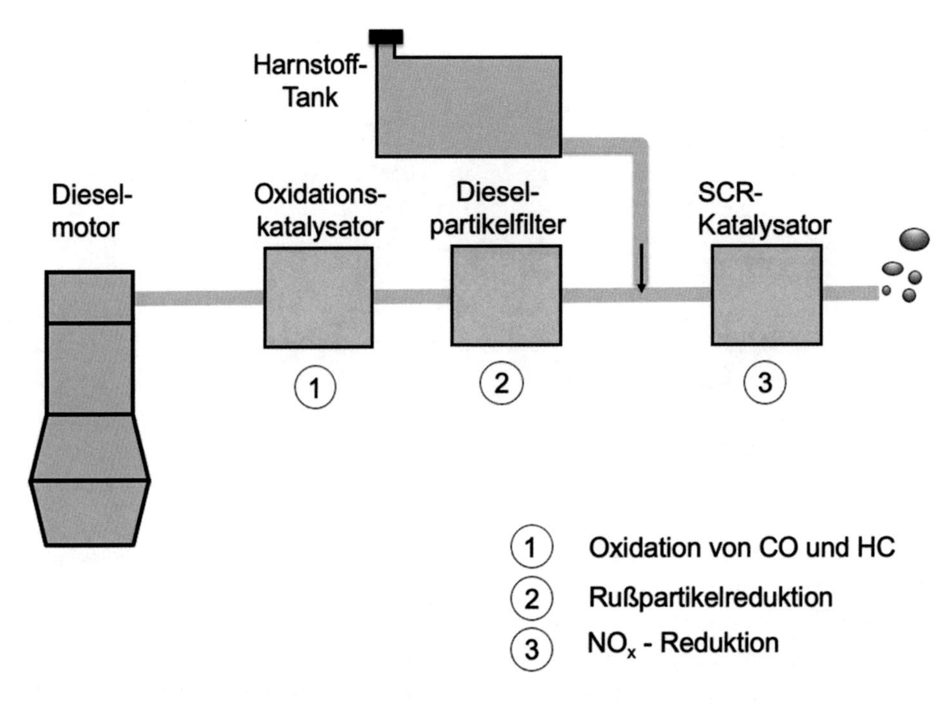

Abb. 4.12 Abgasreinigung durch Selektive katalytische Reduktion

$$4\,NO + O2 + 4\,NH3 \rightarrow 4\,N2 + 6\,H2O\left(\text{Standard SCR bei T} > 250°\text{C}\right)$$

In der Regel wird bei modernen Schiffsantrieben Harnstoff verwendet, der in einer Thermolyse- und anschließenden Hydrolysereaktion zersetzt werden muss, um den für die SCR-Reaktion notwendigen Ammoniak freizusetzen. Der Harnstoff wird in den Abgasstrang durch Düsen eingebracht, und Thermolyse sowie Hydrolyse finden auf der Wegstrecke vor dem Katalysator, der sogenannten Hydrolyse-Strecke, statt.

4.5 Vielstoffmotoren

Vielstoffmotoren sind Verbrennungsmotoren, die mit mehr als einem Kraftstofftyp betrieben werden können. Motoren verschiedener Arbeitsverfahren können für den Vielstoffbetrieb ausgelegt werden, in der Regel sind Vielstoffmotoren jedoch Dieselmotoren.

Im Allgemeinen sind Vielstoffmotoren selbstzündende Hubkolbenmotoren, die nach dem Dieselprinzip betrieben werden. Gleichzeitig haben einige Motorversionen eine Fremdzündung, da nicht alle Kraftstoffe ohne diese einwandfrei zünden. Die Vielzahl der Kraftstoffe wie Benzin, Petroleum, Kerosin, Pflanzenölkraftstoff, Ethanol, Holzgas oder Schweröl führt, abhängig von deren Eigenschaften, zu unterschiedlichen Konstruktionen.

Obwohl Vielstoffmotoren meist nach dem Dieselprinzip arbeiten, unterscheiden sie sich doch in ihrer Bauweise von reinen Dieselmotoren, die nur für Dieselkraftstoff ausgelegt sind. Es müssen dazu technische Lösungen vorgesehen werden, um die Temperatur des Gemisches so zu erhöhen, dass alle verwendeten Kraftstoffe innerhalb des zulässigen Zündverzugs von selbst zünden. Dies kann durch Erhöhen des Verdichtungsverhältnisses oder dem Vorwärmen der Ansaugluft geschehen. Eine Ansaugluftvorwärmung lässt sich durch Aufladung ohne Ladeluftkühler, Abgasrückführung oder elektrische Heizung im Ansaugtrakt erreichen. Unterstützend wird auch eine Zündkerze oder eine Glühkerze im Brennraum eingesetzt.

Es können sowohl fossile als auch nachwachsende Kraftstoffe eingesetzt werden, die an Bord von Schiffen als Brückentechnologie alternativ zu den bisher benutzten Kraftstoffen Anwendung finden, wie

- Flüssiggas LPG,
- Erdgas LNG,
- Ottokraftstoffe wie Benzin oder Alkohole,
- Leichtöle,
- Schweröle oder
- Kohlenstaub.

Betriebsstoffe 5

Inhaltsverzeichnis

5.1 Grundlagen der Betriebsstoffe

Zur Beurteilung der Eigenschaften eines Kraft- oder Schmierstoffes müssen einige Kenngrößen bekannt sein, um Rückschlüsse ziehen zu können. Die wichtigste Eigenschaft bei der Lieferung und Verwendung von Betriebsstoffen ist die Dichte, weil diese temperaturabhängig zur Volumenveränderung eines Stoffes führt und Einfluss auf die Viskosität des Stoffes hat:

$$\rho = m/V. \tag{5.1}$$

Das Volumen eines Stoffes ist durch seinen Ausdehnungskoeffizienten direkt temperaturabhängig, wodurch die Dichte geringer wird, je weiter sich das Volumen vergrößert (bei konstanter Masse). Wasser hat eine Dichte von ca. 1 g/cm^3 (kg/m^3, t/m^3) und ist damit schwerer als die meisten Flüssigkeiten, die das Umweltwasser verschmutzen können (z. B. Schweröl, Diesel, Schmieröl). Nur sehr viskoses Schweröl hat eine höhere Dichte als Wasser.

U. Jacobshagen, *Green Shipping – Schiffsbetrieb und Umweltschutz*,
https://doi.org/10.1007/978-3-658-46807-1_5

Tab. 5.1 Dichte von flüssigen Kraftstoffen bei 25 °C

	ρ (kg/m³)
Benzin	0,720–0,775
Ethanol	0,7894
Methanol	0,7869
Diesel, Heizöl ELK	0,820–0,845
Heizöl S (schwer)	0,96–0,99
Schweröl RMK 700	1,010

Tab. 5.2 Flammpunkt und Zündtemperatur von Verbrennungskraftstoffen

Brennstoff	Flammpunkt (°C)	Zündtemperatur (°C)
Benzin	– 25 °C	220–460
Dieselkraftstoff	über 55	200–350

Obwohl die Dichte und damit das Gewicht einer Flüssigkeit bei Erhöhung der Temperatur sinkt, hat das Wasser seine höchste Dichte bei ungefähr 4 °C – die sogenannte Dichteanomalie des Wassers (Tab. 5.1).

Für Verbrennungskraftstoffe sind der Flammpunkt sowie der Brennpunkt von Bedeutung. Der Flammpunkt ist die (niedrigste) Temperatur, bei der genügend Brennstoff verdampft und bei Zuführung einer Zündquelle entflammt. Nach Entfernen der Zündquelle brennt die Flüssigkeit nicht weiter. Auf Seeschiffen sollte diese Temperatur bei mindestens 60 °C liegen.[1]

Der Brennpunkt beschreibt die Temperatur, bei der die brennbare Flüssigkeit durch Fremdzündung entflammt wird und weiterbrennt. Er liegt etwa 20–50 °C über dem Flammpunkt (Tab. 5.2).

Der Zündpunkt ist dann die niedrigste Temperatur, bei der sich die brennbare Flüssigkeit von selbst entzünden kann.

Die Temperatur, bei der das Öl nach vorangegangener Abkühlung gerade noch fließfähig ist (nach DIN mind. – 9 °C oder tiefer) wird als Pour Point (Stockpunkt) beschrieben. Unterhalb dieser Temperatur wird die Kristallisation von Paraffinen durch das Stocken bestimmt. Der Pour Point bestimmt somit die Mindestlagertemperatur des Öls, weshalb es an Bord von Schiffen notwendig sein kann, Schwer- oder Schmieröltanks zu wärmen.

Zur Beurteilung des Fließverhaltens werden bei Brennstoffen der Cloud Point bzw. der Cold Filter Plugging Point bestimmt. Der Cloud Point beschreibt die höchste Temperatur, bei der sich nach der Abkühlung erste Paraffine aus dem Öl ausscheiden. Je langkettiger die im Öl enthaltenen sogenannten n-Paraffine sind und je größer deren Anteil ist, desto höher liegen der Cloud Point und die Viskosität. Eine unmittelbare Auswirkung auf die Anwendbarkeit zeigt der Grenzwert der Filtrierbarkeit, der Cold Filter Plugging Point (CFPP). Dieser ist die Temperatur, bei der die aus dem Öl ausfallenden Paraffinkristalle wegen ihrer Größe oder Menge einen Prüffilter mit einer Maschenweite von 0,045 mm unter definierten Bedingungen nicht mehr passieren können. Bei Heizölen ohne spezielle Additive (Fließ- bzw. Filtrierbarkeitsverbesserer) sind Cloud Point und CFPP nahezu identisch.

[1] SOLAS 74/88 II-2/4.

5.2 Motorenbenzin

Motorenbenzin ist ein komplexes Gemisch verschiedener Kohlenwasserstoffe, deren Siedebereich zwischen derjenigen von Butan und Petroleum liegt. Es wird hauptsächlich aus veredelten Komponenten der Erdölraffination hergestellt und als Kraftstoff für Motoren nach dem Ottoprinzip (Ottokraftstoffe) eingesetzt.

Es gibt verschiedene Sorten von Benzinen, die sich in ihrer Klopffestigkeit (Eigenschaft, nicht unkontrolliert durch Selbstentzündung zu verbrennen) und zu deren Erreichung auch in der Zusammensetzung des Kohlenwasserstoffgemisches unterscheiden.

- Normalbenzin ROZ 91 (in Deutschland, Österreich, der Schweiz, Spanien, Schweden und anderen Ländern normalerweise nicht mehr erhältlich),
- Superbenzin ROZ 95,
- Super+-Benzin ROZ 98 und
- als Sorte bisher nicht normierte 100-Oktan-Benzine.

Durch die hohe Klopffestigkeit und den sehr geringen Flammpunkt (< – 35 °C) können diese Kraftstoffe nicht für Motoren nach dem Dieselprinzip verwendet werden. Ottokraftstoffe nach dem Diesotto-Prinzip (Homogene Kompressionszündung) werden mit Spezialkraftstoffen betrieben, die im Bereich der erhöhten Verdichtung eine kontrollierte Selbstzündung zulassen.

5.3 Wasserstoff

Wasserstoff (H_2) hat im Verhältnis zu seiner Masse einen hohen Energiegehalt, jedoch eine geringe Dichte (0,089882 kg · m^{-3}). Der Energiegehalt von Wasserstoff ist im Verhältnis zum Volumen sehr gering. Der Heizwert eines Wasserstoff-Luft-Gemisches ist daher davon abhängig, wie Wasserstoff und Luft miteinander gemischt werden. Somit kann der Heizwert über, aber auch unter dem eines konventionellen Benzin-Luft-Gemisches liegen.

Theoretisch kann, selbst bei $\lambda \cong 10$, ein Wasserstoffmotor noch mit einem homogenen Kraftstoff-Luft-Gemisch betrieben und die Last im gesamten Betriebsbereich des Motors durch veränderliche Kraftstoffzufuhr bei gleichbleibender Luftmenge geregelt werden (siehe Ladeluftverhältnis).

Die Selbstentzündungstemperatur des Wasserstoffes liegt mit 585 °C weit über jener von Benzin oder Dieselkraftstoff, daher hat Wasserstoff bei Verbrennung mit Vormischflamme günstige Klopfeigenschaften. Das erschwert allerdings den Betrieb eines nach dem Dieselverfahren arbeitenden Motors, weshalb in einem nach dem Dieselverfahren arbeitenden Wasserstoffverbrennungsmotor die Ladungstemperatur durch Maßnahmen wie hohe Verdichtung erhöht werden muss, um die Selbstentzündung sicher einzuleiten. Da bei einem Wasserstoffverbrennungsmotor die laminare Flammengeschwindigkeit sehr hoch ist (ca. 3 m · s^{-1}), kann eine kurze Brenndauer erzielt werden, die sich günstig auf den Wirkungsgrad auswirkt, allerdings wegen des schnellen Druckanstiegs im Brennraum eine stärkere Belastung des Triebwerkes bedeutet.

5.4 Dieselkraftstoffe

Die sogenannte Zündwilligkeit eines Kraftstoffes für Dieselmotoren wird durch die Cetanzahl (CZ) ausgedrückt. Diese beschreibt die Eigenschaft des Kraftstoffes, die notwenige Selbstzündung im Dieselmotor einzuleiten – je höher CZ, desto leichter entzündet sich der Kraftstoff selbst. Dem Maximalwert des zündwilligen n-Hexadekan (Cetan) im Kraftstoff wird die CZ 100 zugeordnet. Für einen Betrieb von Dieselmotoren muss die CZ mindestens 51 betragen (Tab. 5.3).[2]

Gasöl für den Seeverkehr ist jeder Schiffskraftstoff gemäß der Definition der Güteklassen DMX, DMA und DMZ ohne Berücksichtigung des Schwefelgehalts.

5.4.1 Marinedieselöl (MDO)

Marinedieselöl wird als Treibstoff hauptsächlich für Schiffsdieselmotoren verwendet und ist ein Gemisch verschiedener Mitteldestillate aus der Erdölverarbeitung. Es wird aus Komponenten wie Kerosin, Leichtgasöl, Schwergasöl, Light- und ggf. Heavy Cycle Oil, Vakuumgasöl und geringen Mengen an Rückstand (nur DMZ) gemischt. Für die Seeschifffahrt werden vier Qualitäten spezifiziert

- DMA – auch als Marinegasöl (MGO) bezeichnet, ein mittelschweres Gasöl,
- DMB – auch als Marine Diesel Oil (MDO) bezeichnet, ein relativ schweres Gasöl (mit Vakuumgasölanteilen),
- DMX – ein sehr leichtes Gasöl mit hervorragender Kälteeigenschaft (Cloud Point), wird fast nur für kleinere Motoren und als „Notfallkraftstoff" verwendet und

Tab. 5.3 Parameter von Schiffskraftstoffen

								Schweröl		
Parameter	Einheit	Limit	DMX	DMA	DMZ	DMB	Gasöl	RME 180	RME 380	RME 700
ρ	kg/l	max.	—	0,890	0,890	0,900	—	0,991	0,991	1,010
ν	mm^2/s	max.	5,5	6,0	6,0	11,0	5,5	180	380	700
CZ		min.	45	40	40	35	45			
FP	°C	min.	43	60	60	60	43	60	60	60
S	%(m/m)	max.	1,0	1,0	1,0	1,5	1,0	4,5	4,5	4,5

[2] DIN EN 590.

- DMZ – ein aus schweren Gasölen bestehender Treibstoff. Zum Teil können auch Rückstände eingemischt werden.

Zu diesen Betriebskraftstoffen kann man noch den Schiffsdiesel für die europäische Binnenschifffahrt hinzufügen.

5.4.2 Schweröl

In der Seeschifffahrt werden aufgrund der geringeren Kosten hauptsächlich Schweröle der verschiedenen Viskositätsklassen eingesetzt. Schweröl (Heavy Fuel Oil, HFO) ist ein Rückstandsöl aus der Destillation oder aus Crackanlagen der Erdölverarbeitung. Dabei entstehen Komponenten als nicht mehr verdampfbarer Teil eines erdölverarbeitenden Prozesses. Diese haben sehr hohe Viskositäten (300 bis 30.000 mm^2/s bei 100 °C) und werden daher mit Verdünnern auf die Spezifikationsviskosität zurückgemischt.

Schweröl ist in verschiedenen Qualitäten erhältlich. Die Anlage VI des MARPOL-ÜE regelt den Ausstoß von Schwefel-Verbrennungsprodukten in bestimmten Seegebieten, weshalb sogar schwefelreduzierte Qualitäten hergestellt werden.

Die wichtigsten Spezifikationen limitieren die Dichte, Viskosität, den Wassergehalt und den Flammpunkt der verschiedenen Schweröle. Weitere Qualitätseigenschaften ergeben sich aus dem sogenannten MCR-Test (Neigung des MFO, Koksablagerungen zu bilden) und dem Total-Sediment-Potenzial (TSP). Danach

- darf die Dichte die Spezifikationsgrenze nicht überschreiten, da sonst die Wasserseparation nicht mehr funktioniert (Limit zwischen 0,991 kg/l und 1,010 kg/l);
- wird die Viskosität durch die technischen Möglichkeiten des Systems bestimmt (Lagertemperatur, maximale Pumpviskosität, Vorwärmtemperatur), wobei die Zahl hinter dem 3-Buchstabenkürzel die Viskosität bei 50 °C (zum Beispiel weist RMG-380 eine Viskosität von maximal 380 mm^2/s bei 50 °C auf) beschreibt;
- ist ein hoher Wassergehalt ökonomisch unerwünscht und belastet zudem die Separatoren und das Einspritzsystem;
- ist der Flammpunkt eine wichtige sicherheitstechnische Größe;
- führt ein zu hoher MCR zu Ablagerungen von Koks an den Einspritzdüsen und im Brennraum;
- beschreibt das TSP das Potenzial des MFO, Sedimente zu bilden Ein Ausflocken führt zur Belastung der Separatoren, im Extremfall zur Blockade des gesamten Kraftstoffsystems.

5.4.3 Gas-To-Liquid (GTL)

GTL entsteht durch den Synthesegaserzeugungsprozess von rein extrahiertem Erdgas. Durch Oxidation werden Methan und Sauerstoff zu einer Mischung aus Wasserstoff und

Kohlenstoff umgewandelt. Durch Katalysatoren wird diese Umwandlung in wächserne Kohlenwasserstoffe umgewandelt, und durch Cracken entstehen verschiedene Molekülketten in Form und Länge.

Das GTL ist mit Diesel mischbar, wodurch keine Anpassung an Maschine und Bunkersystem erforderlich wird. Die sehr hohe CZ von 75 gewährleistet eine bessere und vollständigere Brennbarkeit. Die Flüssigkeit ist ungiftig, geruchsarm, leicht biologisch abbaubar und enthält keinen Schwefel. Es entstehen bei der Verbrennung von GTL 40–60 % weniger Rußpartikel und 8–10 % weniger Stickoxide im Vergleich zu herkömmlichem Gasöl.

5.4.4 Liquefied Petroleum Gas (LPG)

LPG ist ein zum Einsatz in Fahrzeug-Verbrennungsmotoren vorgesehenes Flüssiggas, ein variables Gemisch, das hauptsächlich aus Butan und Propan besteht. Durch den sehr hohen Anteil an Oktan (105–115 ROZ) eignet sich das LPG ausschließlich zur Verwendung in Benzinmotoren – daher auch der umgangssprachliche Begriff Autogas.

In der maritimen Branche gilt das Gas als mögliche Brückenlösung auf dem Weg zum Einsatz von Ammoniak, da die Systeme an Bord bei leichten Anpassungen auch für diesen Treibstoff geeignet wären. Ein Einsatz an Bord von (kleineren) Schiffen wäre mit sogenannten Vielstoffmotoren denkbar.

5.4.5 Liquefied Natural Gas (LNG)

LNG ist verflüssigtes Erdgas und besteht zu rund 98 % aus Methan. Produziert wird das farblose und ungiftige Gas, indem Erdgas auf minus 161 bis 164 Grad Celsius gekühlt wird, wodurch das Volumen um das 600-Fache verringert wird. Es benötigt wesentlich weniger Platz als Erdgas und kann somit leicht als Schiffskraftstoff gelagert werden. Der Einsatz von LNG in der Schifffahrt ist im Gegensatz zum heute vor allem genutzten Schweröl deutlich schadstoffärmer. Ob LNG aber auch klimafreundlicher ist, hängt davon ab, wie das Erdgas gefördert, zu LNG verarbeitet und dann eingesetzt wird. LNG besteht fast komplett aus Methan, das auf dem Produktions- und Lieferweg durch den Methanschlupf entweichen kann. Methan ist ungefähr 25-mal so klimaschädlich wie Kohlenstoffdioxid (CO_2) und trägt damit stark zum Treibhauseffekt bei.

5.4.6 Biodiesel

Biodiesel (Fettsäuremethylester) ist ein Kraftstoff, der in der Verwendung dem mineralischen Dieselkraftstoff gleichkommt. Im Vergleich zu Diesel auf Mineralölbasis verursacht Biodiesel weniger Emissionen, obwohl die Rohemissionen von Stickoxiden höher liegen.

Er wird aus nachwachsenden Rohstoffen gewonnen, ist biologisch abbaubar und hat gute Schmiereigenschaften, was bei der Verwendung von schwefelarmem Diesel ein Vorteil ist. Biodiesel hat einen geringeren Heizwert als Dieselkraftstoffe (37 MJ/kg) und eine CZ von ca. 56.

Als Rohstoff für die Herstellung von Biodiesel eignen sich alle pflanzlichen und tierischen Fette und Öle. Die pflanzlichen Öle werden aus Ölsaaten oder anderen ölhaltigen Teilen von Pflanzen gewonnen. Je nach Klima, Niederschlagsmenge und Sonneneinstrahlung werden verschiedene Öle als Rohstoff bevorzugt.

In Europa wird vorwiegend Rapsöl verwendet, das aus dem Samen von Raps gewonnen wird. Dieser Samen hat einen Ölgehalt von 40 bis 45 %. Das für die Umesterung notwendige Methanol ist eine organische Grundchemikalie und ein großtechnisch hergestellter Alkohol. Die technische Herstellung von Methanol erfolgt ausschließlich in katalytischen Verfahren aus Synthesegas. Das zur Methanolherstellung notwendige Synthesegas kann durch Kohlevergasung aus fossilen Rohstoffen hergestellt werden.

5.4.7 Methanol

Momentan wächst die Popularität von Methanol als Kraftstoff, weil es einer der meistproduzierten organischen Chemikalien und bereits in vielen Seehäfen auf der ganzen Welt vorhanden ist. Es gibt sichere Verfahren für die Handhabung. Die traditionelle Herstellung erfolgt mit fossilen Rohstoffen wie Erdgas oder Kohle. Grünes Methanol wird klimaneutral aus grünem Wasserstoff und abgeschiedenem Kohlenstoff unter Zuhilfenahme von regenerativ erzeugtem Strom produziert. Die dänische Reederei Maersk hat angekündigt, im Rahmen eines Partnerships mit fünf weiteren Unternehmen in Singapur eine solche Anlage zu errichten. Methanol kann bei Raumtemperatur flüssig gehalten werden und verbrennt sauber.

Die Verwendung von Methan kann die Treibhausgasemissionen von Schiffen im Vergleich zu Schweröl um rund 20 % senken. Es wird jedoch auch dem Flüssiggas (LPG) aufgrund seiner hohen Energiedichte ein hohes Potenzial zur Reduzierung von CO-Emissionen zugeschrieben. Als fossiler Brennstoff gilt es aber ebenfalls nicht als Bestandteil, sondern als Wegbereiter der Dekarbonisierung.

5.4.8 Ammoniak

Ammoniak ist nach Gewicht doppelt so energiereich wie flüssiger Wasserstoff. Während Wasserstoff als Flüssigkeit bei – 253 °C oder komprimiert als Gas ab einem Druck um 700 bar gespeichert werden muss, genügen für Ammoniak zur Verflüssigung minus 33 °C. Allerdings ist das traditionelle Herstellungsverfahren von Ammoniak unter Einsatz von Erdgas klimaschädlich, und bei dessen Verbrennung entsteht das Treibhausgas NO_2 (Lachgas). Ein Kilogramm Lachgas trägt 265-mal so stark zum Treibhauseffekt bei wie ein

Kilogramm Kohlendioxid. „Grüner“ Ammoniak entsteht durch eine Synthese von CO_2-neutralem Wasserstoff und Stickstoff und ist frei von Kohlenstoff. Im Jahr 2023 soll im Rahmen eines Verbundprojekts („ShipFC“) des IMM die weltweit erste Ammoniak-basierte Brennstoffzelle auf See getestet werden.

Die Spannungsgeneration mit Ammoniak funktioniert ähnlich wie in Anlagen auf Wasserstoff-Basis. Im ersten Schritt wird Ammoniak (NH_3) in einen Spaltreaktor geleitet. Der spaltet das Molekül zu Stickstoff (N_2) und Wasserstoff (H_2). Das Gas enthält 75 % Wasserstoff. Eine kleine Menge Ammoniak (NH_3, 100 ppm) wird nicht umgesetzt und verbleibt im Gasstrom.

Im zweiten Schritt werden Stickstoff und Wasserstoff in die Brennstoffzelle geleitet. Unter Luftzufuhr verbrennt der Wasserstoff zu Wasser. Es entsteht elektrische Energie. Der Wasserstoff wird allerdings in der Brennstoffzelle nicht vollständig umgesetzt. Ein Anteil von etwa 12 % sowie ein Rest Ammoniak verlassen die Brennstoffzelle unverbrannt. Beides wird nun in den – vom Fraunhofer IMM entwickelten – Reaktor mit eigens entwickeltem Katalysator geleitet. Luftzufuhr und die Pulverbeschichtung der gewellten Metallfolie mit Platin enthaltenden Katalysatorpartikeln setzen eine chemische Reaktion in Gang. Übrig bleiben am Ende nur Wasser und Stickstoff. Die klimaschädlichen Stickoxide entstehen bei optimaler Reaktionsführung erst gar nicht.

5.5 Öle

Alle an Bord von Schiffen verwendete Öle werden durch SAE-Viskositätsklassen beschrieben und werden seit 1911 von der ehemaligen Society of Automotive Engineers festgelegt. Die heutige SAE International, ehemals Society of Automotive Engineers (SAE, Verband der Automobilingenieure), ist eine gemeinnützige Organisation für Technik und Wissenschaft, die sich dem Fortschritt der Mobilitätstechnologie widmet.

Moderne Motoröle sind legiert, also mit Additiven versetzt. Heute bestehen bis zu 20 % eines Motoröls aus Additiven wie

- Alterungsschutzmittel,
- Detergenzien,
- Dispergenzien,
- Korrosionsinhibitoren,
- Metalldeaktivatoren,
- Oxidationsinhibitoren,
- Pourpoint-Verbesserern,
- Reibungsminderern,
- Schaumdämpfern,
- Verschleißminderern und
- Viskositätsindexverbesserern.

Die modernen Motoröle mit ihren speziellen Legierungen aus Grundölen und Additiven erlauben größere Ölwechselintervalle und somit eine seltenere Entsorgung von Altölen.

Die Viskosität von flüssigen Stoffen – insbesondere von Schmierölen – beschreibt deren Eigenschaft, unter Einwirkung einer Spannung zu fließen und irreversibel deformiert zu werden. Die bei der Verformung aufgenommene Spannung hängt nur von der Verformungsgeschwindigkeit ab. Ebenso kann die Spannung als Ursache der Verformungsgeschwindigkeit angesehen werden. Es wird zwischen der dynamischen Viskosität η und der kinematischen Viskosität ν unterschieden. Die dynamische Viskosität ist das Verhältnis von Schubspannung und Geschwindigkeitsgradient. Der Kehrwert der dynamischen Viskosität ist die Fluidität. Die dynamische Viskosität und die kinematische Viskosität stehen über die Dichte in direktem Zusammenhang:

$$\eta = \nu \cdot \rho$$

$$\nu = \eta / \rho \tag{5.2}$$

Durch die direkte Abhängigkeit der Dichte eines Stoffes von der Temperatur ist auch die Viskosität und somit die Fließfähigkeit eines Schmieröls (innere Reibung) temperaturabhängig.

Die kinematische Viskosität wird aus der Durchlaufzeit eines Öls durch eine senkrecht stehende Glasröhre (Kapillare) berechnet und wird zur Bestimmung des Viskositätsindex eines Schmierstoffes bei 40 °C und 100 °C gemessen. Diese Messungen werden dann mit den Ergebnissen von zwei Referenzölen verglichen. Der Viskositätsindex (VI) eines Schmierstoffes ist die Geschwindigkeit der Viskositätsänderung aufgrund einer Temperaturänderung – siehe hierzu Abb. 5.1.

Um die Schmierfähigkeit im laufenden Schiffsbetrieb und der dadurch bedingten erhöhten Temperatur des Schmieröls zu erhalten, wird es durch einen Wärmetaucher rück-

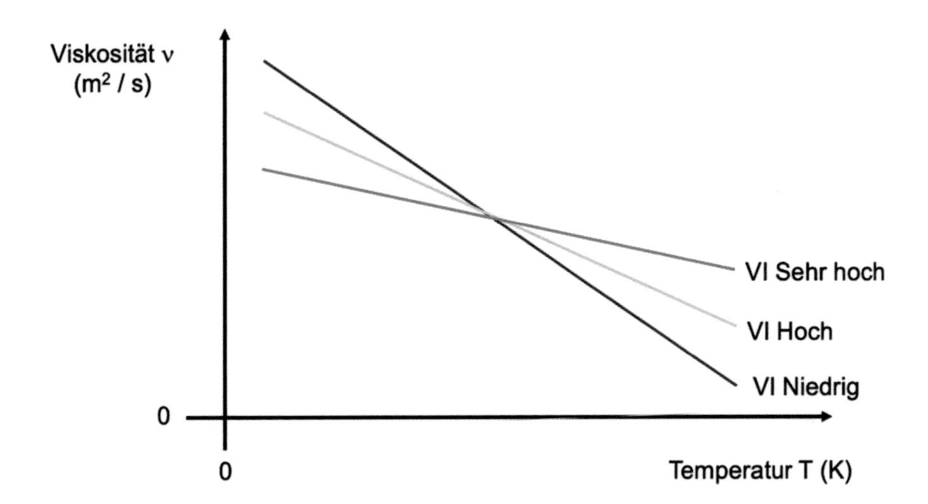

Abb. 5.1 Viskositätsindex VI

gekühlt. Bei modernen Motoren liegt die Schmieröltemperatur zwischen 80 und 120 °C. Der Schmierölkühler wird von Seewasser oder Frischwasser des Kühlkreislaufes durchflossen, das die Temperatur des Schmieröls aufnimmt. Zur Einhaltung des optimalen Viskositätsindex regelt ein Thermostat[3] den Zeitpunkt und die Menge des zu kühlenden Schmierstoffes.

Schmieröle in Verbrennungsmotoren sind die wichtigsten technischen Schmierstoffe und unterscheiden sich in Zusammensetzung, Viskosität und Dichte von anderen an Bord von Schiffen verwendeten Ölen. Die Aufgaben sind neben der Schmierung auch die Reinigung, die Kühlung, die Feinstabdichtung und die Übertragung von Kräften.[4] Heute werden fast ausschließlich synthetische Mehrbereichsöle verwendet, die durch ihre Zusammensetzung (Legierung) nur noch wenige mineralische Bestandteile aufweisen. Dadurch werden der Alterungsprozess verlangsamt und die Qualität zur Aufgabenerfüllung im Motorenbetrieb erhalten. Die dazu verwendeten modernen Grundöle und ihre Additive zeichnen sich durch einen sehr geringen Ölverbrauch aufgrund von Verdampfungsverlusten, verbessertenKaltstarteigenschaften durch besseren Ölfluss bei niedrigen Temperaturen sowie besserer Energieeffizienz und Kosteneffizienz aus. Ebenso wird ein hoher Viskositätsindex zum besseren Schutz des Motors in allen Temperaturbereichen erreicht. Hinzu kommen eine höhere thermische Stabilität und Resistenz gegen Oxidation. Damit ist das Erreichen eines besseren Wirkungsgrades des Motors möglich.

In dem von SAE International gepflegten Standard SAE J300 werden die viskosimetrischen Eigenschaften von Ein- und Mehrbereichsmotorenölen definiert. Ein in der Bezeichnung enthaltenes W weist auf die Wintereigenschaft des Öles – also ein Mehrbereichsöl – hin. Die Zahl vor dem W gibt die die Fließeigenschaften des Motoröls bei Kälte an. Je kleiner diese Zahl ist, umso besser ist die Viskosität des Additivs bei niedrigen Temperaturen, und entsprechend schneller werden die wichtigen Schmierstellen im Motor vom Öl erreicht. Die Zahl nach dem W beschreibt die Viskosität des Schmierstoffes bei 100 °C. Je höher dieser Wert ist, umso besser wird die Schmierfähigkeit des Motoröls bei hohen Temperaturen im Motor erhalten.

Das Leistungsvermögen von Ölen für den Automobilverkehr ist darüber hinaus festgelegt in den API-Klassifikationen (American Petroleum Institute) sowie den ACEA-Spezifikationen (Association des Constructeurs Europ de l'Automobile).

Hydrauliköle müssen gute Schmiereigenschaften, eine hohe Alterungsbeständigkeit sowie ein hohes Benetzungs- und Haftvermögen aufweisen. Außerdem benötigen sie einen hohen Flammpunkt (ca. 210 °C) und niedrigen Pour Point. Zum Einsatz in hydraulischen Systemen ist eine Verträglichkeit mit Dichtungen sowie Harz- und Säurefreiheit wichtig. Weitere Eigenschaften sind ein geringer Temperatureinfluss auf die Viskosität (sowohl dynamische als auch kinematische Viskosität), eine geringe Kompressibilität und gute Scherstabilität sowie eine geringe Schaumbildung. Es gibt auch Unterschiede im Verhalten gegenüber Feuchtigkeit und in der Mischbarkeit mit Wasser, Pflanzen- oder Mineralölen.

Zu den Aufgaben der Hydraulikflüssigkeiten gehört vor allem die möglichst verlustfreie Übertragung der hydraulischen Leistung von der Pumpe zum Motor bzw. Zylinder.

---

[3] siehe auch Abschn. 4.3.4.4.

[4] siehe Abschn. 4.3.3.

Neben dieser Hauptaufgabe erfüllt die Hydraulikflüssigkeit die Schmierung und den Korrosionsschutz für die beweglichen Teile (Kolben-, Schiebegleitflächen, Lager, Schaltelemente) und die Metalloberflächen des hydraulischen Systems. Außerdem führt sie Verunreinigungen (beispielsweise durch Abrieb), Wasser und Luft sowie Verlustwärme ab.

Hydrauliköle werden auf Mineralölbasis mit entsprechenden Additiven hergestellt. In Deutschland sind folgende Bezeichnungen üblich:

- H – ohne Wirkstoffzusätze,
- HL – mit Wirkstoffen zum Erhöhen des Korrosionsschutzes und der Alterungsbeständigkeit,
- HLP – mit Wirkstoffen zum Erhöhen des Korrosionsschutzes, mit Hochdruckzusätzen und der Alterungsbeständigkeit,
- HM – mit Wirkstoffen zum Erhöhen des Korrosionsschutzes, der Alterungsbeständigkeit sowie zur Verminderung des Fressverschleißes im Mischreibungsgebiet,
- HV – mit Wirkstoffen zum Erhöhen des Korrosionsschutzes, der Alterungsbeständigkeit, zur Verminderung des Fressverschleißes im Mischreibungsgebiet sowie zur Verbesserung des Viskositäts-Temperatur-Verhaltens sowie
- HLPD – mit Wirkstoffen zum Erhöhen des Korrosionsschutzes, der Alterungsbeständigkeit und detergierenden Zusätzen.

Neben diesen genormten Hydraulikölen und anderen Hydraulikflüssigkeiten können auch Motoren- und Getriebeöle für Hydraulikanwendungen genutzt werden.

5.6 Kühlwasser

Zur Kühlung von Schiffsdieselmotoren wird heute nahezu ausnahmslos Frischkühlwasser eingesetzt. Es dient der Kühlung der Bauteile von Verbrennungsmotoren, Wärmetauschern, Kondensatoren und ähnlichen Aggregaten zur Temperaturregelung.

Für die Qualität des im Schiffsbetrieb eingesetzten Frischkühlwassers sind insbesondere der pH-Wert und die Härte von entscheidender Bedeutung. Das Kühlwasser ist ein Betriebsstoff und muss daher immer aufbereitet werden.

Der pH-Wert (potentia Hydrogenii) gibt das Maß der Wasserstoffionenkonzentration des Wassers an. Die dimensionslose Zahl ist ein Maß für die saure oder basische Wirkung einer wässrigen Lösung. Je höher die Konzentration von Wasserstoffionen in einer Lösung ist, desto niedriger ist der pH-Wert. Diese Reaktion wird im Bereich von 0–14 bewertet und bedeutet

- < 7 eine saure Reaktion,
- 7 eine neutrale Reaktion und
- > 7 eine alkalische Reaktion.

Gerade durch alkalisches Wasser kann es zur Korrosion an Bauteilen aus Aluminium kommen, während saures Wasser zu Verlust der Kühleigenschaften und zu Beschädigungen der Bauteile führen kann. Der eingestellte pH-Wert des Frischkühlwassers sollte daher zwischen 6,5 und 8 liegen.

Unter Wasserhärte versteht man den Gehalt an Kalzium- und Magnesium-Ionen. Sogenannte Härtesalze sind im Wasser gelöste Kalzium- und Magnesiumsalze, die die Karbonathärte (temporäre Härte) und die Nichtkarbonathärte (permanente Härte) des Wassers bilden. Der Härtegrad des Wassers unterscheidet sich dann in

- weiches Wasser – Härte bis 1,5 mmol/l (arm an Magnesium- und Kalziumsalzen) und
- hartes Wasser – Härte bis 5,3 mmol/l.

Auf nationaler Ebene gibt es zur Bezeichnung der Wasserhärte unterschiedliche Maßeinheiten Tab. 5.4); so entspricht 1 Grad deutscher Härte (1 °dH) so vielen Kalzium- oder Magnesium-Ionen pro Liter, wie in 10 Milligramm Kalciumoxid (CaO) enthalten sind.

Die Gesamthärte gibt die Summe der Konzentrationen der Kationen von Erdalkalimetallen im Wasser an und wird in eine zeitweilige, temperaturabhängige sowie eine dauernde Härte unterschieden; siehe hierzu Abb. 5.2.

Tab. 5.4 Einteilung der Härtebereiche

Härtebereich	Millimol Kalziumkarbonat je Liter (mmol/l)	° dH
weich	weniger als 1,5	weniger als 8,4
mittel	1,5 bis 2,5	8,4 bis 14
hart	mehr als 2,5	mehr als 14

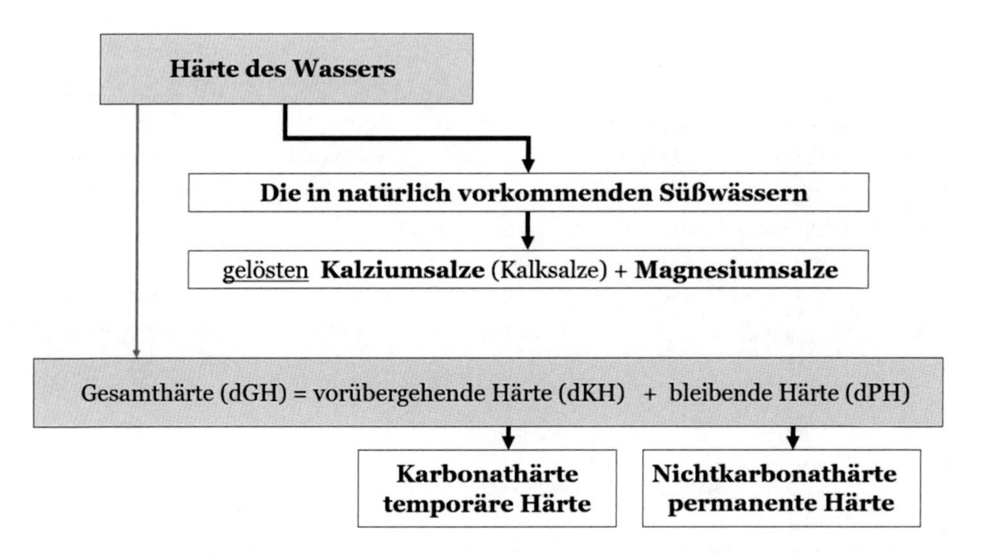

Abb. 5.2 Wasserhärte

Die Karbonathärte/temporäre Härte (dKH) wird durch Karbonate und Hydrogenkarbonate des Kalziums ($CaCO_3$) und des Magnesiums ($MgCO_3$) gebildet. Bei Wassererwärmung werden Karbonate ausgeschieden (Kesselsteinbildung) unter gleichzeitigem Freisetzen von Kohlendioxid, das als Kohlensäure die Korrosion fördert. Ein geringer Anteil von Karbonathärte sollte jedoch zur Bindung von Kohlendioxid vorhanden sein.

Die Nichtkarbonathärte/Permanenthärte (dPH) wird durch den Gehalt an Kalzium- ($CaCl_2$) und Magnesiumchloriden ($MgCl_3$) bzw. Sulfaten ($MgSO_4$) bestimmt und führt zur Erhöhung der elektrischen Leitfähigkeit, es ist somit korrosionsfördernd. Der Anteil der Nichtkarbonathärte sollte möglichst gering gehalten werden und ändert sich nicht mit der Temperatur.

Allgemein werden folgende chemische und physikalische Daten von Rohwasser zum Einsatz als Kühlwasser empfohlen und können von Motorherstellern weiter spezifiziert werden:

- pH-Wert 6,5–8,0 (bei 20°C),
- Härtesalze < 0,6 mmol/l (3,36 °dH),
- Chloride < 50 mg/l,
- Sulfate < 50 mg/l,
- Silicate < 25 mg/l sowie
- Fe und Cu < 1 mg/l.

Nicht enthalten sein sollten Sulfide, Chlor, Chloroxid, Ammoniak und organische Stoffe.

5.7 Rückstände und Entsorgung von Betriebsstoffen

Die heute in der Schifffahrt handelsüblichen Schwerölqualitäten enthalten unerwünschte Bestandteile, die zu Problemen im Kraftstoffversorgungssystem und in einigen Fällen zu erheblichen Störungen und Reparaturen an Motoren und ihren Systemen führen können. Diese unerwünschten Bestandteile werden durch Separatoren und Filter aus dem Schweröl entfernt und fallen als Ölschlamm (Sludge) in der Größenordnung von 1 bis 2 %, bezogen auf die verbrauchte Brennstoffmenge, an. Das bedeutet, dass bei einem großen Containerschiff, wie in Beispiel 3.2 beschrieben, täglich etwa 3–6 t Sludge anfallen, die zunächst an Bord gelagert werden. Im Betrieb von Binnenschiffen, deren Maschinenanlagen ausschließlich Gasöl oder höherwertige Kraftstoffe verwenden, fallen keine separierten Ölschlämme an.

Das Einleiten von Sludge ins Meer ist seit dem Inkrafttreten des MARPOL-Übereinkommens verboten.[5] Trotzdem wurde im Jahre 2000 bei Untersuchungen verölter Seevögel an der deutschen Nordseeküste festgestellt, dass 91 % der Ölverunreinigungen

[5] vgl. Artikel 12 Anlage I MARPOL 73/78.

aus den Rückstandsölen (Sludge) der Seeschifffahrt stammen.[6] Das Sludge wird an Bord von Seeschiffen in Tanks gesammelt und an Land über einen genormten Anschlussflansch abgegeben. In einer zertifizierten und genehmigten Anlage (z. B. Hilfskessel) kann der Ölschlamm auch direkt an Bord verbrannt werden.

Grundsätzlich dürfen weder von Binnen- noch von Seeschiffen ölhaltige Abfälle über Bord gegeben werden. Als Ausnahme ist nach dem MARPOL-Übereinkommen eine Einleitung von Bilgewasser mit einem Ölgehalt von 15 ppm über eine genehmigte Anlage gestattet.[7] Auch eine Einleitung von Ladungsresten ist unter der Einhaltung der im Übereinkommen genannten Bedingungen gestattet.[8] Die Einleitung von ölhaltigen Abfällen von Binnenschiffen ist nach dem CDNI-Übereinkommen nicht gestattet.[9]

Auch das Einleiten von schwefelhaltigem Waschwasser aus den Scrubber-Anlagen ist in der Meeresumwelt gestattet.[10] Jedoch ist jegliches Einleiten auf den inneren Gewässern verboten.

5.8 Projekte zum Umweltschutz

5.8.1 COMPLETE

Das Projekt COMPLETE (completing management options in the Baltic Sea Region to reduce risk of invasive species introduction by shipping) steht für die Vervollständigung von Bewirtschaftungsoptionen im Ostseeraum, um das Risiko der Einführung invasiver Arten durch die Schifffahrt zu verringern und ist ein EU-Interreg[11] Baltic Sea Region Projekt, an dem zwölf Partner aus sieben Ostsee Anrainerstaaten beteiligt sind. Es adressiert mit der Umsetzung des Ballastwasserübereinkommens und dem Management von Biofouling die zentralen Herausforderungen für Schifffahrt, Behörden, Umweltverbände und Politik in Bezug auf Arteneinschleppung, Kosteneffizienz, Minderung von Emissionen sowie Harmonisierung und Wettbewerbsgleichheit im Ostseeraum.

COMPLETE hat unter anderem zum Ziel, die Einschleppung und Verbreitung von gefährlichen aquatischen Organismen und Krankheitserregern durch die Schifffahrt mit der Entwicklung von einheitlichen und adaptiven Managementstrategien für den Ostseeraum zu minimieren.

Maßnahmen, die innerhalb des Projektes durchgeführt werden sollen, umfassen folgende Tätigkeiten:

---

[6] Seevögel, Zeitschrift Verein Jordsand, Hamburg 2000/Band 21, Heft 1.

[7] vgl. MARPOL 73/78 Anlage I, siehe Abschn. 7.3.3.

[8] vgl. MARPOL 73/78 Anlage II, siehe Abschn. 7.3.4.

[9] vgl. CDNI Anlage 2 Teil A, siehe Abschn. 8.2.1.

[10] vgl. MARPOL 73/78 Anlage VI, siehe Abschn. 7.8.3.5.

[11] Interreg, oder wie es offiziell heißt, die „europäische territoriale Zusammenarbeit", ist Teil der Struktur- und Investitionspolitik der Europäischen Union; vgl. www.interreg.de.

- die Bestandsaufnahme über den Einsatz von Schiffsabgasreinigungstechniken zur Schwefelminderung in der Seeschifffahrt,
- die Erhebung von Informationen über die zu erwartenden Waschwassermengen und damit die Bereitstellung von Grundlagen für den Ausbau und die Weiterentwicklung der Technik,
- die Untersuchungen des Waschwassers zur detaillierten Benennung der Inhalts-/Schadstoffgehalte,
- Erhebung von Informationen für eine ökotoxikologische Bewertung der Waschwässer,
- die Durchführung von Messungen in der Meeresumwelt, um Auswirkungen des Einsatzes dieser Technik auf die Umwelt nachzuweisen sowie
- die Durchführung von (mesoskaligen) Ausbreitungsmodellierungen zum Eintrag des Waschwassers in die Wassersäule, um eine verbesserte Einschätzung ihrer räumlichen Wirkung zu ermöglichen.

5.8.2 VERIFY

VERIFY steht in diesem Zusammenhang für „Verursacheridentifizierung von marinen Gewässerverunreinigungen durch hochviskose persistente aufschwimmende Produkte mit dem Fokus auf Paraffinen“. Weltweit werden Paraffine als flüssiges Massengut per Schiff transportiert und gelangen aufgrund von aktuell legalen Tankreinigungen in die Meeresumwelt. Bei Paraffinen handelt es sich um aufschwimmende Mineralölprodukte, die vielen als Wachse bekannt sind. Die Transporte und die darauffolgenden Einleitungen der Waschwässer nehmen stetig zu. Paraffin hat Öl als größten Verschmutzer der Nord- und Ostsee-Küsten abgelöst. Mittlerweile wird davon ausgegangen, dass fast zwei Drittel der Verschmutzungen durch Paraffin entstehen. Die wachsartige Masse ist nicht giftig, kann aber das Gefieder von Vögeln verkleben. Derzeit ist es noch erlaubt, Paraffintanks auf hoher See zu spülen.

Die Bestrebung vieler Anrainerstaaten von Nord- und Ostsee bestehen darin, dass die Einleitung solcher Stoffe in die Meeresumwelt in Zukunft stärker beschnitten oder strafbar sein soll.

Um den Paraffinverschmutzungen eindeutige Verursacher zuordnen zu können, müssen bisher analytisch abgesicherte Verfahren entwickelt werden, durch die eine Beschränkung oder ein Verbot gewährleistet werden kann.

Die Ziele, die mit dem Projekt VERIFY erreicht werden sollen, sind:

- die Ermittlung von Eintragswegen und -mengen von Paraffinen in die Meeresumwelt,
- die detaillierte chemisch-analytische Charakterisierung der am Strand angespülten Paraffine und ihr Vergleich mit Ladungsproben,
- die Identifikation spezifischer stofflicher Merkmale (Marker), zur eindeutigen Zuordnung möglicher Schiffsladungen,
- die Entwicklung entsprechender chemisch-analytischer Methoden und
- die Erweiterung der Stoffdatenbank und Entwicklung von statistischen Methoden.

5.8.3 SWS

Das Projekt Scrubber Washwater Survey (Auswirkungen von Waschwasser aus Abgasreinigungsanlagen bei Seeschiffen auf die Meeresumwelt, SWS) hat zum Ziel, den Einsatz von Abgasreinigungsanlagen auf Seeschiffen besser bewerten zu können. Wenn umfassendere Informationen zum Einsatz dieser Technik vorliegen, werden außerdem die europäischen und internationalen Regelungen angepasst und verbessert.

Die Maßnahmen, die innerhalb des Projektes durchgeführt werden sollen, umfassen folgende Tätigkeiten:

- die Bestandsaufnahme über den Einsatz von Schiffsabgasreinigungstechniken zur Schwefelminderung in der Seeschifffahrt;
- die Erhebung von Informationen über die zu erwartenden Waschwassermengen und damit die Bereitstellung von Grundlagen für den Ausbau und die Weiterentwicklung der Technik;
- die Untersuchungen des Waschwassers zur detaillierten Benennung der Inhalts-/Schadstoffgehalte;
- die Erhebung von Informationen für eine ökotoxikologische Bewertung der Waschwässer, Durchführung von Messungen in der Meeresumwelt, um Auswirkungen des Einsatzes dieser Technik auf die Umwelt nachzuweisen;
- die Durchführung von (mesoskaligen) Ausbreitungsmodellierungen zum Eintrag des Waschwassers in die Wassersäule, um eine verbesserte Einschätzung ihrer räumlichen Wirkung zu ermöglichen.

Es werden durch das Projekt SWS im Weiteren die nationalen Bestrebungen zur Umsetzung der Meeresstrategie-Rahmenrichtlinie (MSRL) durch die Untersuchung neuer Eintragspfade von Schadstoffen (Scrubber-Waschwasser) unterstützt.

5.8.4 MesMarT

Das Projekt MesMarT (Messung von Schiffsemissionen in der marinen Troposphäre) ist Forschungsprojekt des Instituts für Umweltphysik der Universität Bremen, gefördert durch das Bundesamt für Seeschifffahrt und Hydrografie. Die definierten Ziele des Projektes sind in folgenden Fragestellungen als Forschungsauftrag beschrieben:

- Welche Messmethoden eignen sich zur Erfassung der Schiffsemissionen?
- Welchen Einfluss haben Schiffsemissionen auf die Luftqualität?
- Wie effektiv sind langfristig die gültigen und zukünftigen Regulierungen?
- Wie kann die Einhaltung emissionsmindernder Regelungen effektiv überwacht werden?

Beschriebene Fernerkundungsmethoden ermöglichen durch das MesMarT-Verfahren die NO_2- und SO_2-Messungen unabhängig von der Windrichtung sowie Informationen über die Ausbreitung der Abgaswolke.

5.8.5 LUWAS

Um die Emissionen aus dem Abgas der Schiffsmotoren und die in Wasserstraßennähe zu erwartende Luftbelastung zu quantifizieren, ist das Berechnungsverfahren LUWAS (Luftqualität an Bundeswasserstraßen zur Ermittlung der schifffahrtsbedingten Luftschadstoffbelastung) entwickelt worden.

Durch LUWAS können die Luftschadstoffemissionen mithilfe der Flottenstatistik einer Wasserstraße ermittelt werden, und dabei werden Schiffstyp, Schiffsgeschwindigkeit, Auspuffhöhe, Wasserstraßentyp und Fahrmanöver wie Fahrt auf freier Strecke zu Berg oder zu Tal, Schleusenfahrt oder Liegestellennutzung berücksichtigt. Die Berechnung der Immissionen erfolgt mit einem Gauß-Fahnen-Modell. In die Berechnungen dieses mathematischen Modells fließen die Windstatistik, die Geländerauigkeit und die Stabilität der atmosphärischen Grenzschicht ein.

Eine Belastung der Umwelt ist dann aus der Gesamtimmission (alle weiteren Quelle plus Schiffsanteil) in Verbindung mit den gesetzlichen Richtwerten abzuleiten.

5.8.6 CLINCH

Im Rahmen des EU-geförderte Projektes CLINCH (Clean Inland Shipping Project) wurden Messungen zur Luftqualität in den Binnenhäfen wie Bonn, Düsseldorf und Duisburg durchgeführt und über einen Zeitraum von zwei Jahren ausgewertet.

Die Binnenschifffahrt hat demnach keinen flächendeckenden Einfluss auf die Stickstoffdioxid-Belastung in Innenstädten, sodass direkt nachweisbare Wirkungen dieser zum Teil hohen NO_2-Emissionen auf die Flussnähe beschränkt sind.

Die mittlere NO_2-Zusatzbelastung, die durch die NO_x-Emission der Binnenschifffahrt auf Mittel- und Niederrhein verursacht wird, nimmt überproportional und sehr schnell mit Entfernung von der Fahrrinne ab. In einer Entfernung von 200 m vom Ufer liegt sie bereits unter 5 µg/m^3. Daher ist an Uferpromenaden von Städten wie Köln oder Düsseldorf davon auszugehen, dass die Binnenschiffe dort erheblich zur NO_2-Belastung beitragen.

Teil III

Umweltrecht in der Schifffahrt

6 Anwendung internationalen und europäischen Rechts

Inhaltsverzeichnis

Schifffahrtsrecht und öffentliches Seerecht als Teil des öffentlichen Rechts unterliegen der Systematik des Normenrechts in Deutschland. Gleichzeitig finden sich hierin auch sämtliche Teile der hierarchischen Anwendung internationalen und nationalen Rechts wieder.

Die Rechtsanwendungen in Deutschland sind sehr stark von den internationalen und europäischen Rechtssetzungen abhängig, die durch das Grundgesetz den deutschen Gesetzen gleichgestellt sind (z. B. europäische Verordnungen) oder über diesen stehen (Völkerrecht). Grundsätzlich müssen in Deutschland diese Rechtsnormen angewandt oder in nationales Recht umgesetzt (transformiert) werden.

Gerade das Umweltrecht im Bereich der Schifffahrt ist von internationalen Verträgen und europäischen Verordnungen oder Richtlinien geprägt. Zum Verständnis dieser Anwendungserfordernisse und damit auch der Gesamtheit der umweltrechtlichen Regelungsbefugnisse ist es notwendig, das System der Anwendung dieses übernationalen Rechts zu verstehen. Der Gesetzgeber hat im Einklang mit internationalen Rechtsetzungen im deutsche Strafgesetzbuch Regelungen eingefügt, die die Ahndung auf das Ausland zulässt.

U. Jacobshagen, *Green Shipping – Schiffsbetrieb und Umweltschutz*,
https://doi.org/10.1007/978-3-658-46807-1_6

6.1 Gesamtrechtsordnung

Die gesamte Rechtsordnung in Deutschland wird unterteilt in

- öffentliches Recht und
- Privatrecht.

Das Privatrecht, das stets innerstaatliches Recht darstellt, setzt sich zusammen aus dem bürgerlichen Recht (BGB) und dem übrigen Zivilrecht, z. B. Handels- und Gesellschaftsrecht. Dazu gehört auch das private Seerecht, z. B. Seehandelsrecht.

Das öffentliche Recht unterteilt sich in innerstaatliches öffentliches Recht und über- und zwischenstaatliches Recht (insbesondere Europarecht). Dazu gehören das Völkerrecht, z. B. das Seerechtsübereinkommen der Vereinten Nationen, und supranationales Recht.

Innerstaatliches öffentliches Recht umfasst im Wesentlichen das Verfassungsrecht, das Verwaltungsrecht (allgemeiner und besonderer Teil), das Strafrecht, das Gerichtsverfassungs- und Prozessrecht, das Kirchenrecht sowie sonstiges Recht, z. B. Steuer- oder Sozialversicherungsrecht.

Im Bereich des sonstigen öffentlichen Rechts ist auch das Schifffahrtsrecht angesiedelt, aber auch andere Teile des öffentlichen Rechts werden vom Schifffahrtsrecht im Weiteren tangiert (z. B. § 315a StGB – Gefährdung des Bahn-, Schiffs- und Luftverkehrs oder § 8 SeeAufgG).

In Art. 20 Abs. 3 GG wird normiert, dass die Gesetzgebung an die verfassungsmäßige Ordnung, die vollziehende Gewalt und die Rechtsprechung an Gesetz und Recht gebunden sind. Das bedeutet zunächst, dass der Gesetzgeber keine Gesetze wirksam erlassen kann, die gegen das Grundgesetz verstoßen. Das Verfassungsrecht ist demnach die oberste Stufe der innerstaatlichen Normenhierarchie.

Aus Art. 20 Abs. 3 GG folgt zudem, dass untergesetzliche Normen, die von der Verwaltung erlassen werden, nicht gegen die Gesetze verstoßen dürfen. Rechtsverordnungen und Satzungen stehen also im Rang unterhalb der formellen Parlamentsgesetze.

Normen, die gegen höherrangiges Recht verstoßen, sind somit grundsätzlich nichtig. Die verschiedenen Rechtsquellen stehen nicht unvermittelt nebeneinander. Sie werden nach Art einer Hierarchie im Verhältnis zueinander geordnet. Grund hierfür ist, dass derselbe Sachbereich von verschiedenen Gesetzgebern gleichzeitig geregelt worden sein kann. Dann stellt sich die Frage, welche Rechtsnorm Anwendung findet.

Dabei unterscheidet man grundsätzlich zwischen dem *Geltungs- und dem Anwendungsvorrang*:

- Der Geltungsvorrang beschreibt die im Sinne einer Über- und Unterordnung entworfene Reihenfolge, in der die Rechtsnormen im Verhältnis zueinanderstehen sollen. So handelt es sich beispielsweise beim Verfassungsrecht im Verhältnis zum förmlichen Gesetz, aber auch gegenüber einer autonomen Satzung (einer Gemeinde oder einer Körperschaft) um „höherrangiges Recht", und es gilt, dass das niederrangige Recht mit dem höherrangigen zu vereinbaren sein muss.

- Der Anwendungsvorrang hingegen bestimmt, dass eine Rechtsnorm im Verhältnis zu einer anderen vorrangig anzuwenden sei; die Geltung der nicht anzuwendenden Norm wird hiervon nicht berührt. Beide Normen gelten innerhalb des Bereichs, für den sie wirksam in Kraft gesetzt worden sind, weiter; diejenige Norm, der ein Anwendungsvorrang zukommt, verdrängt die andere Norm nur hinsichtlich ihrer Anwendbarkeit. Anwendungsvorrang genießt etwa europäisches Gemeinschaftsrecht im Verhältnis zu mitgliedstaatlichem Recht: Steht eine Norm des mitgliedstaatlichen Rechts im Widerspruch zu einer Norm des Gemeinschaftsrechts, so darf das mitgliedstaatliche Gericht die mitgliedstaatliche Norm nicht anwenden. Es muss den Fall anhand der gemeinschaftsrechtlichen Regelung entscheiden.

Im Rahmen der bundesstaatlichen Kompetenzordnung ist mit Blick auf die Rechtsetzung zunächst entscheidend, wem durch das Grundgesetz die Gesetzgebungskompetenz im Bundesstaat zugewiesen worden ist (Art. 70 ff. GG). Liegt sie beispielsweise beim Bund – entweder weil der Bund über die ausschließliche Gesetzgebungskompetenz verfügt oder weil er von seinem Recht zur konkurrierenden Gesetzgebung Gebrauch gemacht hat –, können die Länder gem. Art. 72 GG durch Gesetz hiervon abweichende Regelungen treffen über:

1. das Jagdwesen (ohne das Recht der Jagdscheine);
2. den Naturschutz und die Landschaftspflege (ohne die allgemeinen Grundsätze des Naturschutzes, das Recht des Artenschutzes oder des Meeresnaturschutzes);
3. die Bodenverteilung;
4. die Raumordnung;
5. den Wasserhaushalt (ohne stoff- oder anlagenbezogene Regelungen);
6. die Hochschulzulassung und die Hochschulabschlüsse.

Auf diesen Gebieten geht im Verhältnis von Bundes- und Landesrecht das jeweils spätere Gesetz vor. Im Übrigen ist das Rangverhältnis zwischen Rechtsnormen des Bundes und der Länder im Sinne des Geltungsvorrangs durch Art. 31 GG bestimmt:

Bundesrecht bricht Landesrecht
Wegen der umfassenden Regelung der Gesetzgebungskompetenzen in den Art. 70 ff. GG erschöpft sich die Bedeutung dieser Vorschrift darin, die Rangordnung des Bunderechts im Verhältnis zum Landesrecht zu bestimmen.

Die Rechtsquellen können demnach im Überblick leicht vereinfachend folgendermaßen geordnet werden:

- Bundesrecht
  - Verfassungsrecht: Grundgesetz
  - förmliches (Parlaments-)Gesetz
  - materielles Gesetz (Rechtsverordnung der Bundesregierung und deren Ministerien gem. Art. 80 GG; Satzung einer Anstalt oder Körperschaft des Bundesrechts)

- Landesrecht
  - Landesverfassungsrecht
  - förmliches (Parlaments-)Gesetz
  - materielles Gesetz (Rechtsverordnung der Landesregierung; Satzung einer Anstalt oder Körperschaft des Landesrechts einschließlich kommunaler Satzungen).

Der Umweltschutz ist bereits seit 1994 in Deutschland als verfassungsrechtliches Staatsziel definiert. Staatsziele sind, laut einer Definition der Sachverständigenkommission „Staatsziele – Gesetzgebungsaufträge", Verfassungsnormen mit rechtlich bindender Wirkung.

Als „Richtlinie und Direktive des staatlichen Handelns" bezeichnete sie einmal der Jurist Werner Hoppe in der im Jahr 2000 erschienenen Publikation „Umweltrecht".[1] Einklagbar sind Staatsziele, anders als Grundrechte, allerdings nicht. Adressaten des Staatsziels Umweltschutz sind nach Art. 20a GG die Legislative also der Gesetzgeber und, nach Maßgabe von Gesetz und Recht, auch die vollziehende Gewalt und die Rechtsprechung. Somit richtet sich der Art. 20a GG an die staatliche Gewalt:

▶ **Art. 20 (2) GG** Alle Staatsgewalt geht vom Volke aus. Sie wird vom Volke in Wahlen und Abstimmungen und durch besondere Organe der Gesetzgebung, der vollziehenden Gewalt und der Rechtsprechung ausgeübt.

Für das Umweltrecht von besonderer Bedeutung war die Neuverteilung der Gesetzgebungskompetenzen für den Umweltschutz durch die Ergebnisse der Föderalismusreform I und dem daraus resultierenden „Gesetz zur Änderung des Grundgesetzes" (BGBl. 2006 Teil I Nr. 41, S. 2034). Bis zur Reform verteilte das Grundgesetz die Gesetzgebungskompetenzen des Bundes für den Umweltschutz auf verschiedene, meist nicht umweltspezifische Kompetenztitel. Sie unterfielen entweder der konkurrierenden oder der Rahmengesetzgebungskompetenz des Bundes. Eine umfassende und einheitliche Regulierung war dem Bund daher oft nicht möglich. Im Rahmen der konkurrierenden Gesetzgebungskompetenz (zum Beispiel Abfallwirtschaft) konnte er nur dann Regelungen schaffen, wenn er nachweisen konnte, dass es einer bundeseinheitlichen Regelung bedurfte, sog. Erforderlichkeitsklausel.

Die Rahmengesetzgebungskompetenz (zum Beispiel zum Wasserhaushalt) beschränkte ihn auf Rahmenregelungen, die die Länder ausfüllen durften.[2] Die Föderalismusreform I hat die Kompetenzlage des Bundes im Bereich der Umweltpolitik verbessert:

- Der Übergang einiger Umweltrechtsmaterien von der abgeschafften Rahmengesetzgebungskompetenz in die konkurrierende Gesetzgebungskompetenz ermöglicht dem Bund in diesen Bereichen Vollregelungen.

---

[1] Hoppe/Beckmann/Kauch, Umweltrecht, 2. Auflage, 2000.

[2] https://www.umweltbundesamt.de/themen/nachhaltigkeit-strategien-internationales/umweltrech7/umweltverfassungsrecht/deutsches-umweltverfassungsrecht.

- Für bestimmte Materien der konkurrierenden Gesetzgebung schaffte der Reformgeber das Kriterium der Erforderlichkeit aus Artikel 72 Absatz 2 Grundgesetz ab. Diese Erforderlichkeitsklausel hatte in der Vergangenheit einheitliche Regelungen des Bundes erschwert.
- Dieser Rechtfertigungszwang ist für wichtige Umweltbereiche (Luftreinhaltung, Lärmbekämpfung, Abfallwirtschaft, Materien der früheren Rahmengesetzgebung) entfallen.
- Zwar unterfallen einige der vom Bund regelbaren Umweltrechtsmaterien der Abweichungsgesetzgebung der Länder (Artikel 72 Absatz 3 Grundgesetz, zum Beispiel Wasserhaushalt, Naturschutz und Landschaftspflege, Raumordnung). Wichtige Bereiche sind jedoch davon ausgenommen (zum Beispiel stoff- oder anlagenbezogene Regelungen beim Wasserhaushalt).
- Die zentralen Umweltbereiche Abfall und Luftreinhaltung unterfallen weder der Abweichungsgesetzgebung noch der Erforderlichkeitsklausel, sodass der Bund hier frei regeln kann.[3]

Den Begriff oder gar eine Definition „Umwelt" fügte der Gesetzgeber nicht in das Grundgesetz ein. Die Föderalismusreform I hatte dem Bund die Möglichkeit gegeben, ein Umweltgesetzbuch zu schaffen. Der Bundesgesetzgeber kann für alle Umweltrechtsmaterien Vollregelungen schaffen, von denen die Länder allerdings nachträglich in bestimmten Bereichen abweichen können.

Der in der 16. Legislaturperiode erarbeitete Entwurf eines UGB wurde allerdings nicht ins Gesetzgebungsverfahren eingebracht. Trotz intensiver Abstimmung der Entwürfe mit allen maßgeblichen Akteuren konnte sich die Bundesregierung nicht auf einen gemeinsamen Entwurf einigen.[4] Stattdessen haben Bundestag und Bundesrat Teile der ursprünglich im UGB vorgesehenen Vorschriften als Einzelgesetze verabschiedet. Damit werden die Anforderungen im Wasser- und Naturschutzrecht bundesweit vereinheitlicht.

Darüber hinaus wurde das Gesetz für den Schutz vor nichtionisierender Strahlung (NiSG) sowie ein Rechtsbereinigungsgesetz Umwelt (RGU) geschaffen.[5] Es wurden vier sogenannte UGB-Nachfolgegesetze in das parlamentarische Gesetzgebungsverfahren eingebracht. Es handelt sich um

- das Gesetz zur Rechtsbereinigung im Umweltrecht,
- das Gesetz zur Neuregelung des Wasserrechts,
- das Gesetz zur Ablösung des Bundesnaturschutzgesetzes und
- das Gesetz zur Regelung des Schutzes vor nichtionisierenden Strahlen.

[3] https://www.umweltbundesamt.de/themen/nachhaltigkeit-strategien-internationales/umweltrecht/umweltverfassungsrecht/deutsches-umweltverfassungsrecht.

[4] ebenda.

[5] ebenda.

Das Wasserhaushaltsgesetz, dass zur Grundgesetzänderung 2006 als Rahmengesetz des Bundes fungierte, wurde mit der Ausfertigung vom 31.07.2009 neu geregelt. Gleichzeitig dient es nationaler Umsetzung mehrerer europäischer Richtlinien, u. a.

- zum Schutz des Grundwassers,
- der Behandlung kommunaler Abwässer und
- der Vermeidung und Sanierung von Umweltschäden.

Bis zur Änderung des Grundgesetzes auf Grundlage der Ergebnisse der Föderalismuskommission I waren in Art. 75 GG die Rahmengesetzgebung des Bundes vorgesehen.

Rahmengesetze waren Bundesgesetze, die nur die wesentlichen Grundzüge eines Regelungsinhalts enthielten und die Detailregelungen der Gesetzgebung der einzelnen Länder überließen.

Seit dem 01. September 2006 sind die Regelungsmaterien zum Teil in die ausschließliche oder konkurrierende Gesetzgebung des Bundes überführt worden und zum anderen Teil den Ländern zugefallen. Der Art. 75 GG enthielt als Rahmengesetzgebungskompetenz des Bundes in Punkt 4 das Jagdwesen, die Raumordnung und den Wasserhaushalt und somit das Wasserhaushaltsgesetz.

Nach der Grundgesetzänderung 2006 und dem Wegfall des Art. 75 ist das Wasserhaushaltsgesetz ein Gesetz der konkurrierenden Gesetzgebung des Bundes.

Art. 72 GG

(1) Im Bereich der konkurrierenden Gesetzgebung haben die Länder die Befugnis zur Gesetzgebung, solange und soweit der Bund von seiner Gesetzgebungszuständigkeit nicht durch Gesetz Gebrauch gemacht hat.
(3) Hat der Bund von seiner Gesetzgebungszuständigkeit Gebrauch gemacht, können die Länder durch Gesetz hiervon abweichende Regelungen treffen über:
1.–4. …
5. den Wasserhaushalt (ohne stoff- oder anlagenbezogene Regelungen)
6. …

Die konkurrierende Gesetzgebung erstreckt sich gemäß Art. 74 GG neben dem Wasserhaushalt, den Naturschutz und die Landschaftspflege, die Bodenverteilung und die Raumordnung auch auf die Abfallwirtschaft, die Luftreinhaltung und die Lärmbekämpfung (ohne Schutz vor verhaltensbezogenem Lärm) und vor allem die Hochsee- und Küstenschifffahrt sowie die Seezeichen, die Binnenschifffahrt, den Wetterdienst, die Seewasserstraßen und die dem allgemeinen Verkehr dienenden Binnenwasserstraßen. Im Bereich des Wasserhaushalts wurden die Regelungen der Rahmengesetzgebung auf dem Gebiet des Gemeingebrauchs in die neu geschaffenen verfassungsrechtlichen Regelungen übernommen. Beispielhaft dafür steht die Formulierung des § 25 WHG und der Hinweis auf die Anwendung der landesrechtlichen Regelungen.

6.2 Grundgesetz und Völkerrecht

Das Grundgesetz bietet gleich zwei Möglichkeiten, internationale Regeln des Völkerrechts in Deutschland anzuwenden. Zunächst muss die Frage geklärt werden, was unter dem Begriff „Völkerrecht" verstanden wird:

▶ **Definition Völkerrecht** Völkerrecht bezeichnet die durch Vertrag oder Gewohnheitsrecht begründeten Rechtssätze, die im Frieden und Krieg die Rechte und Pflichten, die Beziehungen und den Verkehr der Staaten und der sonstigen Rechtssubjekte des Völkerrechts untereinander regeln.[6]

Das Völkerrecht verfügt grundsätzlich weder über eine obligatorische Gerichtsbarkeit (Abhängigkeit der Zuständigkeit völkerrechtlicher Gerichte von der Anerkennung der Parteien) noch entsprechende Exekutivorgane, die das Recht durchsetzen können. Das Völkerrecht umfasst zahlreiche Spezialgebiete (z. B. das See-, Luft- und Raumfahrtrecht). Zum Völkerrecht gehören nicht das internationale Privatrecht, das internationale Strafrecht (wird begrifflich z. T. auch für völkerrechtliche Strafnormen verwendet) und das internationale Verwaltungsrecht.

Diese Rechtsgebiete, die als Kollisionsrecht bzw. Conflict of Laws bezeichnet werden, sind Bestandteil des nationalen Rechts und grenzen bei Vorliegen eines internationalen Sachverhalts ab, welches nationale Recht zur Anwendung kommt.

▶ **Art. 25 GG - Anwendung des Völkerrechts in Deutschland** Die allgemeinen Regeln des Völkerrechts sind nach Art. 25 GG Bestandteil des innerstaatlichen Rechts und erzeugen Pflichten und Rechte unmittelbar für jeden Staatsbürger.[7]

Das Verhältnis zwischen Völkerrecht und nationalem Recht lässt sich nur aus der Sicht der jeweiligen staatlichen Rechtsordnung beantworten. Monismus (Völkerrecht und nationales Recht bilden eine einheitliche Ordnung) und Dualismus (Völkerrecht und nationales Recht sind völlig getrennte Rechtsordnungen) stellen zwei theoretische Extreme dar, die in der Praxis nirgends in Reinform anzutreffen sind.

Die Frage, ob eine völkerrechtliche Norm vom innerstaatlichen Rechtsanwender zu beachten ist, entscheidet sich allein danach, ob das jeweilige innerstaatliche Recht einen Umsetzungsakt verlangt oder nicht.

---

[6] Recht A-Z Fachlexikon für Studium, Ausbildung und Beruf, Bundeszentrale für politische Bildung, Bd. 1563, 3. Aufl., Bonn 2015, S. 507.

[7] Alpmann Brockhaus Fachlexikon Recht, 2012, S. 1481.

Allgemein lässt sich jedoch sagen, dass die innerstaatliche Anwendung von Völkerrecht eigentlich in allen Rechtsordnungen eine bestimmt genug formulierte Norm voraussetzt, die nicht nur an Staaten adressiert ist.

In Deutschland sind gem. Art. 25 S. 1 GG Völkergewohnheitsrecht und allgemeine Rechtsprinzipien unmittelbar anwendbar und stehen über den Bundesgesetzen.

Völkervertragsrecht bedarf jedoch der Transformation, die in der Regel mit der innerstaatlichen Ratifikation (Vertragsgesetz nach Art. 59 Abs. 2 GG) zusammenfällt, und steht auf dem Rang eines Bundesgesetzes. Erfasst werden sollen hierdurch Verträge, welche die Existenz des Staates, seine territoriale Integrität, seine Unabhängigkeit, seine Stellung oder sein maßgebliches Gewicht in der Staatengemeinschaft berühren. Dazu gehören namentlich Bündnisse, Garantiepakte, Abkommen über politische Zusammenarbeit, Friedens-, Nichtangriffs-, Neutralitäts- und Abrüstungsverträge. Andere völkerrechtliche Verträge bedürfen der von Art. 59 Abs. 2 GG geforderten Zustimmung nicht.

Nach deutschem Recht ist vor Ratifikation ein Vertragsgesetz gem. Art. 59 Abs. 2 GG erforderlich, wenn ein internationales Übereinkommen die politischen Beziehungen des Bundes regelt oder sich auf Gegenstände der Bundesgesetzgebung bezieht. Eines förmlichen Gesetzes bedarf es jedoch dann nicht, wenn der Inhalt des Übereinkommens national auch durch Rechtsverordnung geregelt werden kann. Soweit eine entsprechende Verordnungsermächtigung vorhanden ist, liegt eine antizipierte Zustimmung des Gesetzgebers vor. Voraussetzung ist, dass der Regelungsgehalt einer Verordnungsermächtigung auch das Inkraftsetzen internationaler Übereinkommen beinhaltet; man spricht von einer sog. auslandsbezogenen Ermächtigung. Das ist dann der Fall, wenn ausdrücklich in der Ermächtigungsnorm das Inkraftsetzen internationaler Vereinbarungen angesprochen wird. Ausreichend ist aber auch, wenn die Ermächtigungsnorm inhaltlich die Regelungssachverhalte internationaler Vereinbarungen erfasst.

Eine solche Ermächtigung ergibt sich z. B. für SOLAS 74/88 aus § 9 Abs. 1 SeeAufgG. Dabei ist die auslandsbezogene Ermächtigung in § 9 Abs. 1 Nr. 7 SeeAufgG nur erforderlich, soweit die internationalen Regelungen nicht bereits von der inhaltlichen Ermächtigung des § 9 Abs. 1 Nr. 2 bis 5 SeeAufgG erfasst werden. Angesichts dieser Ermächtigung fehlt es an einem Vertragsgesetz zu SOLAS 74/88. Vielmehr ist die Ratifikation nach Erlass einer Rechtsverordnung erfolgt, die das Inkrafttreten des Übereinkommens regelt (Verordnung vom 11.01.1979, BGBl. II S. 141 und vom 26.03.1980, BGBl. II S. 525). Ergänzend enthält § 9c SeeAufgG eine Verordnungsermächtigung zur Durchführung und Umsetzung von Rechtsakten der Europäischen Gemeinschaft und von internationalen Verpflichtungen.[8]

Völkerrecht in Form von internationalen Schifffahrtsübereinkommen wie SOLAS 74/88, MARPOL 73/78, London 69, dem STCW-Übereinkommen 95, dem Freibordübereinkommen 66/88 und dem Seearbeitsübereinkommen unterliegen der Umsetzungsverpflichtung des deutschen Gesetzgebers. Neben den Transformations-

[8] http://www2.jura.uni-hamburg.de/issr/lehrangebot/ehlers.htm.

gesetzen zu den internationalen Verträgen enthalten die Umsetzungsgesetze wie das Schiffssicherheitsgesetz (SchSG). Rechtsnormen für die innerstaatliche Anwendung und direkte oder indirekte (durch Verordnungen, z. B. SchSV) Ahndungsmöglichkeiten (vgl. Art. 80 GG).

In der Frage, ob eine internationale Schifffahrtsregel direkt allgemeine Regel des Völkerrechts wird, hat im Falle eines Rechtsstreites gem. Art. 100 Abs. 2 GG das Bundesverfassungsgericht die Entscheidung zu fällen. Die Aufgabe dieses höchsten deutschen Gerichtes ergibt sich aus § 83 BVerfGG.

6.3 Gesetzesrang von internationalen Verträgen

Das Recht der Europäischen Gemeinschaft wird meist als Gemeinschaftsrecht bezeichnet. Der Begriff Unionsrecht oder EU-Recht wird teilweise wegen der Verbindung der EG mit der EU durch den EU-Vertrag auch für das Gemeinschaftsrecht verwendet. Wegen der Trennung von EU und EG wurde aber andererseits auch zwischen Gemeinschaftsrecht und Unionsrecht im engeren Sinne unterschieden. Seit der Fusion von EG und EU durch den Vertrag von Lissabon 2009 erhielten Rechtsakte formal die Bezeichnung der EU. Ältere Rechtsakte behalten in ihrem amtlichen Kürzel allerdings die Kennzeichnung als EG-Rechtsakte bei. So hat die Dublin-II-Verordnung von 2003 etwa das Kürzel Verordnung (EG) Nr. 343/2003.

Das europäische Primärrecht (erstes bzw. Ursprungsrecht) besteht in erster Linie aus den Verträgen und sonstigen Vereinbarungen mit einem vergleichbaren Rechtsstatus.

Rechtsakte des Primärrechts sind Vereinbarungen, die unmittelbar zwischen den Regierungen der Mitgliedstaaten ausgehandelt werden. Diese Vereinbarungen erhalten die Form von Verträgen, die von den nationalen Parlamenten ratifiziert werden müssen. Das gleiche Verfahren gilt für spätere Änderungen der Verträge. Die Gründungsverträge der Europäischen Gemeinschaften wurden mehrfach geändert, namentlich durch

- die Einheitliche Europäische Akte (1986),
- den Vertrag über die Europäische Union – Vertrag von Maastricht (1992),
- den Vertrag von Amsterdam (1997),
- den Vertrag von Nizza (2001),
- den Vertrag von Lissabon (2007).

Die Verträge legen auch die Rolle und Zuständigkeit der am Beschlussfassungsverfahren beteiligten Organe und Einrichtungen sowie die Legislativ-, Exekutiv- und Rechtsprechungsverfahren des Gemeinschaftsrechts fest. Der Vertrag zur Gründung der Europäischen Gemeinschaft (EG-Vertrag; kurz: EGV oder EG) ist durch Art. 2 des Vertrags von Lissabon mit Wirkung zum 1.12.2009 in Vertrag über die Arbeitsweise der Europäischen Union (AEUV) umbenannt worden.

Das Sekundärrecht (vom Primärrecht abgeleitetes Recht) baut auf den Verträgen auf und wird mithilfe unterschiedlicher Verfahren, die in einzelnen Vertragsartikeln festgelegt sind, erlassen. In den Verträgen zur Gründung der Europäischen Gemeinschaften sind folgende Rechtsakte im Art. 249 AEUV vorgesehen:

- Verordnungen sind unmittelbar gültig und in allen EU-Mitgliedstaaten rechtlich verbindlich, ohne dass es einer Umsetzung in nationales Recht bedürfe;
- Richtlinien binden die Mitgliedstaaten im Hinblick auf die innerhalb einer bestimmten Frist zu erreichenden Ziele; Richtlinien müssen entsprechend den einzelstaatlichen Verfahren in nationales Recht umgesetzt werden;
- Entscheidungen und Beschlüsse;
- Empfehlungen und Stellungnahmen.

▶ **Art. 23 GG - Entwicklung der Europäischen Union** Zur Verwirklichung eines vereinten Europas wirkt die Bundesrepublik Deutschland bei der Entwicklung der Europäischen Union mit, die demokratischen, rechtsstaatlichen, sozialen und föderativen Grundsätzen und dem Grundsatz der Subsidiarität verpflichtet ist und einen diesem Grundgesetz im Wesentlichen vergleichbaren Grundrechtsschutz gewährleiste.[9]

Die Anwendung von Europarecht als nationales Recht nach Art. 6 EUV (Primärrecht) und Art. 249 AEUV (Sekundärrecht) erfolgt als

- EU-Verordnung, die zwingend im Mitgliedsstaat umgesetzt muss,
- EU-Richtlinie, die durch eine Rechtsetzung des Mitgliedsstaates umgesetzt wird oder
- Entscheidung, Beschlüsse, Empfehlungen und Stellungnahmen.

6.4 Umwelthaftungsgesetz (UmwHG)

In der Bundesrepublik Deutschland gilt das Umwelthaftungsgesetz (UmweltHG), das im Jahr 1991 in Kraft getreten ist. Durch das UmweltHG wurde eine umfassende Gefährdungshaftung eingeführt. Das bedeutet, dass der Betreiber einer Anlage für Schäden an Personen und Sachen auch dann haftet, wenn ihn kein Verschulden trifft.

Als Anlagen i. S. d. UmwHG kommen im Rahmen der Schifffahrt ausschließlich Anlagen zur Herstellung von Schiffskörpern oder -sektionen aus Metall mit einer Länge von 20 m oder mehr infrage. Das Gesetz bestimmt, dass sich die Betreiber bestimmter Anlagen um eine Deckungsvorsorge kümmern müssen, damit sie ihren gesetzlichen Verpflichtungen im Fall eines Schadens nachkommen können. Der § 15 UmweltHG sieht allerdings eine Haftungshöchstgrenze vor, die die Unternehmen vor dem wirtschaftlichen Ruin schützen soll.

[9] Art. 23 GG [Europa-Angelegenheiten].

Der Ersatzpflichtige haftet für Tötung, Körper- und Gesundheitsverletzung insgesamt nur bis zu einem Höchstbetrag von 85 Mio. € und für Sachbeschädigungen ebenfalls insgesamt nur bis zu einem Höchstbetrag von 85 Mio. €, soweit die Schäden aus einer einheitlichen Umwelteinwirkung entstanden sind. Übersteigen die mehreren aufgrund der einheitlichen Umwelteinwirkung zu leistenden Entschädigungen die in Satz 1 bezeichneten jeweiligen Höchstbeträge, so verringern sich die einzelnen Entschädigungen in dem Verhältnis, in dem ihr Gesamtbetrag zum Höchstbetrag steht. Grundsätzlich soll keine Ersatzpflicht eintreten, wenn der Schaden durch höhere Gewalt verursacht wurde.

Internationale Übereinkommen und Verträge

7

Inhaltsverzeichnis

Gerade das internationale Schifffahrtsrecht, und damit auch das Recht zur Reinhaltung der Meere, ist durch internationale Verträge zwischen den Seefahrtsstaaten geprägt.

7.1 Das Seerechtsübereinkommen der Vereinten Nationen

Das internationale Seerecht oder Seevölkerrecht (International Law of the Sea) fasst alle auf das Meer bezogenen Rechtsnormen zusammen, die zwischen verschiedenen Staaten gelten. Es beinhaltet nicht nur Regelungen zur Abgrenzung oder Nutzung der Meeresgebiete, sondern auch Vorgaben zum Schutz und zur Erforschung der Ozeane. Andere Bereiche hingegen bleiben ausgeklammert, so etwa das nationale Seerecht, das sich beispielsweise mit der Ordnung der Häfen beschäftigt, oder das Seehandelsrecht (Maritime

U. Jacobshagen, *Green Shipping – Schiffsbetrieb und Umweltschutz*,
https://doi.org/10.1007/978-3-658-46807-1_7

Law), das in Deutschland vorwiegend im Handelsgesetzbuch verankert ist und etwa die Güterbeförderung regelt.

Das Seerechtsübereinkommen der Vereinten Nationen (SRÜ, United Nations Convention on the Law of the Sea, UNCLOS) ist ein internationales Abkommen des Seevölkerrechts, das am 10. Dezember 1982 in Montego Bay (Jamaika) geschlossen wurde. Es trat am 16. November 1994, ein Jahr nach Hinterlegung der 60. Ratifikationsurkunde, in Kraft.

Das Übereinkommen regelt die gesamte Nutzung der Weltmeere und somit auch die Rechtsstellung der Gewässerteile, die nominell keiner Hoheitsgewalt unterliegen (Hohe See, ausschließliche Wirtschaftszone, Anschlusszone).

Seit 1949 wurde innerhalb der Vereinten Nationen über das Seerecht beraten. Es wurden mehrere Verträge zu einzelnen Themen wie z. B. dem Verbot der Stationierung nuklearer Waffen auf dem Meeresboden (Meeresboden-Vertrag) 1972 geschlossen. Im Jahr 1973 wurde die Dritte UN-Seerechtskonferenz einberufen, die schließlich am 10.12.1982 mit dem Abschluss des Seerechtsübereinkommens endete.

Am 28.07.1994 wurde von den Vereinten Nationen ein weiteres Übereinkommen zur Durchführung des Teiles XI des SRÜ beschlossen, das wiederum der Umsetzung in nationales Recht bedurfte. Nach dem Inkrafttreten des SRÜ am 16.11.1994 ist es in den meisten Staaten (auch in der Bundesrepublik Deutschland, nicht aber in den USA) geltendes Recht.

Ein wichtiger Inhalt des SRÜ ist die Regelung der Hoheitsbefugnisse der Küstenstaaten. Ausgehend von der Küstenlinie legt das SRÜ verschiedene, teils sich überschneidende Zonen für die Ausübung der Hoheitsgewalt fest. Dabei nimmt mit der Entfernung von der Küste die Kontrolle des Küstenstaates ab. Streitigkeiten ergeben sich häufig bei Meerengen, wenn sich die Ansprüche auf das zu nutzende Gebiet überlagern.

Besondere Bedeutung hat das SRÜ neben den schifffahrtsrechtlichen Vorschriften auch für den Umweltschutz in der Meeresumwelt. Bereits in der Präambel zu dem Übereinkommen wird der Meeresumweltschutz hervorgehoben:

> Die Vertragsstaaten dieses Übereinkommens,
>
> …
>
> in der Erkenntnis, dass es wünschenswert ist, durch dieses Übereinkommen unter gebührender Berücksichtigung der Souveränität aller Staaten eine Rechtsordnung für die Meere und Ozeane zu schaffen, die den internationalen Verkehr erleichtern sowie die Nutzung der Meere und Ozeane zu friedlichen Zwecken, die ausgewogene und wirkungsvolle Nutzung ihrer Ressourcen, die Erhaltung ihrer lebenden Ressourcen und die Untersuchung, den Schutz und die Bewahrung der Meeresumwelt fördern wird
>
> …
>
> haben Folgendes vereinbart: …

Zur Meeresumwelt zählen demnach nicht allein Wasser, Fische, Schiffe, Meeresvögel und andere biologische oder chemische Faktoren. Es sind auch physikalische Aspekte und gesellschaftliche Entwicklung, die bei der Bewertung der Meeresumwelt eine Rolle spielen und berücksichtigt werden müssen, um Aussagen über den Zustand der Meeresumwelt treffen zu können.[1]

[1] https://www.bsh.de/DE/THEMEN/Meeresumwelt/meeresumwelt_node.html.

Das Seerechtsübereinkommen, das aus zwölf Teilen besteht, geht vielerorts auf den Schutz der Meeresumwelt ein. So werden Küstenstaaten und Organisationen der IMO an den Meeresschutz in den ihrer Verantwortung unterliegenden Gewässern und Meeresböden erinnert. Es wird beispielsweise im Art. 145 bei Tätigkeiten im Gebiet darauf hingewiesen, dass notwendigen Maßnahmen ergriffen werden sollen, um die Meeresumwelt vor schädlichen Auswirkungen, die sich aus diesen Tätigkeiten ergeben können, wirksam zu schützen.

Dem Meeresumweltschutz wurde im SRÜ der Teil XII (Art. 192–237 Schutz und Bewahrung der Meeresumwelt) gewidmet. Schon im Art. 192 der allgemeinen Verpflichtung dieses Teils werden die Vertragsstaaten verpflichtet, die Meeresumwelt zu schützen und zu bewahren.

Trotzdem haben die Vertragsstaaten das souveräne Recht, ihre natürlichen Ressourcen im Rahmen ihrer Umweltpolitik und in Übereinstimmung mit ihrer Pflicht zum Schutz und zur Bewahrung der Meeresumwelt auszubeuten. Erforderlich dazu ist jeweils eine nationale Umweltgesetzgebung unter den Voraussetzungen der internationalen Verträge wie dem SRÜ. Die Bundesrepublik hat dazu den Anwendungsbereich des StGB auf die gesamte Nord- und Ostsee sowie auf die deutsche ausschließliche Wirtschaftszone ausgeweitet.[2]

7.1.1 Umsetzung in nationales Recht

Das SRÜ wurde erst 1994 durch ein Vertragsgesetz in nationales Recht umgesetzt. In diesem Gesetz zu dem Seerechtsübereinkommen der Vereinten Nationen stimmt der Bundestag dem Beitritt der Bundesrepublik Deutschland zum SRÜ zu und ermächtigt die Bundesregierung, ohne Zustimmung des Bundesrates durch Rechtsverordnung ein Übereinkommen zur Durchführung des Teiles XI des Seerechtsübereinkommens in Kraft zu setzen.

Besondere Bedeutung erlangte das Gesetz zur Ausführung des Seerechtsübereinkommens und zur Durchführung des Teils XI des Seerechtsübereinkommens (SeeRÜbkAG).

Im SeeRÜbkAG wird durch Art. 12 der Geltungsbereich des deutschen Strafrechts erweitert und stellt somit eine Ergänzung der §§ 5 und 6 StGB[3] dar:

Art. 12 SeeRÜbkAG
Das deutsche Strafrecht gilt für Straftaten gegen die Umwelt in den Fällen der §§ 324, 326, 330 und 330a des Strafgesetzbuches, die von einem Schiff aus in der Nordsee oder Ostsee außerhalb der deutschen ausschließlichen Wirtschaftszone durch Einleiten von Stoffen unter Verletzung verwaltungsrechtlicher Pflichten (§ 330d Nr. 4, 5 des Strafgesetzbuches) begangen werden, welche der Durchführung völkerrechtlicher Übereinkommen zum Schutz des Meeres dienen. Soweit die Tat in den Hoheitsgewässern eines anderen Staates begangen wird, gilt dies, wenn die Tat nach dem Recht dieses Staates mit Strafe bedroht ist.

[2] vgl. §§ 5, 6 StGB.

[3] siehe Abschn. 9.2.1.

Dieser Artikel ist für Deutschland von eher geringer Bedeutung, da die hohe See in Nord- und Ostsee sehr kleine Wasserflächen in Anspruch nimmt und die Ahndung von Taten in fremden Hoheitsgewässern gem. Art. 218 Abs. 2 SRÜ nur aufgrund eines Ersuchens des Küstenstaates erfolgen kann, oder wenn der ahndende Staat direkt betroffen ist. Darüber hinaus ist der Geltungsbereich des StGB zu beachten, der für die genannten Umweltstraftaten auf die AWZ ausgeweitet wurde. Des Weiteren können Auslandstaten als „Katalogstraftat" der §§ 5, 6 StGB oder im Sinne der stellvertretenden Strafrechtspflege nach § 7 Abs. II Nr. 2 StGB7 ebenfalls nach dem deutschen StGB geahndet werden. Das Völkervertragsrecht bedarf der Transformation, die in der Regel mit der innerstaatlichen Ratifikation (Vertragsgesetz nach Art. 59 Abs. 2 GG) zusammenfällt, und steht dann auf dem Rang eines Bundesgesetzes. Erfasst werden sollen hierdurch Verträge, welche die Existenz des Staates, seine territoriale Integrität, seine Unabhängigkeit, seine Stellung oder sein maßgebliches Gewicht in der Staatengemeinschaft berühren. Dazu gehören namentlich Bündnisse, Garantiepakte, Abkommen über politische Zusammenarbeit, Friedens-, Nichtangriffs-, Neutralitäts- und Abrüstungsverträge. Andere völkerrechtliche Verträge bedürfen der von Art. 59 Abs. 2 GG geforderten Zustimmung nicht. Nach deutschem Recht ist vor Ratifikation ein Vertragsgesetz gem. Art. 59 Abs. 2 GG erforderlich, wenn ein internationales Übereinkommen die politischen Beziehungen des Bundes regelt oder sich auf Gegenstände der Bundesgesetzgebung bezieht. Eines förmlichen Gesetzes bedarf es nicht, wenn der Inhalt des Übereinkommens national auch durch Rechtsverordnung geregelt werden kann. Soweit eine entsprechende Verordnungsermächtigung vorhanden ist, liegt eine antizipierte Zustimmung des Gesetzgebers vor. Voraussetzung ist, dass der Regelungsgehalt einer Verordnungsermächtigung auch das Inkraftsetzen internationaler Übereinkommen beinhaltet; man spricht von einer sog. auslandsbezogenen Ermächtigung. Das ist dann der Fall, wenn ausdrücklich in der Ermächtigungsnorm die Inkraftsetzung internationaler Vereinbarungen angesprochen wird. Ausreichend ist aber auch, wenn die Ermächtigungsnorm inhaltlich die Regelungssachverhalte internationaler Vereinbarungen erfasst.

Das SRÜ wurde bisher von 168 Staaten (zuletzt Aserbaidschan [2016]) unterzeichnet und von den meisten dieser Staaten ratifiziert. Jedoch haben Staaten wie die USA den Vertrag weder unterzeichnet noch ratifiziert, was die Anwendung gerade der Umweltvorschriften in deren Küstenmeeren und auf der hohen See ungleich erscheinen lässt.

7.1.2 Die Gewässerbegriffe des Seerechtsübereinkommens

Ein wichtiger Inhalt des SRÜ ist die Regelung der Hoheitsbefugnisse der Küstenstaaten in den Gewässerteilen des Meeres (Abb. 7.1), in denen das Übereinkommen Anwendung findet. Ausgehend von der Küstenlinie legt das SRÜ verschiedene, teils sich überschneidende Zonen für die Ausübung der Hoheitsgewalt fest.

Grundsätzlich erstreckt sich die Souveränität eines Küstenstaates jenseits seines Landgebietes und seiner inneren Gewässer sowie im Fall eines Archipelstaates jenseits seiner Archipelgewässer auf einen angrenzenden Meeresstreifen, der als Küstenmeer bezeichnet

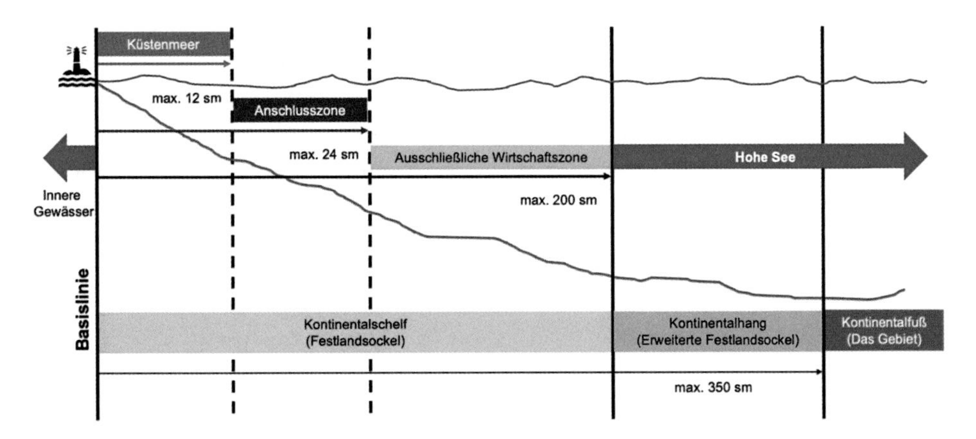

Abb. 7.1 Seerechtliche Zonen nach dem Seerechtsübereinkommen

wird. Darüber hinaus werden die Gewässerteile, die für den jeweiligen Küstenstaat als „Ausland" anzusehen ist, einer gemeinschaftlichen Rechtssystematik unterworfen und im Übereinkommen jeweils definiert.

Küstenmeer und Anschlusszone[4]

Der Teil II des SRÜ enthält besondere Regelungen zum Küstenmeer und der Anschlusszone. Die Souveränität eines Küstenstaates erstreckt sich danach jenseits seines Landgebietes und seiner inneren Gewässer sowie im Fall eines Archipelstaates jenseits seiner Archipelgewässer auf einen angrenzenden Meeresstreifen, der als Küstenmeer bezeichnet wird. Diese Souveränität erstreckt sich sowohl auf den Luftraum über dem Küstenmeer als auch auf den Meeresboden und Meeresuntergrund des Küstenmeers. Die Grenze des Küstenmeeres beträgt max. 12 sm von der Basislinie. Dabei ist die Basislinie die Niedrigwasserlinie entlang der Küste oder die Verbindung geeigneter Punkte über tiefen Einbuchtungen und Einschnitten an der Küste.

In einer an sein Küstenmeer angrenzenden Zone, die als Anschlusszone bezeichnet wird, kann der Küstenstaat die erforderliche Kontrolle über z. B. Zoll- und Finanzgesetze oder Gesundheitsgesetze ausüben. Die Anschlusszone darf sich nicht weiter als 24 sm über die Basislinien hinaus erstrecken, von denen aus die Breite des Küstenmeers gemessen wird.

In Deutschland wurde weder in der Ost- noch in der Nordsee eine Anschlusszone eingerichtet. Am 15.05.2018 haben Bundespräsident Frank-Walter Steinmeier und der niederländische Premierminister Mark Rutte in Den Haag die Ratifikationsurkunden über den deutsch-niederländischen Vertrag über die Nutzung und Verwaltung des Küstenmeers zwischen 3 und 12 sm, den sog. Ems-Dollart-Vertrag, ausgetauscht.

[4] Art. 2–32 SRÜ.

Damit trat der am 24.10.2014 von den beiden Außenministern unterzeichnete Vertrag zum Juli 2018 in Kraft. Im „Geist guter Nachbarschaft“ wird somit im Bereich der Emsmündung und des dortigen Küstenmeeres die notwendige Rechtssicherheit für die weitere wirtschaftliche Nutzung der Häfen und Gewässer (bspw. bei der Errichtung von Offshore-Windparks) geschaffen. Der Ems-Dollart-Vertrag ist damit beispielgebend für eine friedliche Konfliktbeilegung und grenzüberschreitende, innovative Zusammenarbeit zweier Küstenstaaten unter dem SRÜ, ungeachtet eines seit Jahrhunderten umstrittenen Grenzverlaufs.[5]

Innere Gewässer eines Staates[6]
Die landwärts der normalen oder geraden Basislinie des Küstenmeeres gelegenen Gewässer sind die Binnengewässer bzw. inneren Gewässer und unterliegen vollkommen dem nationalen Recht. Sie beinhalten insofern keine Schwierigkeiten hinsichtlich ihrer rechtlichen Handhabung.

Der Begriff innere Gewässer ist deutlich von dem der Binnengewässer aus den verschiedenen nationalen Vorschriften der Bundesrepublik Deutschland abzugrenzen.

So können Innere Gewässer nach dem SRÜ gleichzeitig Seewasserstraßen nach dem WaStrG sein, während in der Regel Binnengewässer im nationalen Verständnis mit Binnenwasserstraßen und Binnenseen gleichzusetzen sind.

Ausschließliche Wirtschaftszone[7]
Die ausschließliche Wirtschaftszone ist ein jenseits des Küstenmeeres gelegenes und an dieses angrenzende Gebiet, das der in diesem Teil festgelegten besonderen Rechtsordnung unterliegt, nach der die Rechte und Hoheitsbefugnisse des Küstenstaates und die Rechte und Freiheiten anderer Staaten durch die diesbezüglichen Bestimmungen dieses Übereinkommens geregelt werden. Die ausschließliche Wirtschaftszone darf sich nicht weiter als 200 sm von den Basislinien erstrecken, von denen aus die Breite des Küstenmeeres gemessen wird.

Der Festlandsockel[8]
Der Festlandsockel eines Küstenstaates umfasst den jenseits seines Küstenmeeres gelegenen Meeresboden und Meeresuntergrund der Unterwassergebiete, die sich über die gesamte natürliche Verlängerung seines Landgebietes bis zur äußeren Kante des Festlandrands erstrecken oder bis zu einer Entfernung von 200 sm von den Basislinien, von denen aus die Breite des Küstenmeeres gemessen wird, wo die äußere Kante des Festlandrands in einer geringeren Entfernung verläuft.

[5] https://www.auswaertiges-amt.de/de/aussenpolitik/themen/internatrecht/einzelfragen/seerecht.

[6] Artikel 8 SRÜ.

[7] Artikel 57 SRÜ.

[8] Artikel 76 ff SRÜ.

Der Festlandrand umfasst die unter Wasser gelegene Verlängerung der Landmasse des Küstenstaates und besteht aus dem Meeresboden und dem Meeresuntergrund des Sockels, des Abhangs und des Anstiegs. Er umfasst weder den Tiefseeboden mit seinen unterseeischen Bergrücken noch dessen Untergrund.

Hohe See[9]
Die hohe See steht allen Staaten, ob Küsten- oder Binnenstaaten, offen. Die Freiheit der hohen See wird gemäß den Bedingungen dieses Übereinkommens und den sonstigen Regeln des Völkerrechts ausgeübt.

Das Gebiet[10]
Als Gebiet wird der Meeresboden und der Meeresuntergrund außerhalb der nationalen Befugnisse bezeichnet. Kein Staat darf über einen Teil des Gebietes oder seiner Ressourcen Souveränität oder souveräne Rechte beanspruchen oder ausüben; ebenso wenig darf sich ein Staat oder eine natürliche oder juristische Person einen Teil des Gebietes oder seiner Ressourcen aneignen. Weder eine solche Beanspruchung oder Ausübung von Souveränität oder souveränen Rechten noch eine solche Aneignung wird anerkannt.

Alle Rechte an den Ressourcen des Gebietes stehen der gesamten Menschheit zu, in deren Namen die internationale Meeresbehörde (International Seabed Authority, ISA) handelt. Diese Ressourcen sind unveräußerlich. Die aus dem Gebiet gewonnenen Mineralien dürfen jedoch nur in Übereinstimmung mit diesem Teil und den Regeln, Vorschriften und Verfahren der Behörde veräußert werden.

Ein Staat oder eine natürliche oder juristische Person kann Rechte in Bezug auf die aus dem Gebiet gewonnenen Mineralien nur in Übereinstimmung mit diesem Teil beanspruchen, erwerben oder ausüben. Auf andere Weise beanspruchte, erworbene oder ausgeübte Rechte werden nicht anerkannt.

7.1.3 Der Teil XII des Seerechtsübereinkommens

Bereits in Art. 192 SRÜ wird darauf hingewiesen, dass die Staaten verpflichtet sind, die Meeresumwelt zu schützen und zu bewahren. Unter dieser Prämisse haben die Staaten das souveräne Recht, ihre natürlichen Ressourcen im Rahmen ihrer Umweltpolitik und in Übereinstimmung mit ihrer Pflicht zum Schutz und zur Bewahrung der Meeresumwelt auszubeuten.

Als Maßnahmen zur Verhütung, Verringerung und Überwachung der Verschmutzung der Meeresumwelt werden in Art. 194 SRÜ folgende Grundsätze definiert:

[9] Artikel 86 ff SRÜ.

[10] Artikel 133 ff SRÜ.

1. Die Staaten ergreifen, je nach den Umständen einzeln oder gemeinsam, alle mit diesem Übereinkommen übereinstimmenden Maßnahmen, die notwendig sind, um die Verschmutzung der Meeresumwelt ungeachtet ihrer Ursache zu verhüten, zu verringern und zu überwachen; sie setzen zu diesem Zweck die geeignetsten ihnen zur Verfügung stehenden Mittel entsprechend ihren Möglichkeiten ein und bemühen sich, ihre diesbezügliche Politik aufeinander abzustimmen.
2. Die Staaten ergreifen alle notwendigen Maßnahmen, damit die ihren Hoheitsbefugnissen oder ihrer Kontrolle unterstehenden Tätigkeiten so durchgeführt werden, dass anderen Staaten und ihrer Umwelt kein Schaden durch Verschmutzung zugefügt wird, und damit eine Verschmutzung als Folge von Ereignissen oder Tätigkeiten, die ihren Hoheitsbefugnissen oder ihrer Kontrolle unterstehen, sich nicht über die Gebiete hinaus ausbreitet, in denen sie in Übereinstimmung mit diesem Übereinkommen souveräne Rechte ausüben.
3. Die nach diesem Teil ergriffenen Maßnahmen haben alle Ursachen der Verschmutzung der Meeresumwelt zu erfassen. Zu diesen Maßnahmen gehören unter anderem solche, die darauf gerichtet sind, so weit wie möglich auf ein Mindestmaß zu beschränken:
   a) das Freisetzen von giftigen oder schädlichen Stoffen oder von Schadstoffen, besonders von solchen, die beständig sind, vom Land aus, aus der Luft oder durch die Luft oder durch Einbringen;
   b) die Verschmutzung durch Schiffe, insbesondere Maßnahmen, um Unfälle zu verhüten und Notfällen zu begegnen, die Sicherheit beim Einsatz auf See zu gewährleisten, absichtliches oder unabsichtliches Einleiten zu verhüten und den Entwurf, den Bau, die Ausrüstung, den Betrieb und die Bemannung von Schiffen zu regeln;
   c) die Verschmutzung durch Anlagen und Geräte, die bei der Erforschung oder Ausbeutung der natürlichen Ressourcen des Meeresbodens und seines Untergrunds eingesetzt werden, insbesondere Maßnahmen, um Unfälle zu verhüten und Notfällen zu begegnen, die Sicherheit beim Einsatz auf See zu gewährleisten und den Entwurf, den Bau, die Ausrüstung, den Betrieb und die Besetzung solcher Anlagen oder Geräte zu regeln;
   d) die Verschmutzung durch andere Anlagen und Geräte, die in der Meeresumwelt betrieben werden, insbesondere Maßnahmen, um Unfälle zu verhüten und Notfällen zu begegnen, die Sicherheit beim Einsatz auf See zu gewährleisten und den Entwurf, den Bau, die Ausrüstung, den Betrieb und die Besetzung solcher Anlagen oder Geräte zu regeln.

Beim Ergreifen dieser Maßnahmen zur Verhütung, Verringerung und Überwachung der Verschmutzung der Meeresumwelt handeln die Staaten so, dass sie Schäden oder Gefahren weder unmittelbar noch mittelbar von einem Gebiet in ein anderes verlagern oder eine Art der Verschmutzung in eine andere umwandeln.

Die Mitgliedsstaaten des SRÜ sollen sich bemühen, die Gefahren und Auswirkungen der Verschmutzung der Meeresumwelt mit anerkannten wissenschaftlichen Methoden zu beobachten, zu messen, zu beurteilen und zu analysieren.

Verschmutzung von Land aus[11]

Die Unterzeichnerstaaten des SRÜ werden verpflichtet, Gesetze und sonstige Vorschriften zur Verhütung, Verringerung und Überwachung der Verschmutzung der Meeresumwelt vom Land aus zu erlassen, einschließlich der von Flüssen, Flussmündungen, Rohrleitungen und Ausflussanlagen ausgehenden Verschmutzung. Mit der Umsetzung der Verpflichtung wurde in Deutschland hauptsächlich das WHG erlassen und novelliert und die europäischen Richtlinien in nationales Recht umgesetzt. Dazu wurden die wasserrechtlichen Vorschriften der Länder den Vorschriften angepasst und innerhalb der verfassungsrechtlichen Rahmen eingepasst.

Die Staaten sollen andere Maßnahmen ergreifen, die zur Verhütung, Verringerung und Überwachung einer solchen Verschmutzung notwendig sein können. Zu diesen Gesetzen, sonstigen Vorschriften, Maßnahmen, Regeln, Normen und empfohlenen Gebräuchen und Verfahren gehören gerade diejenigen, die darauf gerichtet sind, das Freisetzen von giftigen oder schädlichen Stoffen oder von Schadstoffen, besonders von solchen, die beständig sind, in die Meeresumwelt so weit wie möglich auf ein Mindestmaß zu beschränken. Einen wesentlichen Beitrag dazu leistete die Novellierung des 29. Abschnittes des StGB und die Einbindung des europäischen und internationalen Umweltrechts.

Verschmutzung durch Einbringen[12]

Die Staaten sollen erlassen Gesetze und sonstige Vorschriften zur Verhütung, Verringerung und Überwachung der Verschmutzung der Meeresumwelt durch Einbringen und Maßnahmen ergreifen, die zur Verhütung, Verringerung und Überwachung einer solchen Verschmutzung notwendig sein können. Diese Gesetze, sonstigen Vorschriften und Maßnahmen müssen sicherstellen, dass das Einbringen nicht ohne Erlaubnis der zuständigen Behörden der Staaten erfolgt. Das Einbringen innerhalb des Küstenmeeres und der ausschließlichen Wirtschaftszone oder auf dem Festlandsockel darf nicht ohne ausdrückliche vorherige Genehmigung des Küstenstaates erfolgen.

Verschmutzung durch Schiffe[13]

Die Staaten stellen im Rahmen der zuständigen internationalen Organisation oder einer allgemeinen diplomatischen Konferenz internationale Regeln und Normen zur Verhütung, Verringerung und Überwachung der Verschmutzung der Meeresumwelt durch Schiffe auf und fördern, wo es angebracht ist, in derselben Weise die Annahme von Systemen der Schiffswegeführung, um die Gefahr von Unfällen, die eine Verschmutzung der Meeresumwelt, einschließlich der Küste, und eine Schädigung damit zusammenhängender Interessen der Küstenstaaten durch Verschmutzung verursachen könnten, auf ein Mindestmaß

[11] Art. 207 SRÜ.

[12] Art. 210 SRÜ.

[13] Art. 211 SRÜ.

zu beschränken. Hauptsächlich sind diese internationalen Regeln in MARPOL 73/78 zusammengefasst. Für die Binnenschifffahrt wurden solche Regeln und Vorschriften im Weiteren im europäischen Maßstab durch das CDNI-Übereinkommen festgelegt.

Die Staaten erlassen Gesetze und sonstige Vorschriften zur Verhütung, Verringerung und Überwachung der Verschmutzung der Meeresumwelt durch Schiffe, die ihre Flagge führen oder in ihr Schiffsregister eingetragen sind.

Verschmutzung aus der Luft oder durch die Luft[14]
Die Unterzeichnerstaaten des SRÜ sollen Gesetze und sonstige Vorschriften zur Verhütung, Verringerung und Überwachung der Verschmutzung der Meeresumwelt aus der Luft oder durch die Luft für den ihrer Souveränität unterstehenden Luftraum und für Schiffe, die ihre Flagge führen, oder für Schiffe oder Luftfahrzeuge, die in ihr Register eingetragen sind, erlassen. Insbesondere der im Jahr 2011 neugefasste § 325 StGB und die damit verbundene Umsetzung der europäischen Schwefelrichtlinie werden dieser Forderung gerecht. Gleichzeitig kann die Anwendung der Anlage VI des MARPOL-Übereinkommens und deren Ahndung durch die SeeUmwVerhV als Fortschritt für die Reinhaltung der Meere und der Luft über dem Seegebieten gewertet werden.

Zur Überwachung des Einbringens von Schadstoffen durch Luftverunreinigungen wurde in Deutschland das Projekt MesMarT eingeführt, mit dem die Luftverunreinigung der auf der Elbe, der Weser und der Kieler Förde verkehrenden Schiffe gemessen und Grenzwertüberschreitungen festgestellt und gemeldet werden.

Obwohl die Vorschriften und Empfehlungen des SRÜ und damit des Teils XII keinerlei Ahndungsmaßnahmen nach sich ziehen, weil keine Verstöße im Sinne des Ordnungswidrigkeiten- oder Strafrechts wegen fehlender Rechtsnormen geahndet werden können, enthält gerade der Teil XII im Abschnitt 6 Vorschriften für Untersuchungen in den Häfen der Küstenstaaten.

Durchsetzung durch den Hafenstaat[15]
Befindet sich ein Schiff freiwillig in einem Hafen oder an einem vor der Küste liegenden Umschlagplatz eines Staates, so kann dieser Staat Untersuchungen durchführen und, wenn die Beweislage dies rechtfertigt, ein Verfahren wegen jeden Einleitens aus diesem Schiff außerhalb der inneren Gewässer, des Küstenmeeres oder der ausschließlichen Wirtschaftszone dieses Staates eröffnen. Dazu muss das Einleiten gegen die anwendbaren internationalen Regeln und Normen verstoßen haben, die im Rahmen der zuständigen internationalen Organisation oder einer allgemeinen diplomatischen Konferenz aufgestellt worden sind (z. B. MARPOL 73/88).

[14] Art. 212 SRÜ.

[15] Art. 218 SRÜ.

Auf nationaler Ebene ist für ein Straf- oder Ordnungswidrigkeiten-Verfahren Voraussetzung, dass entsprechende Ahndungsgrundlagen vorhanden sind. So kann dies im strafrechtlichen Sinne nur dort der Fall sein, wo das StGB materiell zur Anwendung kommt. Dies ist gem. Art. 12 Ausführungsgesetz SeeRÜbK für nichtdeutsche Tatverdächtige auf Schiffen unter fremder Flagge bei Umweltdelikten nur außerhalb der AWZ in der Nord- und Ostsee der Fall. In reiner Form kommt diese Variante wegen des Abs. 2 Ausführungsgesetz SeeRÜbK und der vollständigen Aufteilung von Nord- und Ostsee in Wirtschaftszonen der Anrainerstaaten praktisch nicht zur Anwendung.

Artikel 2 SeeRÜbkAG

Rechtsstatus des Küstenmeers, des Luftraums über dem Küstenmeer und des Meeresbodens und Meeresuntergrunds des Küstenmeers

(1) Die Souveränität eines Küstenstaats erstreckt sich jenseits seines Landgebiets und seiner inneren Gewässer sowie im Fall eines Archipelstaates jenseits seiner Archipelgewässer auf einen angrenzenden Meeresstreifen, der als Küstenmeer bezeichnet wird.
(2) Diese Souveränität erstreckt sich sowohl auf den Luftraum über dem Küstenmeer als auch auf den Meeresboden und Meeresuntergrund des Küstenmeers.
(3) Die Souveränität über das Küstenmeer wird nach Maßgabe dieses Übereinkommens und der sonstigen Regeln des Völkerrechts ausgeübt.

Für solche Fälle, in denen Ausländer auf fremden Schiffen außerhalb von Nord- u. Ostsee auf hoher See regelwidrig eingeleitet haben, bleibt dann der Flaggenstaatsbericht über das BSH nach dem MARPOL-Übereinkommen (soweit Straftat oder Ordnungswidrigkeit ausgeschlossen sind, aber nur als Erkenntnis aus einer schifffahrtspolizeilichen Kontrolle und nicht aus strafprozessualen Maßnahmen).

Eine andere Möglichkeit, nach nationalem Recht strafprozessual tätig zu werden, stellen dann nur noch andere zwischenstaatliche Vereinbarungen z. B. zur internationalen Rechtshilfe dar.

Die genannten Verfahren dürfen nicht eingeleitet werden, wenn sich die Tat in inneren Gewässern, Küstenmeeren oder der AWZ eines anderen Staates ereignet hat.

Ausnahmen hiervon:

1. Ein Ersuchen von
   - Tatortstaat,
   - Flaggenstaat oder
   - sonstigem durch Einleitung geschädigten oder bedrohten Staat liegt vor.
2. Der Hafenstaat ist selbst in inneren Gewässern, Küstenmeer oder AWZ geschädigt oder bedroht.

Unabhängig von diesen seerechtlichen Regelungen stellt das deutsche Strafgesetzbuch Möglichkeiten zur Ahndung von Umweltdelikten außerhalb des deutschen Staatsgebietes zur Verfügung.

Der Begriff der „Strafgerichtsbarkeit“ oder „criminal jurisdiction“, wie es in der englischen Fassung des SRÜ heißt (z. B. in Art. 27), umfasst die gesamte repressive Gerichtsbarkeit eines Küstenstaates.

Artikel 27 SRÜ

Die Strafgerichtsbarkeit des Küstenstaats soll an Bord eines das Küstenmeer durchfahrenden fremden Schiffes nicht ausgeübt werden, um wegen einer während der Durchfahrt an Bord des Schiffes begangenen Straftat eine Person festzunehmen oder eine Untersuchung durchzuführen, außer in folgenden Fällen:

- wenn sich die Folgen der Straftat auf den Küstenstaat erstrecken;
- wenn die Straftat geeignet ist, den Frieden des Landes oder die Ordnung im Küstenmeer zu stören;
- wenn die Hilfe der örtlichen Behörden vom Kapitän des Schiffes oder von einem Diplomaten oder Konsularbeamten des Flaggenstaats erbeten worden ist oder
- wenn solche Maßnahmen zur Unterdrückung des unerlaubten Verkehrs mit Suchtstoffen oder psychotropen Stoffen erforderlich sind.

Die in Deutschland vorgenommene Trennung zwischen Strafrecht und Ordnungswidrigkeitenrecht ist in den meisten Ländern nicht gebräuchlich. Dort werden die Tatbestände, die hier als Ordnungswidrigkeit behandelt werden, von der „criminal jurisdiction“ miterfasst. Damit sind unbeschadet der Vorschriften des Teiles XII SRÜ an Bord eines Schiffes unter fremder Flagge, das das Küstenmeer durchfährt, auch Ordnungswidrigkeiten nach Maßgabe des Art. 27 SRÜ verfolgbar.

Durchsetzung durch den Flaggenstaat[16]

Bestehen eindeutige Gründe für die Annahme, dass ein im Küstenmeer eines Staates fahrendes Schiff während seiner Durchfahrt durch das Küstenmeer gegen die in Übereinstimmung mit diesem Übereinkommen erlassenen Gesetze und sonstigen Vorschriften dieses Staates oder gegen anwendbare internationale Regeln und Normen zur Verhütung, Verringerung und Überwachung der Verschmutzung durch Schiffe verstoßen hat, so kann dieser Staat unbeschadet der Anwendung der diesbezüglichen Bestimmungen des Teiles II Abschnitt 3 im Zusammenhang mit dem Verstoß eine Überprüfung an Bord des Schiffes durchführen und, wenn die Beweislage dies rechtfertigt, in Übereinstimmung mit seinem innerstaatlichen Recht ein Verfahren einleiten und insbesondere das Zurückhalten des Schiffes anordnen.

Sollten eindeutige Gründe für die Annahme bestehen, dass ein in der AWZ oder im Küstenmeer eines Staates fahrendes Schiff in der AWZ gegen anwendbare internationale Regeln oder Gesetze und sonstige Vorschriften des jeweiligen Staates verstoßen hat, so

[16] Art. 220 SRÜ.

kann dieser Staat das Schiff auffordern, Angaben über seine Identität und seinen Registerhafen, seinen letzten und nächsten Anlaufhafen und andere sachdienliche Angaben zu machen, die erforderlich sind, um festzustellen, ob ein Verstoß erfolgt ist.

Bei eindeutigen Gründen für die Annahme, dass ein in der AWZ oder im Küstenmeer eines Staates fahrendes Schiff in der AWZ einen Verstoß gegen die Vorschriften des SRÜ begangen hat, der zu einem beträchtlichen Einleiten führt, das eine erhebliche Verschmutzung der Meeresumwelt verursacht oder zu verursachen droht, so kann dieser Staat, um festzustellen, ob ein Verstoß vorliegt, eine Überprüfung an Bord des Schiffes durchführen, wenn sich das Schiff geweigert hat, Angaben zu machen, oder wenn die seitens des Schiffes gemachten Angaben offensichtlich von der tatsächlichen Lage abweichen und die Umstände des Falles eine solche Überprüfung rechtfertigen.

Gibt es einen eindeutigen objektiven Beweis dafür, dass ein in der ausschließlichen Wirtschaftszone oder im Küstenmeer eines Staates fahrendes Schiff in der ausschließlichen Wirtschaftszone einen in Absatz 3 genannten Verstoß begangen hat, der zu einem Einleiten führt, das schwere Schäden für die Küste oder damit zusammenhängende Interessen des Küstenstaates oder für Ressourcen seines Küstenmeeres oder seiner ausschließlichen Wirtschaftszone verursacht oder zu verursachen droht, so kann dieser Staat, wenn die Beweislage dies rechtfertigt, in Übereinstimmung mit seinem innerstaatlichen Recht ein Verfahren einleiten und insbesondere das Zurückhalten des Schiffes anordnen.

7.2 SOLAS-Übereinkommen[17]

Das Transformationsgesetz gem. Art. 59 Abs. 2 GG, das erforderlich ist, um das SOLAS-Übereinkommen (Safety of Life at Sea, SOLAS 74/88) in nationales Recht zu transformieren, wurde durch die §§ 9 I Nr. 7 i. V. m. 9 I Nr. 2, 4, 5, 6 und 9 Abs. 4 SeeAufgG dahingehend ausgestaltet, dass eine Verordnungsermächtigung geschaffen wurde, auf deren Grundlage die Verordnungen vom 11.01.1979 und vom 26.03.1980 zur Umsetzung des SOLAS-Übereinkommens erlassen wurden. Die Gesetzeserfordernis des Art. 59 Abs. 2 GG wurde also durch das SeeAufgG i. V. m. der „Verordnung über die Inkraftsetzung des internationalen Übereinkommens von 1974 zum Schutz des menschlichen Lebens auf See" erfüllt.

Das Übereinkommen besteht aus einem Vertragswerk in Form von Artikeln und einer aus 14 Kapiteln bestehenden Anlage, die die Einzelvorschriften enthalten. Der Zweck des Übereinkommens besteht primär im Schutz des menschlichen Lebens auf See und war ursprünglich eine Reaktion auf den Untergang der RMS „Titanic" am 15. April 1912, weil zu dieser Zeit keine international einheitlichen Schiffssicherheitsregeln existierten. Grund-

[17] Internationales Übereinkommen von 1974 zum Schutz des menschlichen Lebens auf See und Protokoll von 1988 zu dem Übereinkommen von 1974 (Safety Of Life At Sea – SOLAS 74/88).

sätzlich nach Art. 1 sowie Kapitel I und sofern im SOLAS-Übereinkommen keine anderslautenden Regelungen enthalten sind, werden die Vorschriften dieses Vertrages nur auf Schiffe von Vertragsparteien angewendet, die

- sich in Auslandsfahrt befinden,
- mindestens mit 500 BRZ vermessen sind und
- keine in Kapitel I begründeten Ausnahmen erfüllen (z. B. Kriegs- und Truppentransportschiffe oder Fischereifahrzeuge).

Auslandsfahrt bezeichnet in diesem Zusammenhang eine Reise von einem Staat, auf den dieses Übereinkommen Anwendung findet, nach einem Hafen außerhalb dieses Staates oder umgekehrt.

Darüber hinaus ist in Artikel I (3) des Übereinkommens eine sogenannte „Nichbegünstigungsklausel“ enthalten, die die Anwendung des Übereinkommens auf Schiffe ausweitet, die zum Führen der Flagge eines Staates berechtigt sind, der nicht Vertragsstaat von SOLAS 74/88 ist und einen Hafen eines Vertragsstaates anläuft, um sicherzustellen, dass diesen Schiffen keine günstigere Behandlung zuteilwird.

Der Umweltschutz findet im SOLAS-Übereinkommen nur Regelungen, soweit das menschliche Leben auf See anderenfalls bedroht würde. Das ist grundsätzlich bei dem Transport von Ladung (Kapitel VI) und der Beförderung gefährlicher Güter (Kapitel VII) der Fall.

Die Regeln in Kapitel VII sind in fünf Teile aufgeteilt, die folgendermaßen unterteilt sind:

- Teil A – Beförderung gefährlicher Güter in verpackter Form,
- Teil A-1 – Beförderung gefährlicher Güter in fester Form als Massengut,
- Teil B – Bauart und Ausrüstung von Schiffen zur Beförderung gefährlicher flüssiger Chemikalien als Massengut,
- Teil C – Bauart und Ausrüstung von Schiffen zur Beförderung verflüssigter Gase als Massengut,
- Teil D – Besondere Vorschriften für die Beförderung von verpackten bestrahlten Kernbrennstoffen, Plutonium und hoch radioaktiven Abfällen auf Seeschiffen.

Das Kapitel VII ist für Frachtschiffe nach Kapitel I sowie auf Frachtschiffe von weniger als 500 BRZ anzuwenden. Durch die Teile dieses Kapitels werden

- der International Maritime Dangerous Goods Code (IMDG-Code),
- der Internationale Code für den Bau und die Ausrüstung von Schiffen zur Beförderung gefährlicher Chemikalien als Massengut (IBC-Code),
- der internationale Code für den Bau und die Ausrüstung von Schiffen zur Beförderung verflüssigter Gase als Massengut (IGC-Code) und
- der internationale Code für die sichere Beförderung von verpackten bestrahlten Kernbrennstoffen, Plutonium und hoch radioaktiven Abfällen mit Seeschiffen (INF-Code)

für die Vertragsstaaten zwingend anwendbar.

7.3 MARPOL-Übereinkommen

Das MARPOL-Übereinkommen vom 02.11.1973 (International Convention for Prevention of Marine Pollution for Ships – MARPOL 73/78) ist ein internationales, weltweit geltendes Übereinkommen zum Schutz der Meeresumwelt. Das Übereinkommen verpflichtet die Unterzeichnerstaaten das Einleiten von Schadstoffen, die beim Schiffsbetrieb anfallen, zu verhüten und normiert Anforderungen an die verschiedenen Arten von Verschmutzungen im Zusammenhang mit dem Schiffsbetrieb in seinen Anlagen I–VI (Verschmutzung durch Öl, schädliche flüssige Stoffe, Schadstoffe, die in verpackter Form befördert werden, Schiffsabwasser, Schiffsmüll und Luftverunreinigungen). Mit der Revision von Annex V des Übereinkommens zur Verhütung der Meeresverschmutzung durch Schiffe wurde festgelegt, dass von Schiffen kein Müll ins Meer gelangen darf, bis auf definierte Ausnahmen.[18]

Das internationale Übereinkommen zur Verhütung der Meeresverschmutzung durch Schiffe wurde am 02.11.1973 in London durch die IMO beschlossen. In Artikel 1 des Übereinkommens wird die Verpflichtung zur Reinhaltung der Meeresumwelt definiert:

> Die Vertragsparteien verpflichten sich, diesem Übereinkommen und denjenigen seiner Anlagen, durch die sie gebunden sind, Wirksamkeit zu verleihen, um die Verschmutzung der Meeresumwelt durch das gegen das Übereinkommen verstoßende Einleiten von Schadstoffen oder solche Stoffe enthaltenden Ausflüssen zu verhüten.

Bereits im Artikelteil des Übereinkommens wird eine Ahndung von Verstößen gegen die Vorschriften des Übereinkommens genannt, und somit sind die Vertragsstaaten verpflichtet, entsprechende Rechtsvorschriften zur „Bestrafung" zu erlassen.

Jeder Verstoß gegen die Vorschriften dieses Übereinkommens ist verboten und wird im Recht der für das betreffende Schiff zuständigen Verwaltung unter Strafe gestellt, gleichviel, wo der Verstoß begangen wird. Wird die Verwaltung von einem derartigen Verstoß unterrichtet und ist sie überzeugt, dass ausreichende Beweise vorliegen, um ein Verfahren wegen des angeblichen Verstoßes einzuleiten, so veranlasst sie, dass ein solches Verfahren so bald wie möglich nach ihrem Recht eingeleitet wird.

Der Begriff Strafe ist in Deutschland jedoch nicht als rechtlich bindend zu betrachten, weil das im Originalvertrag verwendete englische Wort crime nicht wie im deutschen Recht zwischen Straftat und Ordnungswidrigkeit unterscheidet.

7.3.1 Aufbau des MARPOL-Übereinkommens

Das MARPOL-Übereinkommen gilt für das gesamte Meer und, nach der See-UmwVerhV, auch für Schiffe auf den deutschen Seeschifffahrtsstraßen, Seewasserstraßen und in der AWZ der Bundesrepublik Deutschland. Das Übereinkommen von 1973 besteht aus dem Artikelteil mit 20 Artikeln und 6 Anlagen, die folgendermaßen thematisiert sind:

---

[18] https://www.umweltbundesamt.de/themen/wasser/wasserrecht/meeresschutzrecht#textpart-2.

Übersicht über das MARPOL 73/78 – Übereinkommen

Anlage I Regeln zur Verhütung der Verschmutzung durch Öl

- Kapitel 1 Allgemeines
- Kapitel 2 Besichtigung und Ausstellung von Zeugnissen
- Kapitel 3 Anforderungen an Maschinenräume aller Schiffe
  - Teil A Bauart
  - Teil B Ausrüstung
  - Teil C Überwachung des Einleitens von Öl im Schiffsbetrieb
- Kapitel 4 Anforderungen an den Ladebereich von Öltankschiffen
  - Teil A Bauart
  - Teil B Ausrüstung
  - Teil C Überwachung des Einleitens von Öl im Schiffsbetrieb
- Kapitel 6 Auffanganlagen
- Kapitel 7 Besondere Anforderungen an feste oder schwimmende Plattformen
- Kapitel 8 Verhütung der Verschmutzung während des Umpumpens vonÖlladung zwischen Öltankschiffen auf See
- Kapitel 9 Besondere Vorschriften für die Verwendung und die Beförderung von Ölen im Antarktisgebiet
- Anhänge
  - Anhang I Liste der Öle (Die Liste der Öle ist nicht unbedingt als umfassend zu betrachten)
  - Anhang II Muster für IOPP-Zeugnis und Nachträge
    - Formblatt A Nachtrag zum internationalen Zeugnis über die Verhütung der Ölverschmutzung (IOPP-Zeugnis)
    - Formblatt B Nachtrag zum internationalen Zeugnis über die Verhütung der Ölverschmutzung (IOPP-Zeugnis)
    - Bericht über Bau und Ausrüstung von Öltankschiffen
  - Anhang III Muster eines Öltagebuchs
    - Teil I Betriebsvorgänge im Maschinenraum
    - Teil II Betriebsvorgänge im Zusammenhang mit dem Füllen bzw. Entleeren von Lade- und Ballasttanks

Anlage II Regeln zur Überwachung der Verschmutzung durch als Massengut beförderte schädliche flüssige Stoffe

- Kapitel 1 Allgemeines
- Kapitel 2 Einstufung schädlicher flüssiger Stoffe
- Kapitel 3 Besichtigungen und Zeugnisausstellungen
- Kapitel 4 Entwurf, Bau, Anordnungen und Ausrüstung
- Kapitel 5 Betriebliches Einleiten von Rückständen mit schädlichen flüssigen Stoffen

- Kapitel 6 Überwachungsmaßnahmen durch Hafenstaaten
- Kapitel 7 Verhütung der Verschmutzung infolge eines Ereignisses unter Beteiligung schädlicher flüssiger Stoffe
- Kapitel 8 Auffanganlagen
- Anhänge der Anlage II
  - Anhang 1 Richtlinien für die Einstufung schädlicher flüssiger Stoffe
  - Anhang 2 Muster eines Ladungstagebuchs für Schiffe, die schädliche flüssige Stoffe als Massengut befördern
  - Anhang 3 Muster für das internationale Zeugnis über die Verhütung der Verschmutzung bei der Beförderung schädlicher flüssiger Stoffe als Massengut
  - Anhang 4 Standard-Muster für das Handbuch über Verfahren und Vorkehrungen
    - Ergänzungsteil A – Ablaufdiagramme Reinigung von Ladetanks und Beseitigung von Tankwaschwasser/Ballastwasser, das Rückstände von Stoffen der Gruppen X, Y oder Z enthält
    - Ergänzungsteil B – Vorwaschverfahren
    - Ergänzungsteil C – Verfahren der Tankreinigung durch Lüften
    - Ergänzungsteil D – Von der Verwaltung vorgeschriebene oder zugelassene zusätzliche Angaben und betriebliche Anweisungen
- Anhang 5 Berechnung der in Ladetanks, Pumpen und den dazugehörigen Rohrleitungen verbleibenden Menge an Rückständen
- Anhang 6 Vorwaschverfahren
- Anhang 7 Verfahren der Tankreinigung durch Lüften

Anlage III Regeln zur Verhütung der Meeresverschmutzung durch Schadstoffe, die auf See in verpackter Form befördert werden

- Anhang zu Anlage III Kriterien für die Bestimmung von Schadstoffen in verpackter Form

Anlage IV Regeln zur Verhütung der Verschmutzung durch Schiffsabwasser

- Kapitel 1 Allgemein
- Kapitel 2 Besichtigungen und Ausstellung von Zeugnissen
- Kapitel 3 Ausrüstung und Überwachung des Einleitens
- Kapitel 4 Auffanganlagen
- Kapitel 5 Hafenstaatkontrolle

Anlage V Regeln zur Verhütung der Verschmutzung durch Schiffsmüll

- Anhang Muster eines Mülltagebuchs

Anlage VI Regeln zur Verhütung der Luftverunreinigung durch Schiffe

- Kapitel I Allgemeines
- Kapitel II Besichtigung, Ausstellung von Zeugnissen und Überwachungsmaßnahmen
- Kapitel III Vorschriften über die Bekämpfung von Emissionen aus Schiffen
- Kapitel IV Regeln betreffend die Energieeffizienz von Schiffen
- Anhänge
  - Anhang I Muster eines IAPP-Zeugnisses
  - Anhang II Prüfzyklen und Wichtungsfaktoren
  - Anhang III Kriterien und Verfahren für die Festlegung von Emissions-Überwachungsgebieten
  - Anhang IV Baumusterzulassung und Betriebsbedingungen für bordseitige Verbrennungsanlagen
  - Anhang V Obligatorische Angaben in der Bunkerlieferbescheinigung
  - Anhang VI Brennstoffüberprüfungsverfahren für Proben von ölhaltigem Brennstoff im Sinne der Anlage VI von Marpol
  - Anhang VII Emissions-Überwachungsgebiete
  - Anhang VIII Muster eines internationalen Zeugnisses über die Energieeffizienz (IEE)

Das MARPOL-Übereinkommen von 1973 wurde durch das Protokoll von 1978 zu dem internationalen Übereinkommen von 1973 zur Verhütung der Meeresverschmutzung durch Schiffe erweitert und konkretisiert. In Art. 1 Abs. 2 des Protokolls ist geregelt, dass das Übereinkommen und dieses Protokoll als ein einziges Übereinkommen angesehen und ausgelegt werden – MARPOL 73/78.

Darüber hinaus wurden von den Vertragsstaaten Protokolle zu Art. 8 (Meldungen über Ereignisse, die Schadstoffe betreffen) und Art. 10 (Beilegung von Streitigkeiten) erlassen, die die Vorschriften der genannten Regeln konkretisieren.

Das Gesetz zu dem internationalen Übereinkommen von 1973 zur Verhütung der Meeresverschmutzung durch Schiffe und zu dem Protokoll von 1978 zu diesem Übereinkommen (MARPOL-Gesetz) stimmt dem MARPOL-Übereinkommen zu und ermächtigt den Gesetzgeber, Rechtsverordnungen zur Ahndung von Verstößen gegen MARPOL 73/78 zu erlassen. Eine Verordnung zur Anwendung innerhalb von Deutschland und zur Ahndung bei Zuwiderhandlungen ist die „Verordnung über das umweltgerechte Verhalten in der Seeschifffahrt (See-Umweltverhaltensverordnung – SeeUmwVerhV)“ vom 13.08.2014.

7.3.2 Anwendung des MARPOL-Übereinkommens

Das MARPOL-Übereinkommen gilt für Schiffe, die berechtigt sind, die Flagge einer Vertragspartei zu führen, sowie für Schiffe, die nicht berechtigt sind, die Flagge einer Vertragspartei zu führen, die jedoch unter der Hoheitsgewalt einer Vertragspartei betrieben werden.

Ein Schiff i. S. d. MARPOL-Übereinkommens ist ein Fahrzeug jeder Art, das in der Meeresumwelt betrieben wird; umfasst werden auch Tragflächenboote, Luftkissenfahrzeuge, Unterwassergeräte, schwimmendes Gerät und feste oder schwimmende Plattformen. Einschränkungen zur Anwendung einzelner Anlagen oder Regeln nimmt das Übereinkommen anhand von Vermessungsgrößen oder Schiffslängen vor. Weitere Ausnahmen beziehen sich auf bestimmte Meeresteile.

Der Begriff Meeresumwelt ist genauso wenig definiert wie der Begriff Meer. Nach h. M. versteht man unter Meer die miteinander verbundenen Gewässer der Erde, die die Kontinente umgeben – im Gegensatz zu den auf Landflächen liegenden Binnengewässern.

▶ **Grenzen der Seefahrt** Als Grenzen der Seefahrt im Sinne des § 1 des Flaggenrechtsgesetzes werden bestimmt:

- die Festland- und Inselküstenlinie bei mittlerem Hochwasser,
- die seewärtige Begrenzung der Binnenwasserstraßen,
- bei an der Küste gelegenen Häfen die Verbindungslinie der Molenköpfe und
- bei Mündungen von Flüssen, die keine Binnenwasserstraßen sind, die Verbindungslinie der äußeren Uferausläufe.

Nach der Schiffsdefinition findet das MARPOL-Übereinkommen auch für Binnenschiffe Anwendung, soweit diese in der Meeresumwelt verwendet werden – also wenn diese die Grenzen der Seefahrt überschreiten oder nach der SeeUmwVerhV auf Seeschifffahrtsstraßen betrieben werden.

In der Praxis scheitert die Anwendung an den Vermessungsgrenzen nach dem Vermessungsübereinkommen London69 (oder für alte Schiffe nach Oslo47). Nach Auffassung der zuständigen Behörden kann das fehlende Vermessungsergebnis für Seeschiffe durch die größte Tragfähigkeit von Gütermotorschiffen, bei anderen Schiffen die Wasserverdrängung bei größter Eintauchung sowie die Maschinenleistung ersetzt bzw. eingerechnet werden.

Auf den Seeschifffahrtsstraßen, die Teil der Binnenwasserstraße sind, also außerhalb des Geltungsbereichs von MARPOL 73/78, gibt es für Binnenschiffe keine Anwendungsregeln, z. B. nach der SeeUmwVerhV. Aus diesem Grund wurde für Binnenschiffe auf den benannten Binnenwasserstraßen das europäische „Binnen-MARPOL“ geschaffen – das CDNI.

7.3.3 Regeln zur Verhinderung der Verschmutzung der Meeresumwelt

Verschmutzung durch Öl

Die Anlage I gilt (soweit in ihr nicht ausdrücklich etwas anderes bestimmt ist) für alle Schiffe. Dies erklärt sich aus der Tatsache, dass – von wenigen Ausnahmen abgesehen – für Schiffsantriebe Öl als Brennstoff und in Form von anderen Betriebsstoffen verwendet wird.

Öl im Sinne der Anlage I ist Erdöl in jeder Form:

- Rohöl,
- Heizöl,
- Ölschlamm,
- Ölrückstände und
- Raffinerieerzeugnisse.

Die Erlaubnis, Bilgewasser aus dem Maschinenraum über eine 15 ppm-Anlage ins Meer einzuleiten, bedeutet für die Reeder Ersparnis von Entsorgungskosten, abzüglich der Anschaffungs-, Wartungs- und Reparaturkosten. Dazu ist die Arbeitszeit des Maschinenpersonals, die für Bedienung, Wartung und Reparaturen aufgewendet werden muss, zu berücksichtigen. Da diese Anlagen aber für den eigentlichen Schiffsbetrieb, der dem Erwerb dient, von untergeordneter Bedeutung sind, erfahren sie weniger Aufmerksamkeit als beispielsweise Hauptmaschine und Hilfsdiesel, die von essenzieller Bedeutung für den funktionierenden Schiffsbetrieb sind. Wegen der für den maritimen Umweltschutz negativen Folgen, die sich aufgrund kommerziellen Denkens und Handelns ergeben, unterliegen diese Anlagen einem erhöhten Wartungs- und Kontrollaufwand. Zweck dieser Anlagen ist die Entölung des Bilgewassers auf einen Restölgehalt von unter 15 parts per million (ppm), was 15 g Öl pro Kubikmeter Wasser oder 15 mg Öl pro Liter Wasser entspricht. Diese Konzentration ist für das menschliche Auge nicht sichtbar, es bildet sich keine sichtbare Ölphase auf der Wasseroberfläche. Die Trennung oder Separation von Öl und Wasser erfolgt im Bilgewasserentöler, der in der amtlichen Übersetzung der Anlage I MARPOL 73/78 als Ölfilteranlage bezeichnet wird.

Jedes Schiff mit einer Bruttoraumzahl zwischen 400 und 10.000 muss mit einer Ölfilteranlage ausgerüstet sein, die von einem von der Verwaltung zugelassenen Typ ist und sicherstellen muss, dass jedes ölhaltige Gemisch, das ins Meer eingeleitet wird, nachdem es das System durchlaufen hat, einen Ölgehalt von höchstens 15 Anteilen je Million (ppm) aufweist. Ausgenommen davon sind nur Schiffe wie Hotelschiffe, Lagerschiffe usw., die mit Ausnahme von Leerfahrten ohne Ladungsbeförderung festliegen. Schiffe, die größer als 10.000 BRZ vermessen sind, müssen ebenfalls mit einer solchen Ölfilteranlage ausgerüstet sein. Darüber hinaus ist die Anlage mit einer Alarmeinrichtung zu versehen, die anzeigt, wenn dieser Wert nicht eingehalten werden kann. Sie ist ferner mit einer Einrichtung zu versehen, durch die sichergestellt wird, dass jedes Einleiten von ölhaltigen Gemischen selbsttätig unterbrochen wird, wenn der Ölgehalt des Ausflusses 15 ppm überschreitet.

Grundsätzlich ist jedes Einleiten von Öl oder ölhaltigen Gemischen ins Meer aus Schiffen verboten. Ausnahmen davon sind direkt in MARPOL 73/78 enthalten und müssen eingehalten werden, weil anderenfalls eine Befugnis zum Einleiten nicht gegeben ist und sich daraufhin strafrechtliches Handeln begründen lässt.

Die Einleitbedingungen in MARPOL 73/78 unterscheiden sich in den Örtlichkeiten – nämlich außerhalb oder innerhalb von Sondergebieten. Der Ausschuss für den Schutz der Meeresumwelt (MEPC) der internationalen Seeschifffahrts- Organisation hat am 16.11.2012 das Rundschreiben MEPC.1/Circ.778/Rev.1 herausgegeben. Es enthält eine aktualisierte Auflistung der Sondergebiete nach dem internationalen Übereinkommen von 1973 zur Verhütung der Meeresverschmutzung durch Schiffe (MARPOL-Übereinkommen) sowie der besonders empfindlichen Meeresgebiete. In Europa gelten die Ostsee (Anlage I, IV, V und VI [SO_x]), die Nordsee (Anlagen V und VI [SO_x]), das Mittelmeer (Anlagen I und V) sowie die nordwesteuropäischen Gewässer (Anlage I) als Sondergebiete.

Einleiten von Öl aus dem Maschinenraum im Schiffsbetrieb

Jedes Einleiten von Öl oder ölhaltigen Gemischen ins Meer eines Sondergebietes aus Schiffen mit einer Bruttoraumzahl von 400 und mehr ist verboten; es sei denn, es sind alle Bedingungen erfüllt, die Tab. 7.1 aufgeführt sind (Schiffe unter 400 BRZ siehe Tab. 7.2).

Tab. 7.1 Einleitbedingungen von Öl aus dem Maschinenraum, 400 BRZ und mehr

Alle Schiffe mit einer BRZ von 400 und mehr Regel 15 a und b der Anlage I zu MARPOL	
Innerhalb der Sondergebiete	EINLEITEN VERBOTEN, Es sei denn, es sind alle nachstehenden Bedingungen erfüllt: 1. das Schiff ist in Fahrt, 2. der Ölgehalt des Ausflusses beträgt unverdünnt nicht mehr als 15 ppm, 3. das ölhaltige Gemisch wird in einer Ölfilteranlage, die den Anforderungen der Regel 14 Abs. 7 entspricht, behandelt (Ölgehalt des Ausflusses beträgt nicht mehr als 15 ppm, Alarm und selbsttätige Unterbrechungseinrichtung bei Überschreiten der Grenze), 4. das ölhaltige Gemisch stammt nicht aus der Bilge von Ladepumpenräumen oder wird mitÖlladungsrückständen gemischt (bei Öltankschiffen)
Außerhalb von Sondergebieten	EINLEITEN VERBOTEN, Es sei denn, es sind alle nachstehenden Bedingungen erfüllt: 1. das Schiff ist in Fahrt, 2. der Ölgehalt des Ausflusses beträgt unverdünnt nicht mehr als 15 ppm, 3. das ölhaltige Gemisch wird in einer Ölfilteranlage, die den Anforderungen der Regel 14 entspricht behandelt (Ölgehalt des Ausflusses beträgt nicht mehr als 15 ppm), 4. das ölhaltige Gemisch stammt nicht aus der Bilge von Ladepumpenräumen oder wird mit Ölladungsrückständen gemischt (bei Öltankschiffen)

Tab. 7.2 Einleitbedingungen von Öl aus dem Maschinenraum, unter 400 BRZ

Alle Schiffe mit einer BRZ unter 400 Regel 15 c der Anlage I zu MARPOL	
Bei einem Schiff mit einer BRZ von weniger als 400 sind Öl und ölhaltige Gemische entweder an Bord zur späteren Abgabe an Auffanganlagen zurückzubehalten oder in Übereinstimmung mit den folgenden Bestimmungen in das Meer einzuleiten:	
Alle Gebiete (mit Ausnahme des Antarktisgebietes[a])	EINLEITEN VERBOTEN, Es sei denn, es sind alle nachstehenden Bedingungen erfüllt: 1. das Schiff ist in Fahrt, 2. hat einen von der Verwaltung zugelassenen Anlagentyp in Betrieb, der sicherstellt, dass der Ölgehalt des Ausflusses unverdünnt nicht mehr als 15 ppm beträgt, 3. das ölhaltige Gemisch stammt nicht aus der Bilge von Ladepumpenräumen oder wird mitÖlladungsrückständen gemischt (bei Öltankschiffen)

[a] Im Antarktisgebiet ist gemäß Regel 15 Abs. 4 der Anlage I zum Übereinkommen jedes Einleiten von Öl und ölhaltigen Gemischen ins Meer aus Schiffen verboten.

Werden auf oder unter der Wasseroberfläche in unmittelbarer Nähe eines Schiffes oder seines Kielwassers sichtbare Ölspuren bemerkt, so sollen die Regierungen der Vertragsparteien, soweit dies zumutbar und möglich ist, umgehend die mit der Frage, ob ein Verstoß gegen diese Regel vorliegt, zusammenhängenden Tatsachen untersuchen.

Die Untersuchung soll im Besonderen die Wind- und Seeverhältnisse, den Kurs und die Geschwindigkeit des Schiffes, sonstige mögliche Ursachen der sichtbaren Spuren in der näheren Umgebung und alle infrage kommenden Aufzeichnungen über das Einleiten von Öl umfassen. Die Untersuchung innerhalb der deutschen Gerichtsbarkeit geht im Anfangsverdacht regelmäßig von einem Verstoß gegen das Strafrecht (§ 324 StGB) aus, weil die Einleitung nicht befugt, also rechtswidrig, stattgefunden hat.

▶ **Beispiel 7.1** Ein Schiff unter Flagge der Bahamas fährt im deutschen Küstenmeer der Ostsee von Kiel nach Rostock. Während der Fahrt wird die Ölfilteranlage nach MARPOL 73/78 Regel I/14 verwendet, die über keinen Alarm und selbsttätige Unterbrechungseinrichtung bei Überschreiten der Grenze verfügt. Die Ostsee ist nach der Definition der Anlage I MARPOL 73/78 ein Sondergebiet, in der diese Art von Ölfilteranlagen nicht verwendet werden dürfen. Eine Ahndung dieser Vertragsregel aus MARPOL 73/78 kann direkt nach dem nationalen Recht geahndet werden. Dafür wurde auf der Grundlage des Seeaufgabengesetzes die See-Umweltverhaltensverordnung erlassen, die ein Bußgeld von bis zu 50.000 €[19] zulässt.

[19] vgl. § 28 Abs. 2 Nr. 4 SeeUmwVerhV i. S. d. §§ 15 Abs. 1 Nr. 2 i. V. m. 15 Abs. 2 SeeAufgG.

Auf Schiffen, die dem MARPOL-Übereinkommen unterliegen mit einer BRZ von 4000 und mehr, die keine Öltankschiffe sind, und bei Öltankschiffen mit einer Bruttoraumzahl von 150 und mehr darf kein Ballastwasser in Brennstofftanks befördert werden. Ist es jedoch aufgrund der Notwendigkeit, große Mengen flüssigen Brennstoffs zu befördern, erforderlich, Ballastwasser in einem Brennstofftank mitzuführen, das kein sauberer Ballast ist, so muss dieses Ballastwasser an Auffanganlagen abgegeben oder unter Verwendung einer Bilgewasseranlage ins Meer eingeleitet werden. Der Vorgang ist dann in das Öltagebuch einzutragen. Jedes Öltankschiff mit einer Bruttoraumzahl von 150 und mehr sowie jedes Schiff mit einer Bruttoraumzahl von 400 und mehr, das kein Öltankschiff ist, muss ein Öltagebuch Teil I (Betriebsvorgänge im Maschinenraum) mitführen. Das Öltagebuch ist als Teil des amtlich vorgeschriebenen Schiffstagebuchs oder gesondert zu führen.

Nach Beendigung eines jeden Vorgangs sind die entsprechenden Angaben von dem oder den für den betreffenden Vorgang verantwortlichen Offizieren zu unterschreiben, und nach dem letzten Eintrag ist jede Seite des Öltagebuchs vom Kapitän des Schiffes zu unterzeichnen. Die Eintragungen im Öltagebuch Teil I müssen bei Schiffen, die ein internationales Zeugnis über die Verhütung der Ölverschmutzung mitführen, mindestens in englischer, französischer oder spanischer Sprache abgefasst sein. Werden Eintragungen auch in einer amtlichen Landessprache des Flaggenstaates vorgenommen, so ist diese im Fall einer Streitigkeit oder einer Unstimmigkeit maßgebend.

Einleiten von Öl aus dem Ladebereich im Schiffsbetrieb

Jedes Einleiten von Öl oder ölhaltigen Gemischen ins Meer aus dem Ladebereich eines Öltankschiffes ist verboten, es sei denn, dass alle nachstehenden Bedingungen der Tab. 7.3 erfüllt sind.

Tab. 7.3 Einleitbedingungen von Öl aus den Ladetanks von Öltankschiffen

Öltankschiffe aller Größen, Einleiten von Öl und ölhaltigen Gemischen aus dem Bereich des Ladetanks (einschließlich Pumpenraum) Regel 34 der Anlage I zu MARPOL	
innerhalb der Sondergebiete bzw. außerhalb der Sondergebiete, jedoch weniger als 50 sm vom nächstgelegenen Land	EINLEITEN VERBOTEN mit Ausnahme von sauberem und getrenntem Ballast, oder wenn alle nachstehenden Bedingungen erfüllt sind:
außerhalb der Sondergebiete und mehr als 50 sm vom nächstgelegenen Land	EINLEITEN VERBOTEN mit Ausnahme von sauberem und getrenntem Ballast, oder wenn alle nachstehenden Bedingungen erfüllt sind: 1. das Tankschiff ist in Fahrt, 2. die jeweilige Öl-Einleitrate 30 l/sm nicht überschreitet, 3. die Gesamtmenge des ins Meer eingeleiteten Öls beträgt • bei Tankschiffen, die am oder vor dem 31.12.1979 abgeliefert worden sind, nicht mehr als 1/15.000 • bei Tankschiffen, die nach dem 31.12.1979 abgeliefert worden sind, nicht mehr als 1/30.000 der Gesamtmenge der einzelnen Ladungen, 4. das Tankschiff hat ein Überwachungs- und Kontrollsystem für das Einleiten von Öl nach Maßgabe von Regel 31 und eine Sloptank-Einrichtung nach Regel 29 in Betrieb

Dies gilt nicht für das Einleiten von sauberem oder getrenntem Ballast. Innerhalb von Sondergebieten ist jedes Einleiten von Öl oder ölhaltigen Gemischen ins Meer aus dem Ladebereich eines Öltankschiffes verboten, es sei denn, es handelt sich um das Einleiten von sauberem oder getrenntem Ballast. Einem Schiff, dessen Reise nur zum Teil durch ein Sondergebiet führt, ist das Einleiten außerhalb des Sondergebietes während der Reise jedoch nicht verboten.

Jedes Öltankschiff mit einer Bruttoraumzahl von 150 und mehr, hat ein Öltagebuch Teil II (Ladungs- oder Ballast-Betriebsvorgänge) mitzuführen. Es ist jeweils auszufüllen, wenn einer der folgender Ladungs- oder Ballast-Betriebsvorgänge auf dem Schiff stattfindet:

1. Übernahme von Ölladung;
2. Umpumpen von Ölladung während der Reise;
3. Löschen von Ölladung;
4. Füllen von Ladetanks und eigens für sauberen Ballast bestimmten Tanks mit Ballastwasser;
5. Reinigung von Ladetanks einschließlich Tankwaschen mit Rohöl;
6. Einleiten von Ballastwasser außer aus Tanks für getrennten Ballast;
7. Einleiten von Wasser aus Sloptanks;
8. Schließen aller infrage kommenden Ventile oder ähnlichen Einrichtungen nach dem Einleiten aus Sloptanks;
9. Schließen der Absperrventile zwischen den eigens für sauberen Ballast bestimmten Tanks und den Lade- und Restlenzleitungen nach dem Einleiten aus Sloptanks;
10. Abgabe bzw. Beseitigung von Rückständen.

Das Öltagebuch Teil II ist auf jedem Öltankschiff mit einer Bruttoraumzahl von 150 und mehr zur Aufzeichnung bestimmter Betriebsvorgänge im Zusammenhang mit dem Füllen bzw. Entleeren von Lade- und Ballasttanks mitzuführen. Jedes derartige Öltankschiff hat außerdem das Öltagebuch Teil I zur Aufzeichnung bestimmter Betriebsvorgänge im Maschinenraum mitzuführen.

Im Fall eines unfallbedingten oder durch außergewöhnliche Umstände verursachten Einleitens von Öl sind in das Öltagebuch Teil II die Umstände des Einleitens und die Gründe dafür einzutragen.

Die Eintragungen im Öltagebuch Teil II müssen bei Schiffen, die ein IOPP-Zeugnis mitführen, mindestens in englischer, französischer oder spanischer Sprache abgefasst sein. Werden Eintragungen auch in einer Amtssprache des Staates vorgenommen, dessen Flagge das Schiff zu führen berechtigt ist, so ist diese im Fall einer Streitigkeit oder Unstimmigkeit maßgebend.

Zeugnisse und Tanks

Den unter die Bestimmungen der Anlage I MARPOL 73/78 fallenden Schiffen wird nach einer Besichtigung durch die für die Verwaltung der Vorschriften zuständigen Behörde ein internationales Zeugnis über die Verhütung der Ölverschmutzung (international oilpollution prevention certificate, IOPP) ausgestellt.

Die Besichtigung wird periodisch durchgeführt:

- als erstmalige Besichtigung, bevor das Schiff in Dienst gestellt wird,
- als Erneuerungsbesichtigung maximal nach 5 Jahren,
- als Zwischenbesichtigung innerhalb von drei Monaten vor oder nach dem zweiten Jahresdatum oder innerhalb von drei Monaten vor oder nach dem dritten Jahresdatum des Zeugnisses oder
- als jährliche Besichtigung innerhalb von drei Monaten vor oder nach jedem Jahresdatum des Zeugnisses.

Zusätzlich kann je nach Sachlage eine Besichtigung nach Instandsetzungen nach wesentlichen Instandsetzungen oder Erneuerungen durchgeführt werden.

Das auf der Grundlage der Erstbesichtigung erstellte Zeugnis enthält die behördlichen Nachweise über die weiteren Besichtigungen. Das IOPP muss mindestens in englischer, französischer oder spanischer Sprache abgefasst sein und kann zusätzlich in der Landessprache des Flaggenstaates erstellt sein.

Als Anhang (Supplement) wird dem Zeugnis eine Aufstellung der an Bord des Schiffes verwendeten Tanks beigegeben, in dem die Größen, die Bezeichnungen und die Positionen der Tanks nachzuweisen sind. Mindestens für Ölschlamm müssen Tanks vorhanden sein und im Supplement nachgewiesen werden. Diese Tanks für Ölschlamm

- müssen mit einer für die Beseitigung bestimmten Pumpe ausgestattet sein, die geeignet ist, die Tanks für Ölrückstände (Ölschlamm) abzusaugen, und
- dürfen keine Abflussanschlüsse zum Bilgesystem, zu den Sammeltanks für ölhaltiges Bilgewasser, Tankdecken oder Separatorenanlagen für Öl-Wasser-Gemische

haben.

Die Rohrleitungen zu und von den Tanks für Ölschlamm dürfen außer dem genormten Abflussanschluss keine unmittelbare Verbindung nach außenbords (Bypass) haben.

Darüber hinaus muss ein Öltankschiff mit einer Bruttoraumzahl von 150 und mehr und jedes sonstige Schiff mit einer Bruttoraumzahl von 400 und mehr einen genehmigten bordeigenen Notfallplan für Ölverschmutzungen mitführen.

Ölfilteranlagen

Abgesehen von Hotelschiffen, Lagerschiffen usw., die mit Ausnahme von Leerfahrten ohne Ladungsbeförderung festliegen, muss jedes Schiff mit einer Bruttoraumzahl von 400 und mehr, jedoch weniger als 10.000, mit einer Ölfilteranlage ausgerüstet sein, die von einem von der Verwaltung zugelassenen Typ sein und sicherstellen muss, dass jedes ölhaltige Gemisch, das ins Meer eingeleitet wird, nachdem es das System durchlaufen hat, einen Ölgehalt von höchstens 15 Anteilen je Million (ppm) aufweist. Jedes Schiff mit einer Bruttoraumzahl von 10.000 und mehr muss darüber hinaus mit einer Ölfilteranlage ausgerüstet sein, die zusätzlich mit einer Alarmeinrichtung versehen ist, die anzeigt, wenn

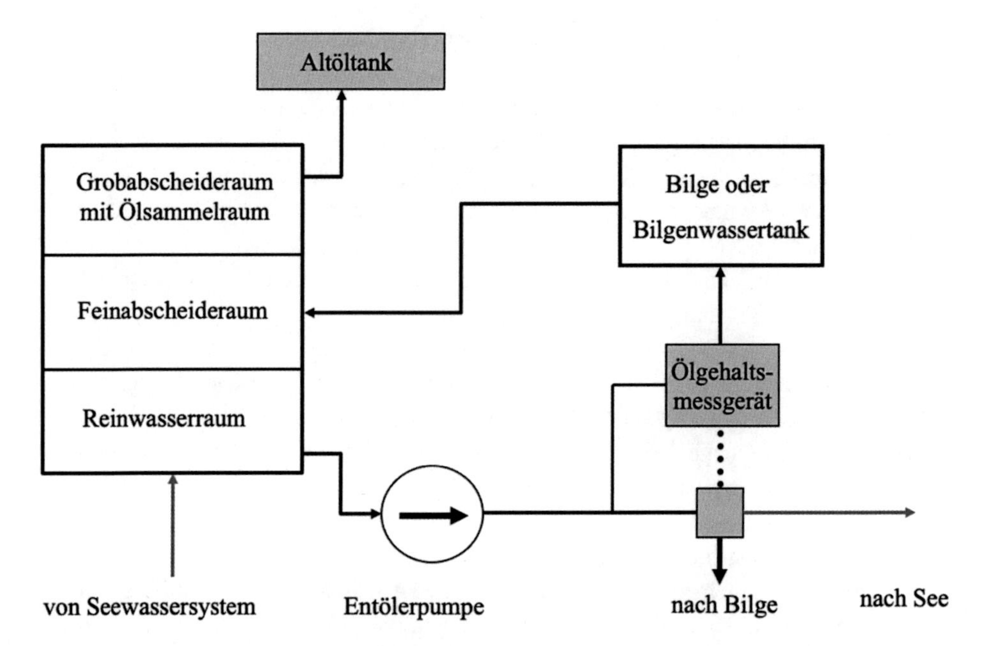

Abb. 7.2 Funktionsaufbau einer Ölfilteranlage

der Wert von höchstens 15 Anteilen je Million (ppm) nicht eingehalten werden kann. Sie ist ferner mit einer Einrichtung zu versehen, durch die sichergestellt wird, dass jedes Einleiten von ölhaltigen Gemischen selbsttätig unterbrochen wird, wenn der Ölgehalt des Ausflusses 15 Anteile je Million (ppm) überschreitet (Abb. 7.2).

Bilgewasser entsteht durch eindringendes Salzwasser und Leckagen von Kühlwasser, Treiböl und Schmieröl, aber auch durch die Entwässerung von Setz- und Schlammtanks, durch verschiedene Reinigungsprozesse und durch Ruß- und Schmutzpartikel. Die Zusammensetzung des Bilgewasser ist auf jedem Schiff unterschiedlich. Der prozentuale Anteil einzelner Flüssigkeiten in der Bilge hängt von den Betriebsstoffen an Bord, dem Wartungszustand der Maschinenanlage und der Einstellung des Maschinenpersonals ab.

Grundsätzlich können drei Gruppen von Bestandteilen des Bilgewassers unterschieden werden:

- Wasser
  - Seewasser aus dem Kühlwasser- oder Feuerlöschsystem,
  - Kondensate aus dem Dampfsystem,
  - Frischwasser als Trinkwasser oder Waschwasser,
- Kohlenwasserstoffe
  - Schweröl aus dem Kraftstoffsystem und den Tanks,
  - Schmieröl der Haupt- und Hilfsmotoren, den Getrieben oder Lagern,
  - Hydrauliköl, und
- Emulgierende Produkte
  - Chemikalien aus der Reinigung sowie Additive in Betriebsstoffen.

Jedes Schiff mit einer Bruttoraumzahl von 400 oder mehr muss ein oder mehrere Tanks von angemessenem Fassungsvermögen entsprechend dem Maschinentyp und der Dauer der Reise eingebaut besitzen, welche die ölhaltigen Rückstände (Ölschlamm, Sludge) aufnehmen, die nicht auf andere Weise beseitigt werden können. Dieser Ölschlamm kann dann direkt aus den jeweiligen Tanks für Ölschlamm über einen genormten Abflussanschluss oder eine andere zugelassene Beseitigungsvorrichtung beseitigt werden. Diese Tanks müssen darüber hinaus mit einer für die Beseitigung bestimmten Pumpe ausgestattet sein, die geeignet ist, den Tank abzusaugen, und sie dürfen keine Abflussanschlüsse zum Bilgesystem, zu den Sammeltanks für ölhaltiges Bilgewasser, Tankdecken oder Separatorenanlagen für Öl-Wasser-Gemische haben.

7.3.3.1 Verschmutzung durch schädliche flüssige Stoffe

Von dem Transport von Chemikalien und flüssigen Grundstoffen für die Lebensmittel- und Futtermittelindustrie gehen besonders große Gefahren für die Meeresumwelt aus. Um diese Risiken zu minimieren, trat am 6. April 1987 die Anlage II des MARPOL-Übereinkommens in Kraft. Die Anlage II enthält Vorschriften zum Bau, zur Ausrüstung und zum Betrieb von Chemikalientankern. Es geht dabei um den umweltgerechten Transport von schädlichen flüssigen Stoffen als Massengut.

Die Anlage II MARPOL 73/78 gilt, soweit nicht ausdrücklich etwas anderes bestimmt ist, für alle Schiffe, die für die Beförderung schädlicher flüssiger Stoffe als Massengut zugelassen sind.

Einteilung der schädlichen flüssigen Stoffe

Für die Zwecke der Regeln dieser Anlage werden schädliche flüssige Stoffe in folgende vier Gruppen eingestuft (Kurzübersicht siehe Tab. 7.4):

- Gruppe X – Schädliche flüssige Stoffe, von denen angenommen wird, dass sie, wenn sie beim Reinigen der Tanks oder beim Lenzen von Ballast ins Meer eingeleitet werden, eine große Gefahr für die Schätze des Meeres oder die menschliche Gesundheit darstellen und dass deshalb das Verbot des Einleitens in die Meeresumwelt gerechtfertigt ist.
- Gruppe Y – Schädliche flüssige Stoffe, von denen angenommen wird, dass sie, wenn sie beim Reinigen der Tanks oder beim Lenzen von Ballast ins Meer eingeleitet werden, eine Gefahr für die Schätze des Meeres oder die menschliche Gesundheit darstellen oder die Annehmlichkeiten der Umwelt oder die sonstige rechtmäßige Nutzung des Meeres schädigen, und dass deshalb eine Begrenzung der Beschaffenheit und Menge des Abflusses in die Meeresumwelt gerechtfertigt ist.
- Gruppe Z – Schädliche flüssige Stoffe, von denen angenommen wird, dass sie, wenn sie beim Reinigen der Tanks oder beim Lenzen von Ballast ins Meer eingeleitet werden, eine geringere Gefahr für die Schätze des Meeres oder die menschliche Gesundheit darstellen, und dass deshalb weniger strenge Beschränkungen auf die Beschaffenheit und Menge des Ausflusses in die Meeresumwelt gerechtfertigt ist.

Tab. 7.4 Einstufung der Schadstoffe

Gruppe	Einfluss auf die Schätze des Meeres oder die menschliche Gesundheit	Einfluss auf die Annehmlichkeiten der Umwelt oder die sonstige Nutzung des Meeres
X	Große Gefahr	Ernstliche Schädigung
Y	Gefahr	Schädigung
Z	Geringere Gefahr	Geringfügige Schädigung
OS	Keine Zuordnung in die Gruppen X, Y und Z	Derzeit nicht als schädlich betrachtet

- Sonstige Stoffe – Stoffe, die als OS (other substances) in der Spalte der Verschmutzungsgruppe des Kapitels 18 des Internationalen Chemikalientankschiff-Codes angegeben sind, die so beurteilt werden und bei denen festgestellt wurde, dass sie nicht in die Gruppe X, Y oder Z im Sinne der Regel 6.1 gehören, weil sie für die Schätze des Meeres, die menschliche Gesundheit, die Annehmlichkeiten oder die sonstigen rechtmäßigen Nutzungen des Meeres derzeit nicht als schädlich betrachtet werden, wenn sie beim Reinigen der Tanks oder beim Lenzen von Ballast ins Meer eingeleitet werden.

Einleiten von Rückständen mit schädlichen flüssigen Stoffen

Das Einleiten von Bilgewasser, Ballastwasser, sonstigen Rückständen oder Gemischen, die nur als „sonstige Stoffe" bezeichnete Stoffe enthalten, unterliegen keinen Vorschriften der Anlage II.

Ein kontrolliertes Einleiten von Rückständen mit schädlichen flüssigen Stoffen oder von Ballastwasser, Tankwaschwasser oder sonstigen Gemischen, die solche Stoffe enthalten, das weder als Notfallmaßnahme noch mit behördlicher Genehmigung geschieht, ist dann erlaubt, wenn folgende Bedingungen erfüllt wurden:

- Das Einleiten ins Meer von Rückständen der den Gruppen X, Y oder Z zugeteilten Stoffe oder der vorläufig als solche bewerteten Stoffe oder von Ballastwasser, Tankwaschwasser oder sonstigen Gemischen, die solche Stoffe enthalten, ist verboten, sofern solches Einleiten nicht in vollständiger Übereinstimmung mit den in der Anlage II MARPOL 73/78 enthaltenen anwendbaren betrieblichen Anforderungen vorgenommen wird.
- Bevor ein Vorwasch- oder Einleitverfahren nach dieser Regel durchgeführt wird, muss der betreffende Tank so weit wie praktisch möglich geleert sein.
- Das Befördern von Stoffen, die nicht in eine Gruppe eingestuft, vorläufig bewertet oder beurteilt worden sind, oder von Ballastwasser, Tankwaschwasser oder sonstigen Gemischen, die solche Rückstande enthalten, ist ebenso verboten wie jedes sich aus der Beförderung solcher Stoffe ergebende Einleiten ins Meer (Tab. 7.5).

Tab. 7.5 Einleitbedingungen von Öl aus den Ladetanks von Öltankschiffen

Gruppe	
X	• Tank muss vor Verlassen des Hafens vorgewaschen werden • Rückstände müssen an eine Auffanganlage abgegeben werden, bis die Konzentration des Stoffes im an die Auffanganlage abgegebenen Ausfluss bei oder unter dem Wert von 0,1 Gewichtsprozenten liegt (Probenanalyse) • verbleibendes Tankwaschwasser muss ebenfalls an die Auffanganlage abgegeben werden Jedes nachfolgend in den Tank eingefüllte Wasser darf gemäß den Einleitstandards von Regel 13 Abs. 2 Anlage II ins Meer eingeleitet werden
Y	• Tank muss vor Verlassen des Hafens vorgewaschen werden, sofern das Löschen der Ladung nicht in Übereinstimmung mit dem Handbuch erfolgt • Tankwaschwasser muss an eine Auffanganlage abgegeben werden Zusätzlich bei Stoffen der Gruppe Y mit hoher Viskosität bzw. bei erstarrenden Stoffen: • Vorwaschverfahren ist entsprechend Anhang 6 der Anlage II durchzuführen • Rückstände bzw. Wassergemische müssen an eine Auffanganlage abgegeben werden Jedes nachfolgend in den Tank eingefüllte Wasser darf nach den Einleitstandards von Regel 13 Abs. 2 Anlage II ins Meer eingeleitet werden
Z	• Tank muss vor Verlassen des Hafens vorgewaschen werden, wenn das Löschen der Ladung nicht in Übereinstimmung mit dem Handbuch erfolgt • Tankwaschwasser muss an eine Auffanganlage abgegeben werden Jedes nachfolgend in den Tank eingefüllte Wasser darf nach den Einleitstandards von Regel 13 Abs. 2 Anlage II ins Meer eingeleitet werden
alle Stoffe der Gruppen X, Y und Z	• Schiff ist in Fahrt • Mindestgeschwindigkeit von 7 kn (bei eigenem Antrieb) bzw. 4 kn (ohne eigenen Antrieb) • Einleiten erfolgt unterhalb der Wasserlinie • mind. 12 sm vom nächstgelegenen Land entfernt • bei einer Wassertiefe von mind. 25 m

Die Anlage II des MARPOL-Übereinkommens wird durch den „International Code for the Construction and Equipment of Ships Carrying Dangerous Chemicals in Bulk“ (IBC-Code), ergänzt. Der IBC-Code enthält detaillierte Vorschriften für die Konstruktion und Ausrüstung von Chemikalientankern. Er enthält Vorgaben für die Beförderung gefährlicher Chemikalien und gesundheitsschädlicher Flüssigkeiten als Massengut in der Seeschifffahrt. Außerdem ist der IBC-Code als Kapitel VII Teil B Bestandteil der Regelungen des internationalen Übereinkommens zum Schutz des menschlichen Lebens auf See (SOLAS-Übereinkommen). Der IBC-Code wird durch die Gefahrgutverordnung See in deutsches Recht umgesetzt.[20]

[20] https://www.deutsche-flagge.de/de/umweltschutz/marpol/fluessige-stoffe/fluessige-stoffe.

Zweck des IBC-Codes ist es, einen internationalen Standard für die sichere Beförderung von gefährlichen Chemikalien und gesundheitsschädlichen Flüssigkeiten als Massengut zu setzen. Der IBC-Code enthält Regelungen zur Konstruktion und zur Schiffsausrüstung.

Den Schiffen, die für die Beförderung schädlicher flüssiger Stoffe als Massengut vorgesehen sind und die Reisen nach im Hoheitsbereich anderer Vertragsparteien gelegenen Häfen oder Umschlagplätzen durchführen, wird nach vorheriger Besichtigung ein internationales Zeugnis über die Verhütung der Verschmutzung bei der Beförderung schädlicher flüssiger Stoffe als Massengut (International Pollution Prevention Certificate for the Carriage of Noxious Liquid Substances in Bulk, NLS) ausgestellt. Jedes Schiff hat darüber hinaus als Teil des amtlich vorgeschriebenen Schiffstagebuchs oder gesondert ein Ladungstagebuch mitzuführen. Jede Eintragung ist vom Schiffsoffizier oder dem für den betreffenden Vorgang verantwortlichen Offizier zu unterschreiben; außerdem ist jede Seite vom Kapitän des Schiffes zu unterschreiben.

Außerdem muss jedes Schiff mit einem Bruttoraumgehalt von 150 und mehr, das für die Beförderung von schädlichen flüssigen Stoffen als Massengut zugelassen ist, einen genehmigten „bordeigenen Notfallplan für Meeresverschmutzungen durch schädliche flüssige Stoffe“ mitführen.

7.3.3.2 Verschmutzung durch Schadstoffe in verpackter Form

Anders als bei schädlichen flüssigen Massengutladungen werden die Schadstoffe in verpackter Form in der Anlage III nicht in Kategorien unterteilt. Eine solche Einstufung in Gattungen wird dagegen im „Internationalen Code für die Beförderung gefährlicher Güter mit Seeschiffen“, (IMDG-Code) vorgenommen. Die Anlage III des MARPOL-Übereinkommens muss man daher immer in Kombination mit dem IMDG-Code lesen. Schadstoffe, die nach dem IMDG-Code als Meeresschadstoff (marine pollutant) klassifiziert werden, sind damit auch Schadstoffe nach der Anlage III des MARPOL-Übereinkommens. Meeresschadstoffe sind danach solche Gefahrgüter, die über negative Eigenschaften für die Meeresumwelt verfügen, zum Beispiel:

- Gefahr für die Tier- und Pflanzenwelt im Wasser,
- Geschmacksveränderung von Meeresfrüchten oder
- Anreicherung von Schadstoffen in Meeresorganismen.[21]

Die Anlage III, die am 01.07.1992 international in Kraft getreten ist, sieht vor, dass zur Verhütung der Meeresverschmutzung Schadstoffe in verpackter Form nur nach Maßgabe dieser Anlage befördert werden dürfen. National sind diese Vorschriften durch die Gefahrgutverordnung-See umgesetzt (beispielsweise für gefährliche Güter in Contai-

[21] https://www.deutsche-flagge.de/de/umweltschutz/marpol/verpackte-schadstoffe.

nern). Soweit nicht ausdrücklich etwas anderes bestimmt ist, gelten die Regeln der Anlage III für alle Schiffe, die Schadstoffe in verpackter Form befördern. Die Versandstücke müssen so geartet sein, dass unter Berücksichtigung ihres jeweiligen Inhalts die Gefährdung der Meeresumwelt auf ein Mindestmaß verringert wird. Sie müssen mit einer dauerhaften Beschriftung, Markierung oder Kennzeichnung versehen sein, die anzeigt, dass der Stoff ein Schadstoff nach den einschlägigen Bestimmungen des IMDG-Codes ist.[22]

7.3.3.3 Verschmutzung durch Schiffsabwasser

Die Anlage IV ist am 27.09.2003 international in Kraft getreten und regelt die Verhütung beziehungsweise Einschränkung von Verschmutzungen des Meeres durch Schiffsabwässer. Danach ist das Einleiten von Schiffsabwasser grundsätzlich verboten. Ausnahmen sind nur nach Maßgabe von Regel 11 Anlage IV zum MARPOL-Übereinkommen zulässig.

Mit dem Inkrafttreten der Entschließung MEPC.200(62) ist die Ostsee ab dem 01.01.2013 das erste Sondergebiet nach der Anlage IV des MARPOL-Übereinkommens für die Einleitung von Schiffsabwässern. Gemäß dem aktuellen Beschluss bei der letzten Sitzung des Meeresumweltausschusses der IMO (MEPC) vom 22.04.2016 gelten die strengeren Einleitgrenzwerte für Abwässer auf neuen Passagierschiffen jetzt verbindlich ab dem 1. Juni 2019 und für vorhandene Passagierschiffe zwei Jahre später ab dem 1. Juni 2021. Einzelne Reisen von Passagierschiffen in die weit östlich liegenden Seegebiete im Hoheitsgebiet Russlands östlich des 28°10′ Längengrades und zurück, welche keine weiteren Häfen auf ihrem Weg dorthin oder von dort anlaufen, erhielten noch eine weitere zusätzliche Übergangszeit von zwei Jahren bis zum 1. Juni 2023.

Anlage IV ist auf Schiffe auf Auslandfahrt mit 400 BRZ und mehr oder mit weniger als 400 BRZ, die für die Beförderung von mehr als 15 Personen zugelassen sind, anzuwenden.

Grundsätzlich ist das Einleiten von Abwasser von Schiffen, die keine Fahrgastschiffe sind, in allen Gebieten und Einleiten von Abwasser von Fahrgastschiffen außerhalb von Sondergebieten verboten. Ausnahmen von diesem Verbot sind anzuwenden, für

- das Einleiten von Schiffsabwasser, wenn es aus Gründen der Sicherheit des Schiffes und der an Bord befindlichen Personen oder zur Rettung von Menschenleben auf See erforderlich ist, oder
- das Einleiten von Abwasser infolge der Beschädigungen des Schiffes oder seiner Ausrüstung, sofern vor und nach Eintritt des Schadens alle angemessenen Vorsichtsmaßnahmen getroffen worden sind, um das Einleiten zu verhüten oder auf das Mindestmaß zu verringern.

[22] https://www.bsh.de/DE/THEMEN/Schifffahrt/Umwelt_und_Schifffahrt/MARPOL/marpol_node.htm.

Tab. 7.6 Einleitbestimmungen nach Regel 11 Anlage IV MARPOL

<table>
<tr><td colspan="3">Schiffe, die keine Fahrgastschiffe sind</td><td colspan="2">Fahrgastschiffe</td></tr>
<tr><td colspan="2">Innerhalb von Sondergebieten</td><td>Außerhalb von Sondergebieten</td><td colspan="2">Innerhalb von Sondergebieten</td></tr>
<tr><td colspan="3">Das Einleiten von Abwasser von Schiffen, die keine Fahrgastschiffe sind, in allen Gebieten und von Fahrgastschiffen außerhalb eines Sondergebietes ist gemäß Regel 11 Abs. 1 Anlage IV MARPOL verboten, es sei denn:</td><td colspan="2">Das Einleiten von Abwasser von Fahrgastschiffen innerhalb eines Sondergebietes ist gemäß Regel 11 Abs. 3 Anlage IV MARPOL verboten, es sei denn:</td></tr>
<tr><td>aus Aufbereitungsanlagen Regel 11 Abs. 1 Nr. 2</td><td>mechanisch behandelt und desinfiziert Regel 11 Abs. 1 Nr. 1</td><td>unbehandelt Regel 11 Abs. 1 Nr. 1</td><td>neue Fahrgastschiffe ab 01.06.2019 Regel 11 Abs. 3 a)</td><td>vorhandene Fahrgastschiffe ab 01.06.2021 Regel 11 Abs. 3 b)</td></tr>
<tr><td>• zugelassene Abwasser-Aufbereitungsanlage nach Regel 9 Abs. 1.1
• in umgebendem Wasser sind keine Festkörper und keine Verfärbungen sichtbar</td><td>• zugelassenes System zur mechanischen Behandlung und Desinfektion nach Regel 9 Abs. 1.2
• mindestens 3 sm vom nächstgelegenen Land</td><td>• aus einem Sammeltank
• in von der Verwaltung zugelassenen, mäßigen Einleitraten
• Schiff fährt auf seinem Kurs
• Mindestgeschwindigkeit 4 kn
• mindestens 12 sm vom nächstgelegenen Land</td><td colspan="2">• zugelassene Abwasser-Aufbereitungsanlage nach Regel 9 Abs. 2.1
• in umgebendem Wasser sind keine Festkörper und keine Verfärbungen sichtbar</td></tr>
</table>

Für Schiffe, wenn sie sich auf Inlandfahrt befinden, gelten auch die in Tab. 7.6 dargestellten Einleitbestimmungen.

In der Ostsee gilt das Einleitverbot auch für die in Regel 2 Abs. 1 Anlage IV zu MARPOL nicht genannten Schiffe, einschließlich Sportboote, sofern diese im Folgenden aufgeführten Schiffe über eine Toilette mit einer Abwasserrückhalteanlage verfügen:

- Schiffe, die nicht für Auslandfahrt zugelassen sind, unabhängig von ihrer BRZ,
- Schiffe, die für Auslandfahrt zugelassen sind, mit weniger als 400 BRZ oder die max. 15 Personen befördern dürfen und
- Sportboote.

Sofern die oben genannten Schiffe (Schiffe, die nicht unter Anlage IV MARPOL fallen, einschließlich Sportboote), über eine Toilette verfügen und nicht mit einer Abwasserrückhalteanlage ausgerüstet sind, dürfen sie die Ostsee nicht befahren.

Beim Befahren der Ostsee müssen Schiffe, die nicht unter Anlage IV MARPOL fallen, einschließlich Sportboote, sofern sie über eine Toilette verfügen, mit einer Abwasserrückhalteanlage ausgerüstet sein. Von der Ausrüstungspflicht sowie dem Befahrensverbot ausgenommen sind

- Schiffe, die vor dem 01.01.1980 gebaut sind, und
- Schiffe, die zwischen dem 01.01.1980 und 01.01.2003 gebaut sind und eine Rumpflänge von weniger als 11,50 m oder eine Breite von weniger als 3,80 m aufweisen.

Jedem Schiff, das Reisen nach im Hoheitsbereich anderer Vertragsparteien gelegenen Häfen oder der Küste vorgelagerten Umschlagplätzen durchführt, wird nach einer erstmaligen Besichtigung oder einer Erneuerungsbesichtigung ein internationales Zeugnis über die Verhütung der Verschmutzung durch Abwasser (International Sewage Pollution Prevention Certificate, ISPP) ausgestellt, dessen Gültigkeit maximal fünf Jahre betragen darf.

7.3.3.4 Verschmutzung durch Schiffsmüll

Die Anlage V ist bereits am 31.12.1988 international in Kraft getreten und enthält Bestimmungen zur Verhütung von Verschmutzungen durch Schiffsmüll. Die Voraussetzungen für eine Einbringung bestimmen sich nach der jeweiligen Art des Schiffsmülls. In einem Mülltagebuch sind alle Vorgänge in Bezug auf den an Bord anfallenden Müll zu dokumentieren. Gegenüber der vorherigen Rechtslage haben sich folgende wesentlichen Änderungen ergeben:

- es soll grundsätzlich kein Abfall mehr in das Meer gelangen;
- für bestimmte Arten von Abfall gibt es noch Ausnahmeregelungen;
- es werden Tierkadaver und Speiseöl als neue Abfallkategorie erfasst;
- Waschwässer aus Laderäumen dürfen unter Auflagen eingeleitet werden;
- verloren gegangenes Fischereigeschirr ist den zuständigen Behörden zu melden.

Jede MARPOL-Vertragspartei muss in Häfen und an Umschlagplätzen für die Einrichtung von geeigneten Anlagen sorgen, die ohne unangemessene Verzögerung den Müll aufnehmen können.

Für Auffanganlagen innerhalb von Sondergebieten, wie der Nord- und Ostsee, gilt:

- Der jeweilige Vertragsstaat verpflichtet sich, dafür zu sorgen, dass so bald wie möglich in allen Häfen und an allen Umschlagplätzen innerhalb des Sondergebietes unter Berücksichtigung der Erfordernisse der in diesen Gebieten betriebenen Schiffe geeignete Auffanganlagen eingerichtet werden.
- Der jeweilige Vertragsstaat notifiziert der Organisation die getroffenen Maßnahmen zur Einrichtung der Auffanganlagen, um die Einhaltung der Vorschriften zum Einbringen von Müll einhalten zu können.

Auf Schiffen von 12 oder mehr Metern Länge über alles und auf festen oder schwimmenden Plattformen sind Aushänge zur Unterrichtung der Besatzungsmitglieder und Fahrgäste über die anzuwendenden Vorschriften über das Einbringen oder Einleiten von Müll anzubringen. Zusätzlich muss jedes Schiff ab 100 BRZ und jedes Schiff mit der Erlaubnis zur Beförderung von 15 oder mehr Personen sowie feste oder schwimmende Plattformen einen Müllbehandlungsplan mitführen, der von der Besatzung zu befolgen ist. Dieser Plan muss in schriftlicher Form Verfahren für das Verringern, Sammeln, Lagern, Bearbeiten und Beseitigen von Müll sowie für den Gebrauch der Ausrüstung an Bord enthalten. Er muss auch die Person oder Personen bezeichnen, die für die Ausführung des Plans zuständig sind. Dieser Plan muss in der Arbeitssprache der Besatzung abgefasst sein.

Jedes Schiff ab 400 BRZ und jedes Schiff, dass für die Beförderung von 15 oder mehr Personen zugelassen ist und das auf Reisen zu Häfen oder Offshore-Umschlagplätzen im Hoheitsbereich eines anderen MARPOL-Vertragsstaates eingesetzt wird, sowie jede feste oder schwimmende Plattform muss ein Mülltagebuch haben. Für die Führung des Mülltagebuches gilt:

- Jedes Einbringen oder Einleiten ins Meer, jede Abgabe an eine Auffanganlage oder jeder abgeschlossene Verbrennungsvorgang ist umgehend im Mülltagebuch einzutragen und am Tag des Einbringens oder Einleitens, der Abgabe beziehungsweise der Verbrennung von dem verantwortlichen Offizier durch Unterschrift zu bestätigen. Jede vollständig ausgefüllte Seite des Mülltagebuchs ist vom Kapitän des Schiffes zu unterschreiben.
- Die Eintragung über jedes Einbringen, jedes Einleiten, jede Abgabe oder jede Verbrennung muss Datum und Uhrzeit, die Schiffsposition, die Müllgruppe und eine Schätzung der eingebrachten, eingeleiteten, abgegebenen oder verbrannten Menge enthalten.
- Das Mülltagebuch ist an Bord des Schiffes oder auf der festen oder schwimmenden Plattform so aufzubewahren, dass es ohne Weiteres für eine Überprüfung zu jeder zumutbaren Zeit zur Verfügung steht. Nach dem Tag der letzten Eintragung muss es mindestens zwei Jahre lang aufbewahrt werden.
- Im Fall eines Einbringens, Einleitens oder unfallbedingten Verlusts ist eine Eintragung im Mülltagebuch beziehungsweise, bei Schiffen mit weniger als 400 BRZ, eine Eintragung im amtlich vorgeschriebenen Schiffstagebuch vorzunehmen, die den Ort, die Umstände und die Gründe für das Einbringen, das Einleiten oder den Verlust, Angaben über die eingebrachten, eingeleiteten oder verlorenen Gegenstände und die angemessenen Vorsichtsmaßnahmen, die zur Verhütung oder Verminderung des Einbringens, Einleitens oder unfallbedingten Verlusts getroffen wurden, enthält (Tab. 7.7).

7.3.3.5 Luftverunreinigung

Die Anlage VI ist seit dem 19.05.2005 in Kraft und dient der Verhütung der Verschmutzung der Luft durch Seeschiffe. In dieser Anlage wurden unter anderem Grenzwerte für Stickoxide und Schwefeloxide festgelegt. Die Seeschifffahrt ist der mit Abstand umweltfreundlichste Verkehrsträger. Allerdings verursachen Seeschiffe durch die Verwendung von

Tab. 7.7 Beschränkungen für das Einbringen oder Einleiten von Müll ins Meer

Müllart[1]	**Alle Schiffe mit Ausnahme von Plattformen**[4]		**Offshore-Plattformen, die sich mehr als 12 sm vom nächstgelegenen Land entfernt befinden, und Schiffe, die sich neben oder im Umkreis von 500 m von diesen Plattformen**[4] **befinden, Regel 5**
	Außerhalb von Sondergebieten und arktischen Gewässern Regel 4 (Entfernungen vom nächstgelegenen Land)	**Innerhalb von Sondergebieten und arktischen Gewässern Regel 6 (Entfernungen vom nächstgelegenen Land, nächstgelegenen Schelfeis oder nächstgelegenen Festeis)**	
Lebensmittelabfälle zerkleinert oder zermahlen[2]	> 3 sm, auf seinem Kurs und so weit entfernt wie möglich	> 12 sm, auf seinem Kurs und so weit entfernt wie möglich[3]	Einbringen oder Einleiten zulässig
Lebensmittelabfälle nicht zerkleinert oder zermahlen	> 12 sm, auf seinem Kurs und so weit entfernt wie möglich	Einbringen oder Einleiten verboten	Einbringen oder Einleiten verboten
Ladungsrückstände[5, 6], die nicht in Waschwasser enthalten sind	> 12 sm, auf seinem Kurs und so weit entfernt wie möglich	Einbringen oder Einleiten verboten	Einbringen oder Einleiten verboten
Ladungsrückstände[5, 6], die in Waschwasser enthalten sind		> 12 sm, auf seinem Kurs und so weit entfernt wie möglich (vorbehaltlich der Bedingungen in Regel 6 Absatz 1.2 und Absatz 5.2.1.5 des Teils II-A des Polar Codes)	
Reinigungsmittel und -zusätze[6], die im Waschwasser aus Laderäumen enthalten sind	Einbringen oder Einleiten zulässig	> 12 sm, auf seinem Kurs und so weit entfernt wie möglich (vorbehaltlich der Bedingungen in Regel 6 Absatz 1.2 und Absatz 5.2.1.5 des Teils II-A des Polar Codes)	Einbringen oder Einleiten verboten
Reinigungsmittel und -zusätze[6], die im auf Deck und an den Außenflächen verwendeten Waschwasser enthalten sind		Einbringen oder Einleiten zulässig	

(Fortsetzung)

Tab. 7.7 (Fortsetzung)

Tierkörper (müssen zerteilt oder in anderer Form behandelt werden, um sicherzustellen, dass die Körper unverzüglich sinken)	Schiff muss sich auf seinem Kurs und so weit wie möglich vom nächstgelegenen Land befinden. Möglichst bei > 100 sm und größtmöglicher Wassertiefe	Einbringen oder Einleiten verboten	Einbringen oder Einleiten verboten
Sonstiger Müll, einschließlich Kunststoffen, synthetischer Seile, Fanggerät, Kunststoffmülltüten, Asche aus Verbrennungsanlagen, Schlacke, Speiseöl, schwimmfähiges Stauholz, Verkleidungs- und Verpackungsmaterial, Papier, Putzlappen, Glas, Metall, Flaschen, Steingut und ähnliche Abfälle	Einbringen oder Einleiten verboten	Einbringen oder Einleiten verboten	Einbringen oder Einleiten verboten

[1)] Ist Müll mit anderen Schadstoffen vermischt oder verunreinigt, die nicht eingebracht oder eingeleitet werden dürfen oder für die andere Vorschriften für das Einbringen oder Einleiten gelten, so gelten die strengeren Vorschriften

[2)] Zerkleinerte oder zermahlene Lebensmittelabfälle müssen ein Sieb mit höchstens 25 Millimeter weiten Öffnungen passieren können

[3)] Das Einbringen oder Einleiten von eingeführten Vogelerzeugnissen im Antarktisgebiet ist nicht zulässig, sofern diese Erzeugnisse nicht verbrannt, autoklaviert oder in sonstiger Form behandelt wurden, um sie keimfrei zu machen. In Polargewässern muss das Einbringen oder Einleiten im größtmöglichen Abstand von Gebieten erfolgen, in denen die Eiskonzentration mehr als 1/10 beträgt; in keinem Fall dürfen Lebensmittelabfälle auf das Eis aufgebracht werden

[4)] Offshore-Plattformen, die 12 sm vom nächstgelegenen Land entfernt liegen, und dazugehörige Schiffe umfassen alle festen oder schwimmenden Plattformen, die zur Erforschung und Ausbeutung und der damit zusammenhängenden Verarbeitung von Bodenschätzen des Meeresbodens eingesetzt sind, und alle Schiffe, die sich neben oder im Umkreis von 500 m von solchen Plattformen entfernt befinden

[5)] Der Ausdruck Ladungsrückstände bezeichnet nur die Ladungsrückstände, die bei Anwendung gewöhnlich verfügbarer Löschverfahren nicht wieder aufgenommen werden können

[6)] Diese Stoffe dürfen nicht schädlich für die Meeresumwelt sein

Schweröl als Treibstoff schädliche Schiffsabgase. Nach Angaben des Bundesumweltamtes sind 60 bis 90 % der verkehrsbedingten Schwefeldioxid-(SO_2)-Emissionen in den Hafenstädten auf den Schwerölverbrauch der Seeschiffe zurückzuführen.

Die internationale Seeschifffahrtsorganisation IMO hat dieses Problem erkannt und dazu zahlreiche Maßnahmen beschlossen. Unter anderem hat die IMO die nordamerikanischen Gewässer und die Nord- und Ostsee zu Emissions-Sondergebieten erklärt. Außerdem soll die Energieeffizienz von Schiffen verbessert werden.

Emissions-Überwachungsgebiete in der Nord- und Ostsee

Die Nord- und die Ostsee sind von der IMO zu Schwefelemissions-Überwachungsgebieten, sogenannten (S)ECAs (Sulphur Emission Control Areas), ernannt worden. In diesen Seegebieten darf der Schwefelgehalt im Brennstoff der dort verkehrenden Schiffe nur bei maximal 0,1 % liegen. Mit dieser Vorgabe sollen die Schwefelemissionen durch die Seeschifffahrt verringert und die Luftqualität in den Häfen und Küstenmeeren verbessert werden.

Auch in den nordamerikanischen Seegebieten einschließlich Hawaii sowie in der Karibik unter US-Verwaltung ist im Bereich von 200 sm Abstand zur Küste ein maximaler Schwefelgehalt von 0,1 % im Schiffsbrennstoff vorgeschrieben (Emissions-Überwachungsgebiet, kurz: ECA). Zusätzlich gelten strengere Anforderungen an Stickoxidemissionen (NO_x) für neue Schiffe ab 2016. Außerhalb der europäischen und nordamerikanischen Überwachungsgebiete liegt der Grenzwert derzeit 0,50 %.

Energieeffizienz-Kennwert für Schiffsneubauten (EEDI)

Schiffsabgase lassen sich nicht nur durch Verwendung von höherwertigem Treibstoff oder Abgasreinigung verringern, sondern auch durch Erhöhung der Energieeffizienz von Schiffen. Die internationale Seeschifffahrtsorganisation IMO hat daher eine Änderung der Anlage VI des MARPOL-Übereinkommens beschlossen, um die Energieeffizienz von neuen Schiffen zu erhöhen. Alle Neubauten müssen heute einen sogenannten Energieeffizienz-Kennwert (Energy Efficiency Design Index, EEDI) haben. Der EEDI ist ein Kennwert, welcher die CO_2-Emissionen pro Tonne Ladung und gefahrener Seemeile für neue Schiffe angibt. Mit einer Formel lässt sich die Energieeffizienz für Tanker, Massengutschiffe und Containerschiffe in Abhängigkeit von ihrer Baugröße berechnen. Für andere Schiffstypen wie Fährschiffe, Passagierschiffe und Spezialschiffe (z. B. Schlepper und Versorgungsschiffe) sind ebenfalls Berechnungsformeln vorhanden. Zusätzlich wird für jeden Schiffstyp eine sogenannte Referenzlinie ermittelt. Der EEDI des individuellen Schiffes darf nicht über dieser Referenzlinie liegen. Die Referenzlinie soll in festgelegten Zeitabständen dem technischen Fortschritt in der Schiffstechnik angepasst werden. Ziel des EEDI ist eine zuverlässige und transparente Vergleichsgrundlage, um die Entwicklung effizienterer Schiffe zu fördern und zugleich eine Mindesteffizienz neuer Schiffe abhängig vom Schiffstyp und der Größe des Schiffes festzulegen. Die IMO strebt eine CO_2-Reduzierung für neue Schiffe von 20–30 % innerhalb eines Zeitraumes von 12 Jahren an.

Energieeffizienzmanagement an Bord (SEEMP)

Eine weitere Maßnahme zur Steigerung der Energieeffizienz von Schiffen ist die Einführung von Schiffsbetriebsplänen zum Energieeffizienzmanagement (SEEMP). Die Reeder von vorhandenen Schiffen (nicht nur Neubauten) sind verpflichtet, für jedes ihrer Schiffe einen solchen Betriebsplan auf der Grundlage von IMO-Richtlinien zu erstellen und ständig an Bord mitzuführen. In dem Plan sollen alle Parameter einfließen, die Einfluss auf den operativen Brennstoffverbrauch an Bord haben. Wichtige Kerngrößen sind neben der Berechnung der optimalen Geschwindigkeit auch die Beachtung von Wettervorhersagen, Meeresströmungen sowie Trimmungsoptimierung des Schiffes in Abhängigkeit von der Beladung. Der SEEMP ist flexibel gestaltet und enthält keine verbindlichen Vorgaben zur CO_2-Reduzierung. Die IMO erhofft sich durch die Betriebspläne eine Reduzierung der CO_2-Emissionen von 15 bis 20 % für alle vorhandenen Schiffe.

Vorschriften über die Bekämpfung von Emissionen aus Schiffen

Eine besondere Bedeutung innerhalb der Anlage VI erhält das Kapitel III – Vorschriften über die Bekämpfung von Emissionen aus Schiffen. Regel 13 regelt die Vorschriften über die Bekämpfung von Emissionen durch Stickstoffoxide (NO_x) aus Schiffen. Dazu wurden drei Stufen für Schiffe, die nach dem 01.01.2000 gebaut wurden, eingeführt, die nacheinander die Emissionen verringern sollen.

Besondere Bedeutung für die Praxis hat die mit Wirkung vom 01.01.2015 neugefasste Regel 14 zu Vorschriften über die Bekämpfung von Emissionen durch Schwefeloxide (SO_x) und Partikelmassen aus Schiffen. Grundsätzlich darf der Schwefelgehalt des ölhaltigen Brennstoffs, der an Bord von Schiffen verwendet wird, seit dem 01.01.2020 den Grenzwert von 0,5 % (m/m) nicht überschreiten.

Werden Schiffe innerhalb eines Emissions-Überwachungsgebietes betrieben, so darf der Schwefelgehalt des ölhaltigen Brennstoffs, der an Bord von Schiffen verwendet wird, seit dem 01.01.2015 den Grenzwert von 0,1 % nicht überschreiten.

Scrubber

Alternativ zu der Verwendung schwefelarmen Kraftstoffs ist der Einsatz von Schwerölen mit einem Schwefelanteil von mehr als 0,1 % zulässig, wenn Schiffsabgasreinigungsanlagen, z. B. sogenannte Scrubber, verwendet werden. Diese Technik setzt Seewasser zur Abgaswäsche ein. Das Seewasser wird in offenen Kreislaufsystemen (Open-loop-Systemen) mit wasserlöslichen und partikelgebundenen Schadstoffen angereichert und anschließend wieder ins Meer geleitet. Dadurch wird die Umwelt zumindest in der Umgebung des Schiffes belastet. Bei einem zunehmenden Einsatz dieser Technik, der absehbar ist, kann dies auch zu weiträumigeren Beeinträchtigungen der Umwelt führen.

Es gibt verschiedene Scrubber-Systeme:

- nass
  - offen und
  - geschlossen sowie
- trocken (hauptsächlich für Landanlagen wie Kraftwerke).

Diese Scrubber erzielen die geforderte Emissionsreduktion, erzeugen jedoch Abwasser, das in die Meeresumwelt eingeleitet wird. Die verschiedenen Scrubber-Systeme unterscheiden sich in ihrer Umweltwirkung durch Menge und Inhaltsstoffe der Abwässer.

Die Regelungen zur Abwasserqualität finden sich in der IMO-Resolution MEPC.259(68) aus dem Jahr 2015. Durch den Einsatz von Scrubbern tritt eine Umweltbeeinträchtigung durch kurzzeitige und räumlich begrenzte pH-Wert-Absenkung, Temperaturerhöhung und Trübung sowie durch Schadstoffeinleitung von zum Teil persistenten Stoffen ein.

Ein Scrubber wäscht das Abgas an Bord des Schiffes. Das am häufigsten verwendete System, das als offener Kreislauf (open-loop) bezeichnet wird, leitet Abwasser direkt in das Meer ab. Mit diesen Gaswäschern können die Betreiber von Seeschiffen weiterhin billigeren schwefelreichen Kraftstoff verwenden, soweit die Bedingungen der Anlage VI Marpol 73/78 und der Resolution 259(68) eingehalten werden.

Die meisten bereits montierten Gaswäscher sind Open-Loop-Gaswäscher. Die teureren geschlossenen Systeme erfordern, dass Abwasser an Bord eines Schiffes gelagert und dann in einer Anlage an Land entsorgt wird. Diese Systeme sind bei der Verwendung von schwefelhaltigem Kraftstoff außerhalb der Meeresumwelt, z. B. auf den deutschen Binnenwasserstraßen, erforderlich (Abb. 7.3).

Die Möglichkeit einer großen Nachfrage nach Gaswäschern zur Erfüllung der Schwefelobergrenze für 2020 hat Bedenken geweckt, dass die Auswirkungen auf die Meeresumwelt nicht vollständig berücksichtigt wurden. Einige nationale Regierungen verbieten die Ein-

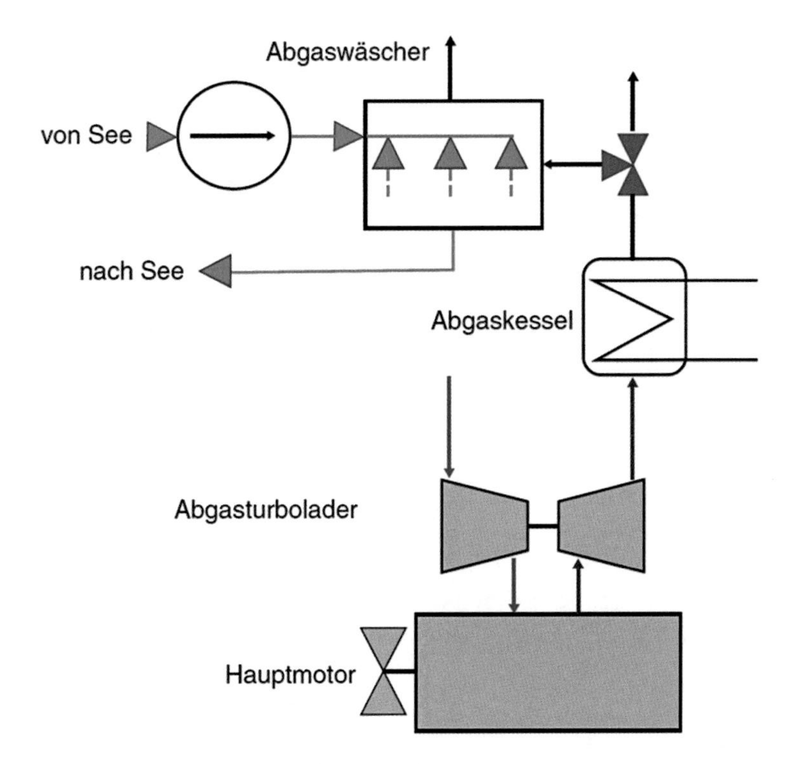

Abb. 7.3 Funktionsprinzip eines Scrubbers (open-loop)

leitung von Abwasser in ihre Häfen. Abwasser umfasst Partikel, Schwefel und Metalle wie Blei, Nickel und Zink. Die Berater der Vereinten Nationen für den Schutz der Meeresumwelt haben vor einem potenziell erhöhten Risiko und möglichen unbeabsichtigten Folgen für die aquatische Meeresumwelt gewarnt, wenn dies so bleibt.

7.4 London-Übereinkommen und London-Protokoll

Das Übereinkommen über die Verhütung der Meeresverschmutzung durch Ablagerung von Abfällen und anderen Stoffen 1972, kurz London-Übereinkommen, ist eines der ersten globalen Übereinkommen zum Schutz der Meeresumwelt vor menschlichen Aktivitäten und seit 1975 in Kraft. Ziel ist es, die wirksame Kontrolle aller Quellen der Meeresverschmutzung zu fördern und alle praktikablen Schritte zu unternehmen, um die Verschmutzung des Meeres durch Ablagerung von Abfällen und anderen Stoffen zu verhindern.

Der Zweck des Londoner Übereinkommens besteht darin, alle Quellen der Meeresverschmutzung zu kontrollieren und eine Verschmutzung des Meeres durch eine Regulierung des Abladens von Abfallstoffen in das Meer zu verhindern. Ein sogenannter „Black- und Gray-List"-Ansatz wird für Abfälle angewendet, die je nach ihrer Gefährdung für die Umwelt zur Entsorgung auf See infrage kommen. Für die Stoffe der Blacklist ist das Dumping verboten. Das Abladen der grau gelisteten Materialien erfordert eine spezielle Genehmigung einer bestimmten nationalen Behörde unter strenger Kontrolle und unter bestimmten Bedingungen. Alle anderen Materialien oder Stoffe können nach Erteilung einer Allgemeingenehmigung abgeladen werden.[23]

Im Jahr 1996 wurde durch das Londoner Protokoll vereinbart, das Übereinkommen weiter zu modernisieren und es schließlich zu ersetzen. Nach dem Protokoll ist jegliches Dumping verboten, mit Ausnahme von möglicherweise annehmbaren Abfällen auf der sogenannten „umgekehrten Liste". Das Protokoll ist am 24. März 2006 in Kraft getreten, und derzeit gibt es 50 Vertragsparteien des Protokolls.

Das Protokoll ersetzt seit seinem Inkrafttreten 2007 das Übereinkommen für alle unterzeichnenden Vertragsparteien des Übereinkommens. Während das London-Übereinkommen von 1972 Einbringungsverbote lediglich für bestimmte Stoffe (black list) vorsieht, ist im Protokoll von 1996 ein generelles Einbringungsverbot verankert. Ausnahmen von diesem Verbot sind nur für bestimmte Abfallkategorien zulässig.

Die Ausnahme für CO_2-Ströme ist 2007 in den Annex I des Londoner Protokolls aufgenommen worden. Dadurch sollten Maßnahmen zur Abscheidung und Speicherung von CO_2-Strömen im Meeresuntergrund ermöglicht werden. Die Speicherung von CO_2-Strömen in der Wassersäule ist aber verboten. Die Vertragsstaaten haben darüber hinaus Bewertungskriterien beschlossen, die bei der Zulassung von CO_2-Speichervorhaben im Meeresuntergrund beachtet werden sollen.

---

[23] http://www.imo.org/en/OurWork/Environment/LCLP/Pages/default.aspx.

Außerdem verbietet das London-Protokoll generell und weltweit die Abfallverbrennung auf See, die in der Bundesrepublik bereits 1989 eingestellt worden ist.

Die Vertragsstaaten des Londoner Protokolls haben am 18.10.2013 eine verbindliche Neuregelung für marine Geo-Engineering-Maßnahmen im Konsens angenommen. Die Neuregelung sieht vor, dass kommerzielle Aktivitäten im Bereich der Meeresdüngung verboten sind und dass entsprechende Forschungsaktivitäten genehmigungspflichtig sind. Die Vertragsstaaten müssen überprüfen, dass tatsächlich geforscht wird und dass negative Effekte auf die Meeresumwelt ausgeschlossen sind. Die Prüfkriterien ergeben sich aus dem ebenfalls rechtlich verbindlichen „Generic Assessment Framework" und dem unverbindlichen „Ocean Fertilization Assessment Framework". Die Neuregelung erlaubt es den Vertragsstaaten zudem, weitere marine Geo-Engineering-Maßnahmen einer Kontrolle zu unterstellen.

Diese Neuregelung stellt die erste völkerrechtlich verbindliche Regelung von Geo-Engineering-Maßnahmen dar. Das Regelungskonzept für Meeresdüngung, das ein generelles Verbot mit Erlaubnisvorbehalt für Forschung und einen zukunftsorientierten Regelungsmechanismus (Leistungsprinzip) beinhaltet, könnte Vorbildfunktion für andere Bereiche haben. Damit wurden im Völkerrecht erstmalig rechtlich verbindlich Unterscheidungskriterien für Forschung und Anwendung festgelegt.

7.5 Ballastwasser-Übereinkommen

Das Ballastwasser-Übereinkommen (International Convention for the Control and Management of Ships' Ballast Water and Sediments – BWM-Convention, BWM) ist ein 2004 verabschiedetes, internationales Abkommen im Rahmen der internationalen Seeschifffahrtsorganisation. Ziel des Abkommens ist, die durch Ballastwasser verursachten Schäden an der Meeresumwelt zu mildern. Das Übereinkommen ist am 8. September 2017 in Kraft getreten und seitdem rechtsverbindlich.

Ballastwasser ist in der Regel Seewasser an Bord eines Schiffes in speziell dafür vorgesehenen Ballasttanks, das aus unterschiedlichen Gründen aufgenommen wird:

- um den Gewichtsschwerpunkt zu verringern,
- um damit eine ausreichende Stabilität zu gewährleisten,
- zur Erhöhung des Tiefgangs, um den Propeller einzutauchen,
- zur Erhöhung des Tiefgangs, um Slamming am Vorschiff zu vermeiden,
- um den Trimm zur Minimierung des Widerstands einzustellen und
- um Tiefgang, Trimm und Krängungswinkel bei Be- und Entladevorgängen einzustellen.

Der Grund für dieses Übereinkommen liegt darin, dass Seeschiffe, die nur teilweise oder gar nicht beladen sind, üblicherweise Seewasser in spezielle Tanks pumpen, damit ihr Gewichtsschwerpunkt tief genug im Wasser liegt. Das sogenannte Fahren in Ballast stabilisiert die Schiffe und dient damit der Schiffssicherheit. Mit dem Ballastwasser gelangen aber auch Organismen, z. B. Bakterien, Algen, Krebse und anderes Meeresgetier, in die Tanks. Mit diesen Organismen fahren die Schiffe in andere Meeresgebiete und lassen das Ballastwasser bei Bedarf in den Küstengewässern wieder ab. Dort haben die mitgeführten Organismen möglicherweise keine natürlichen Feinde und können ökonomische Schäden anrichten oder das ökologische Gleichgewicht stören. Fremde Kleinstmeerestiere werden so weltweit verbreitet und können einheimische Organismen verdrängen.

Das BWM legt unter anderem fest, dass Ballastwasser nur dann abgegeben werden darf, wenn bestimmte Grenzwerte oder Vorgaben eingehalten werden. Alle Seeschiffe müssen nach dem 08.09.2024 mit Ballastwasser-Behandlungsanlagen ausgerüstet sein, um ein Einleiten fremder und schädlicher Meeresorganismen in ein Ökosystem zu verhindern.

7.6 AFS-Übereinkommen

Das AFS-Übereinkommen (Internationales Übereinkommen von 2001 über die Beschränkung des Einsatzes schädlicher Bewuchsschutzsysteme auf Schiffen, International Convention on the Control of Harmful Antifouling Systems on Ships) verbietet verbindlich den Einsatz von TBT-haltigen Antifouling-Farben auf Schiffen und ist am 17. September 2008 weltweit in Kraft getreten. Es besteht aus dem sogenannten Artikelteil und Anlagen sowie Anhängen, die thematische Regelungen zu den Artikeln enthalten. Umgesetzt in Deutschland wurde das AFS-Übereinkommen durch das Gesetz zu dem internationalen Übereinkommen von 2001 über die Beschränkung des Einsatzes schädlicher Bewuchsschutzsysteme auf Schiffen (AFS-Gesetz) vom 2. Juni 2008. In Artikel 2 des Gesetzes wird der Hersteller eines zugelassenen, registrierten oder freigegebenen Bewuchsschutzsystems verpflichtet, die Angaben nach Artikel 9 Abs. 3 des Übereinkommens einer anderen Vertragspartei auf deren Anforderung zu liefern.

Soweit nichts anderes bestimmt ist, gilt dieses Übereinkommen für

a) Schiffe, die berechtigt sind, die Flagge einer Vertragspartei zu führen,
b) Schiffe, die nicht berechtigt sind, die Flagge einer Vertragspartei zu fuhren, die aber unter der Hoheitsgewalt einer Vertragspartei betrieben werden sowie
c) Schiffe, die einen Hafen, eine Werft oder einen der Küste vorgelagerten Umschlagplatz einer Vertragspartei anlaufen, ohne unter den Buchstaben a oder b zu fallen.

Alle Schiffe ab 400 BRZ und in der internationalen Fahrt müssen über einen TBT-freien Unterwasseranstrich verfügen oder bis dahin die noch vorhandene TBT-haltige Antifouling-Farben auf der Außenhaut mit einem zugelassenen Versiegelungsanstrich versehen.

Auch nach europäischem Recht ist die Verwendung von TBT-haltigen Unterwasseranstrichen auf Schiffen ab 400 BRZ verboten. Im Gegensatz zur internationalen

Antifouling-Konvention gilt dieses Verbot, das in der Verordnung (EG) Nr. 782/2003 enthalten ist, auch für Schiffe in der Inlandfahrt.

7.7 Bunkeröl-Übereinkommen

Nach dem Internationale Übereinkommen von 2001 über die zivilrechtliche Haftung für Bunkeröl-Verschmutzungsschäden (International Convention on Civil Liability for Bunker Oil Pollution Damage) haften eingetragene Eigentümer eines Schiffes für Verschmutzungsschäden durch Bunkeröl. Sie benötigen eine entsprechende Versicherung oder sonstige finanzielle Sicherheit (z. B. die Bürgschaft einer Bank), um ihre Haftung für Verschmutzungsschäden nach dem Bunkeröl-Übereinkommen abzudecken, wenn das Schiff

- eine Bruttoraumzahl von mehr als 1000 hat und
- entweder in das Schiffsregister eines Vertragsstaates des Bunkeröl-Übereinkommens eingetragen ist oder die Flagge eines Vertragsstaates des Bunkeröl-Übereinkommens führt oder
- in das Schiffsregister eines Nicht-Vertragsstaates des Bunkeröl-Übereinkommens eingetragen ist oder die Flagge eines Nicht-Vertragsstaates des Bunkeröl-Übereinkommens führt, sich aber im Geltungsbereich des Ölschadengesetzes befindet.

Sollte die Versicherung nicht nachgewiesen werden können, führt der Verstoß in Deutschland zwangsläufig zu einer Strafanzeige nach § 7 Abs. 2 ÖlSG.

Der Schiffseigentümer haftet nach dem Übereinkommen

- für Verschmutzungsschäden, die verursacht worden sind
  - im Hoheitsgebiet einschließlich des Küstenmeers eines Vertragsstaates und
  - in der ausschließlichen Wirtschaftszone eines Vertragsstaates oder, wenn ein Vertragsstaat eine solche Zone nicht festgelegt hat, in einem jenseits des Küstenmeers dieses Staates gelegenen, an dieses angrenzende Gebiet, das von diesem Staat nach dem Völkerrecht festgelegt wird und sich nicht weiter als 200 sm von den Basislinien erstreckt, von denen aus die Breite seines Küstenmeers gemessen wird, sowie
- für Schutzmaßnahmen zur Verhütung oder Einschränkung dieser Schäden, gleichviel, wo sie getroffen worden sind.

Der Schiffseigentümer ist von der Haftung für die Verschmutzungsschäden ausgenommen, wenn er nachweisen kann,

- dass die Schäden durch Kriegshandlung, Feindseligkeiten, Bürgerkrieg, Aufstand oder ein außergewöhnliches, unvermeidliches und unabwendbares Naturereignis entstanden sind,

- dass die Schäden ausschließlich durch eine Handlung oder Unterlassung verursacht wurden, die von einem Dritten in Schädigungsabsicht begangen wurde, oder
- dass die Schäden ausschließlich durch die Fahrlässigkeit oder eine andere rechtswidrige Handlung einer Regierung oder einer anderen für die Unterhaltung von Lichtern oder sonstigen Navigationshilfen verantwortlichen Stelle in Wahrnehmung dieser Aufgabe verursacht wurden.

7.8 Wrackbeseitigungs-Übereinkommen

Nach dem Wrackbeseitigungs-Übereinkommen haften Eigentümer von seegängigen Wasserfahrzeugen jeder Art einschließlich Tragflächenboote, Luftkissenfahrzeuge, Unterwassergerät, schwimmende Geräte und schwimmende Plattformen, ausgenommen diese Plattformen befinden sich zur Erforschung, Ausbeutung oder Gewinnung mineralischer Ressourcen des Meeresbodens vor Ort im Einsatz, für die Beseitigung von Wracks. Sie benötigen dafür eine entsprechende Versicherung oder sonstige finanzielle Sicherheit (z. B. die Bürgschaft einer Bank), um ihre Haftung nach dem diesem Übereinkommen abzudecken, wenn das Schiff

- eine Bruttoraumzahl (BRZ) von mindestens 300 hat und die Flagge eines Vertragsstaates führt oder
- die Flagge eines Staates führt, der Nicht-Vertragsstaat des Wrackbeseitigungs-Übereinkommens ist, und einen Hafen im Inland anläuft oder verlässt oder eine vor der Küste gelegene Einrichtung innerhalb des Küstenmeeres der Bundesrepublik Deutschland anläuft oder verlässt.

Das Übereinkommen findet grundsätzlich in der dem Küstenmeer vorgelagerten ausschließlichen Wirtschaftszone (AWZ) eines Vertragsstaates Anwendung. Es enthält die verbindliche Verpflichtung für eingetragene Eigentümer eines Schiffes, ein Wrack auf eigene Kosten zu beseitigen, wenn der betroffene Küstenstaat festgestellt hat, dass dieses Wrack eine Gefahr für die Schifffahrt oder die Meeresumwelt oder für die Küste oder für damit zusammenhängende Interessen darstellt. Der betroffene Küstenstaat kann selbst auf Kosten des eingetragenen Eigentümers tätig werden, wenn dieser untätig bleibt oder Gefahr im Verzug besteht.[24]

Der Eigentümer eines Schiffes mit 300 BRZ und mehr haftet für die Kosten, die für die Lokalisierung, Markierung und Beseitigung des Wracks anfallen, sofern nicht der eingetragene Eigentümer nachweist, dass der Seeunfall, der zu dem Wrack geführt hat,

[24] http://www.deutsche-flagge.de/de/haftung/wrackbeseitigung.

- durch Kriegshandlung, Feindseligkeiten, Bürgerkrieg, Aufstand oder ein außergewöhnliches, unvermeidliches und unabwendbares Naturereignis verursacht wurde, ausschließlich durch eine Handlung oder Unterlassung verursacht wurde, die von einem Dritten in Schädigungsabsicht begangen wurde oder
- ausschließlich durch die Fahrlässigkeit oder eine andere rechtswidrige Handlung einer Regierung oder einer anderen für die Unterhaltung von Lichtern oder sonstigen Navigationshilfen verantwortlichen Stelle in Wahrnehmung dieser Aufgabe verursacht wurde.

7.9 Internationales Übereinkommen von Hong-Kong

In Abwrackländern wie Bangladesch und Indien ist das sogenannte „Beaching“ nach wie vor weit verbreitet. Beaching bedeutet, es werden Seeschiffe mit hoher Geschwindigkeit auf einen Strandabschnitt gefahren und dort von Arbeitern per Hand zerlegt – zumeist ohne Beachtung von Umweltschutz-, Arbeitsschutz- und Arbeitssicherheitsstandards.[25]

Das internationale Übereinkommen von Hong-Kong sieht ein sicheres und umweltgerechtes Recycling von Schiffen vor. Bisher wurden und werden viele Schiffe ohne Umweltauflagen in Südostasien verschrottet, dies soll durch das Übereinkommen eingedämmt werden.

Außerdem sollen die Arbeitsbedingungen verbessert werden. Dies ist auch eine Kostenfrage. Im Mai 2009 haben 67 Mitgliedsstaaten der internationalen Seeschifffahrts-Organisation (IMO) weltweite Verbesserungen für umweltfreundliches Recycling von Schiffen und für die Arbeitsbedingungen in den Recyclingwerften beschlossen. Die Hong Kong International Convention for the Safe and Environmentally Sound Recycling of Ships, 2009 (HKC) tritt zwei Jahre nachdem bestimmte Kriterien erfüllt wurden in Kraft. Hierzu gehören unter anderem, dass 15 Staaten die Konvention ratifizieren, die zugleich mehr als 40 % der Welthandelstonnage repräsentieren.

Große deutsche Reedereien wie Hapag-Lloyd entsorgen ihre ausgedienten Frachtschiffe schon seit Jahren umweltgerecht auf spezialisierten Abwrackwerften.

7.10 Übereinkommen von Paris (ÜvP)

Auf der UN-Klimakonferenz in Paris (Frankreich) im Dezember 2015 einigten sich 197 Staaten auf ein neues, globales Klimaschutzabkommen. Das Abkommen trat am 4. November 2016 in Kraft, nachdem es von 55 Staaten, die mindestens 55 % der globalen Treibhausgase emittieren, ratifiziert wurde. Mittlerweile haben 195 Staaten das Abkom-

[25] https://www.deutsche-flagge.de/de/aktuelles/nachrichten-archiv/nachrichten-2023.

men ratifiziert (Stand September 2023), darunter auch die Europäische Union (EU) und Deutschland (Ratifikation am 5. Oktober 2016).

Das Abkommen von Paris bildet ein anspruchsvolles Klimaregime mit universeller Geltung und völkerrechtlichen Pflichten für alle Staaten. Bis zur 24. UN-Klimakonferenz, die im Dezember 2018 in Kattowitz (Polen) stattfand, sollten viele weitere Detailregelungen ausgearbeitet und verabschiedet werden. Etwa zur Frage, wie die verschiedenen nationalen Klimaschutzanstrengungen transparent gemacht und überprüft werden können. Dazu wurde letztendlich am letzten Verhandlungstag ein Kompromiss als Ergebnis verkündet, der nicht als „Muss" sondern als „Nennen und schämen" behandelt wurde.

Die vormals starre Zweiteilung in Industrieländer einerseits und Schwellen- und Entwicklungsländer andererseits wurde erstmals in einem multilateralen Klimaabkommen aufgebrochen. Das Abkommen betont die gemeinsamen, aber unterschiedlichen Verantwortlichkeiten.

Das Abkommen von Paris verfolgt drei Ziele:

- Die Staaten setzen sich das globale Ziel, die Erderwärmung im Vergleich zum vorindustriellen Zeitalter auf deutlich unter zwei Grad Celsius zu begrenzen mit Anstrengungen für eine Beschränkung auf 1,5 Grad Celsius.
- Die Fähigkeit zur Anpassung an den Klimawandel soll gestärkt werden und wird neben der Minderung der Treibhausgasemissionen als gleichberechtigtes Ziel etabliert.
- Zudem sollen die Finanzmittelflüsse mit den Klimazielen in Einklang gebracht werden.

Der weltweite Scheitelpunkt der Treibhausgasemissionen soll so bald wie möglich erreicht werden. In der zweiten Hälfte des Jahrhunderts soll ein Gleichgewicht zwischen Treibhausgasemissionen und deren Abbau durch Senken (Treibhausgasneutralität) erreicht werden.

Zur Erreichung der Ziele legen die Staaten ihre nationalen Klimaschutzbeiträge (nationally determined contributions) selbst fest. Um die Erfüllung der Ziele sicherzustellen, findet alle fünf Jahre, beginnend 2018, eine globale Bestandsaufnahme statt. Die nationalen Klimaschutzbeiträge müssen ab 2025 alle fünf Jahre fortgeschrieben und gesteigert werden (Ambitionsmechanismus). Alle Staaten werden darüber hinaus aufgefordert, bis 2020 Langfriststrategien für eine treibhausgasarme Entwicklung vorzulegen.

Entwicklungsländer werden bei Minderung und Anpassung von den Industrieländern durch Technologieentwicklung und -transfer, durch Kapazitätsaufbau sowie durch finanzielle Hilfe unterstützt. Der bestehende Technologiemechanismus soll internationale Kooperationen zur Minderung von Treibhausgasemissionen und zur Anpassung an den Klimawandel beschleunigen. Die im Rahmen des Technologiemechanismus eingerichteten nationalen Kontaktstellen (national designated entities) bilden dafür eine der Grundlagen. Der Technologiemechanismus wird in Artikel 10 des Pariser Abkommens bestätigt und soll weiter ausgebaut werden.

Die deutsche Kontaktstelle ist im Bundesministerium für Wirtschaft und Energie verankert. Seit dem 20. Juni 2016 werden die Aufgaben der deutschen Kontaktstelle in enger

Abstimmung mit dem Bundesministerium für Wirtschaft und Energie durch eine Geschäftsstelle wahrgenommen.

Die 2009 im Rahmen der Weltklimakonferenz in Kopenhagen gegebene Zusage, ab 2020 jährlich 100 Mrd. US-Dollar für Klimafinanzierung bereitzustellen, wird bis 2025 fortgeschrieben. Für die Zeit danach sollen ein neues Ziel festgelegt und der Geberkreis erweitert werden.[26]

[26] https://www.bmwk.de/Redaktion/DE/Artikel/Industrie/klimaschutz-abkommen-von-paris.html.

Europäisches Umweltrecht 8

Inhaltsverzeichnis

8.1 Meeresstrategie-Rahmenrichtlinie

Mit der Meeresstrategie-Rahmenrichtlinie (Richtlinie 2008/56/EU, MSRL) liegt seit 2008 der Rahmen für einen ganzheitlichen Meeresschutz in der EU vor. Diese Richtlinie als Umweltsäule der Integrated Maritime Policy (IMP) ist ein Schlüsselelement in den europäischen Aktivitäten, das Meeresmüll adressiert. In der Richtlinie wird ein geringes Aufkommen bzw. ein geringer Eintrag von Abfällen im Meer als wichtiges Kriterium für den guten Umweltzustand der Meere ausgewiesen.

Die Meeresstrategie-Rahmenrichtlinie soll dem Schutz, der Erhaltung und, wo durchführbar, der Wiederherstellung der Meeresumwelt dienen. Alle *europäischen* Meeresanrainerstaaten sind danach verpflichtet, in ihren jeweiligen Meeresregionen durch die Erarbeitung und Durchführung von nationalen Strategien die Ziele der MSRL umzusetzen.

Der Begriff Meeresumwelt bezieht sich explizit auch auf den Schutz der im Meer lebenden Arten und die dort vorkommenden Lebensräume sowie auf die Verhinderung des Rückgangs der marinen biologischen Vielfalt.

U. Jacobshagen, *Green Shipping – Schiffsbetrieb und Umweltschutz*,
https://doi.org/10.1007/978-3-658-46807-1_8

Die MSRL wurde in Deutschland durch das Gesetz zur Umsetzung der Meeresstrategie-Rahmenrichtlinie sowie zur Änderung des Bundeswasserstraßengesetzes und des Kreislaufwirtschafts- und Abfallgesetzes vom 6. Oktober 2011 in Kraft gesetzt. Dadurch wurden auch folgende Gesetze geändert, um die Ziele der Meeresstrategie erreichen zu können:

- Wasserhaushaltsgesetz,
- Bundesnaturschutzgesetz,
- Gesetz über die Umweltverträglichkeitsprüfung,
- Bundeswasserstraßengesetz und
- Kreislaufwirtschafts- und Abfallgesetz.

Auf der Grundlage einer anfänglich durchgeführten Anfangsbewertung beschreiben die Mitgliedstaaten für jede betreffende Meeresregion bzw. Meeresunterregion eine Reihe von Merkmalen des guten Umweltzustandes dieser Meeresgewässer. Unter dieser Beschreibung ist die Festlegung von Soll-Zuständen zu verstehen, um eine Strategie zum Soll-Ist-Vergleich und Änderung des negativen Ist-Zustandes durchführen zu können.

Durch die Definition von Soll- und Ist-Zustand werden Umweltziele herausgearbeitet, die spezifische qualitative und quantitative Anforderungen an Teilschritte auf dem Weg zu einem guten Umweltzustand darstellen. Sie sollen als Richtschnur für dessen Erreichung dienen. Sie beschreiben die durch Maßnahmen zu bewirkenden Veränderungen menschlich verursachter Belastungen, um den guten Umweltzustand zu erreichen.

Eine Anfangsbewertung der Bundesregierung und der Nordbundesländer hatte ergeben, dass die deutschen Meeresgebiete der Nord- und Ostsee in keinem guten Umweltzustand sind und darüber hinaus zunehmenden Belastungen ausgesetzt sein werden. Zu diesen Belastungen gehören entscheidend auch die hohen Verkehrsströme auf Nord- und Ostsee sowie die Überdüngung der Meere.

8.2 Wasserrahmenrichtlinie

Mit Einführung der Wasserrahmenrichtlinie (Richtlinie 2000/60/EG, WRRL) wurde europaweit angestrebt, alle Flüsse, Seen, das Grundwasser und die Küstengewässer bis spätestens 2027 in einen sogenannten guten Zustand[1] zu überführen. Bereits in den Erwägungsgründen zur europäischen Wasserrahmenrichtlinie wurde der Wert des Wassers allgemein herausgestellt.

► Wasser ist keine übliche Handelsware, sondern ein ererbtes Gut, das geschützt, verteidigt und entsprechend behandelt werden muss. Es ist erforderlich, eine integrierte Wasserpolitik in der Gemeinschaft zu entwickeln.

[1] vgl. Artikel 2 WRRL.

Der Grundgedanke zur Erstellung der WRRL liegt in der konsequenten Umsetzung einer ganzheitlichen Betrachtung der Gewässer, vor allem aus ökologischer Sicht, wobei sie aber auch spezifische Tatbestände regelt. Die Richtlinie schafft somit einen Ordnungsrahmen für den Schutz der Binnenoberflächengewässer, der Übergangsgewässer, der Küstengewässer und des Grundwassers.

Die übergeordneten Ziele[2] der WRRL sind

- der Schutz und die Verbesserung des Zustandes aquatischer Ökosysteme und des Grundwassers einschließlich von Landökosystemen, die direkt vom Wasser abhängen,
- die Förderung einer nachhaltigen Nutzung der Wasserressourcen,
- die schrittweise Reduzierung prioritärer Stoffe und das Beenden des Einleitens bzw. Freisetzens prioritär gefährlicher Stoffe,
- die Reduzierung der Verschmutzung des Grundwassers und
- die Minderung der Auswirkungen von Überschwemmungen und Dürren.

Die WRRL wurde in Deutschland durch Änderungen im Wasserhaushaltsgesetz und in den Landeswassergesetzen sowie durch den Erlass von Landesverordnungen umgesetzt. Das novellierte Wasserhaushaltsgesetz ist fristgerecht im Juni 2002 in Kraft getreten. Auch die deutschen Bundesländer haben ihre Wassergesetze zur Umsetzung der Richtlinie angepasst.

8.3 Abfallübereinkommen (CDNI)

Die Binnenschifffahrt ist eine der umweltfreundlichsten Transportarten. Aber wie bei allen Aktivitäten kommt es auch beim Betrieb von Binnenschiffen zwangsläufig zur Entstehung von Abfällen.

Im Bewusstsein der umweltpolitischen Herausforderungen für die Binnenschifffahrt haben sechs Staaten beschlossen, internationale Regeln für die Sammlung, Abgabe und Annahme von Abfällen festzulegen. Das Übereinkommen über die Sammlung, Abgabe und Annahme von Abfällen in der Rhein- und Binnenschifffahrt (Abfallübereinkommen, CDNI) ist am 1. November 2009 in Belgien, Frankreich, Deutschland, Luxemburg, den Niederlanden und der Schweiz in Kraft getreten.

Die Vermeidung sowie die Sammlung, Abgabe und Annahme von Abfällen von Schiffsbetriebsabfällen leisten einen wesentlichen Beitrag

- zum Umweltschutz,
- zur Verbesserung der Sicherheit der Binnenschifffahrt,
- zur Verbesserung der Wasser- und Luftqualität sowie
- zur Gesundheit und zum Wohlbefinden des Personals und der Nutzer der Binnenschifffahrt.

[2] vgl. Artikel 1 WRRL.

Das CDNI legt ein allgemeines Verbot der Einbringung und Einleitung von Schiffsbetriebsabfällen und Teilen der Ladung fest. Die Ausnahmen von diesem Verbot sind sehr streng geregelt.

Das CDNI hat zur Aufgabe:

- die Abfallvermeidung zu fördern,
- die Abfälle zu Annahmestellen entlang der Wasserstraßen zu lenken,
- eine angemessene Finanzierung unter Berücksichtigung des Verursacherprinzips sicherzustellen und
- die Überwachung der Einhaltung des Verbots der Einbringung und Einleitung der betreffenden Abfälle in die Oberflächengewässer zu erleichtern.[3]

In der Anwendungsbestimmung wird nach der Herkunft der Schiffsabfälle und der Verantwortlichkeit der Beteiligten unterschieden. Einige Vorschriften, zum Beispiel im Zusammenhang mit öl- und fetthaltigen Abfällen, Hausmüll und Sonderabfällen, richten sich an die Schiffsführer, andere sehen Verpflichtungen für die Verlader oder Ladungsempfänger vor.

Die wichtigsten Ziele dieses Übereinkommens bestehen im Schutz der Umwelt und der Verbesserung der Sicherheit in der Binnenschifffahrt. Zur Erreichung dieser Ziele strebt das Übereinkommen eine bessere Kontrolle des Abfallaufkommens an, und zwar durch

- eine sichere, getrennte Sammlung und anschließende Beseitigung der Schiffsbetriebsabfälle,
- die Übernahme der Sammlungs- und Beseitigungskosten durch die Abfallverursacher und
- die Anwendung einheitlicher Vorschriften in allen Unterzeichnerstaaten des Übereinkommens,

um Wettbewerbsverzerrungen vorzubeugen.[4]

Grundsätzlich sollen durch das CDNI Binnengewässer vor Umweltgefahren geschützt werden. Gewährleistet wird dies durch ein einheitliches, international geltendes System, welches die Wettbewerbsfähigkeit erhält und die Kosten nach dem Verursacherprinzip umlegt. Dazu enthält das CDNI Vorschriften zu

- Einleitungs- und Einbringungsverboten,
- Entsorgungskonzepte für alle Abfälle,
- Abfallsammlung an Bord,
- Entsorgung an Land sowie
- Abfallvermeidung.

[3] https://www.cdni-iwt.org/praesentation-und-aufgaben/?lang=de.

[4] https://www.cdni-iwt.org/de/praesentation-cdni/regelwerke.

Die Entsorgungsfinanzierung wird einheitlich auf die Verursacher umgelegt, sodass der Anreiz zur illegalen Entsorgung entfällt. Grundsätzlich enthält das CDNI darüber hinaus ein Einbringungs- und Einleitungsverbot, das durch Ausnahmen geregelt und kontrolliert wird.

8.3.1 Öl- und fetthaltige Schiffsbetriebsabfälle

Nach Teil A der Anlage 2 des CDNI ist es grundsätzlich verboten, von Fahrzeugen aus öl- und fetthaltige Schiffsbetriebsabfälle in die Wasserstraße einzubringen oder einzuleiten. Von diesem Verbot ist die Einleitung von separiertem Wasser aus zugelassenen Bilgeentölern (Boote) in die Wasserstraße ausgenommen, wenn der maximale Restölgehalt des Auslaufs ständig und ohne vorherige Verdünnung den jeweils nationalen Bestimmungen entspricht. In Deutschland ist jegliches Einbringen von ölhaltigen Bestandteilen grundsätzlich verboten.

Der Schiffsführer hat sicherzustellen, dass öl- und fetthaltige Schiffsbetriebsabfälle an Bord getrennt in dafür vorgesehenen Behältern beziehungsweise Bilgewasser in den Maschinenraumbilgen gesammelt werden. Die Behälter sind an Bord so zu lagern, dass auslaufende Stoffe leicht und rechtzeitig erkannt und zurückgehalten werden können.

Darüber hinaus ist verboten,

a) an Deck gestaute lose Behälter als Altölsammelbehälter zu verwenden,
b) Abfälle an Bord zu verbrennen,
c) öl- und fettlösende oder emulgierende Reinigungsmittel in die Maschinenraumbilgen einzubringen.

Im Geltungsbereich des CDNI wird bei der Bunkerung von Gasöl eine einheitliche Entsorgungsgebühr erhoben, die dafür verwendet wird, an den Annahmestellen öl- und fetthaltige Schiffsbetriebsabfälle kostenfrei abgeben zu können. Diese Entsorgungsgebühr beträgt seit dem 01.01.2023 10 € pro 1000 l gelieferten Gasöls oder besserem Kraftstoff (z. B. GTL) und muss vom Schiffsführer entrichtet werden.[5] Die Entsorgungsgebühr wird über das SPE-CDNI entrichtet. Die Bunkerfirmen verfügen über spezielle mobile Zahlungsterminals, die an das Verwaltungssystem des SPE-CDNI angeschlossen sind. Die ECO-Karte gibt Zugang zu diesem System, die gebunkerte Gasölmenge wird über das Terminal eingegeben und der entsprechende Betrag abgebucht. Das SPE-CDNI wird von den innerstaatlichen Institutionen betrieben.

Wenn keine ECO-Karte vorhanden ist oder das ECO-Konto nicht ausreichend gedeckt ist, kann ein Verfahren auf der Grundlage eines Papiervordrucks durchgeführt werden.

[5] Beschluss CDNI 2022-I-4.

Der verantwortliche Schiffer unterschreibt einen Schuldschein zugunsten der für die Gebührenerhebung zuständigen innerstaatlichen Institution. Für die Anwendung dieses Verfahrens berechnet die innerstaatliche Institution pro Transaktion eine Verwaltungsgebühr.[6]

8.3.2 Abfälle aus dem Ladungsbereich

Grundsätzlich ist es nach Teil B der Anlage 2 des CDNI verboten, von Fahrzeugen aus Teile der Ladung sowie Abfall aus dem Ladungsbereich in die Wasserstraße einzubringen oder einzuleiten. Von diesem Verbot ausgenommen ist Waschwasser mit Ladungsrückständen von Gütern, für die das Einleiten in die Wasserstraße ausdrücklich gestattet ist, soweit die Bestimmungen des Anhangs III eingehalten worden sind. Das Fahrzeug darf nach dem Entladen die Fahrt erst dann fortsetzen, wenn der Schiffsführer in der Entladebescheinigung bestätigt hat, dass die Restladung sowie Umschlagsrückstände übernommen worden sind. Dies gilt nicht für Schiffe, die Einheitstransporte durchführen, d. h. eine gleichartige Ladung nach dem Entladen übernehmen.

Die Konzentration des Waschwassers mit Teilen der Restladung ist nicht bestimmt. Der Laderaum muss je nach Transportgut bei Trockengut vor dem Waschen besenrein oder vakuumrein und bei Flüssiggut mit einem Nachlenzsystem gereinigt sein. Welche Art der Reinigung vor dem Einleiten in ein Umgebungswasser vorgeschrieben ist oder ob ein Einleiten grundsätzlich verboten ist, ergibt sich aus den Tabellen des Anhangs III zu Teil B des CDNI. Dort bestehen die Bedingungen für ein Einleiten in das Umgebungsgewässer, die als besenrein (A) oder vakuumrein (B) bezeichnet werden. Es besteht für bestimmte Güter die Bedingung, dass das Waschwasser nicht in das Umgebungswasser oder in die Kanalisation eingeleitet werden darf (X) oder dass das Waschwasser einer Sonderbehandlung (S) zugeführt werden muss.

▶ **Beispiel 8.1** Ein GMS transportiert auf dem Rhein eine Ladung Braunkohle. Nach dem Entladen soll der Laderaum für eine andere Ladung vorbereitet werden.

Im Anhang III zu Teil B des CDNI sind die Entladungsstandards und Abgabe-/Annahmevorschriften für die Zulässigkeit der Einleitung von Waschwasser mit Ladungsrückständen aufgeführt. Tab. 2 des Anhangs III zu Teils B des CDNI gibt die Entladestandards für feste mineralische Brennstoffe an. Unter der Güternummer 2210 ist Braunkohle aufgeführt, dessen Waschwasser unter der Bedingung in das Gewässer eingeleitet werden darf, dass der Laderaum zuvor besenrein (A) war.

Der Begriff besenrein bedeutet, dass der Laderaum vor dem Waschen gefegt worden sein muss, sodass die Restladung dem Empfänger zur Verfügung gestellt werden kann. Ein besenreiner Laderaum ist somit ein Laderaum, aus dem die Restladung mit Reinigungsgeräten wie Besen oder Kehrmaschinen ohne den Einsatz von saugenden oder spülenden Geräten entfernt wurde und der nur noch Ladungsrückstände enthält.

[6] https://www.cdni-iwt.org/faq/retribution/?lang=de#panel.

Um die Anwendung der Entladungsstandards zu erleichtern, stellt das CDNI mit WaSTo[7] (waste standards tool) ein elektronisches Instrument mit integrierter Suchmaschine zur Verfügung. Die Datenbank WaSTo enthält die geltenden Vorschriften und zeigt sämtliche Änderungen an. Sie erlaubt das einfache Auffinden der gesuchten betreffenden Modifikationen und benennt die von den Ladungsrückständen ausgehenden Risiken für Gesundheit und Umwelt. Letztendlich stellt WaSTo eine personalisierte Stoffliste mit den entsprechenden Entladungsstandards zusammen.

8.3.3 Sonstige Schiffsbetriebsabfällen

In Häfen, an Umschlagsanlagen sowie an Liegestellen und Schleusen werden für die Annahme und Entsorgung von Hausmüll keine besonderen Gebühren erhoben. Für Fahrgastschiffe können die Kosten einer Annahme und Entsorgung von häuslichem Abwasser und Klärschlamm sowie von Hausmüll und übrigem Sonderabfall dem Schiffsführer gesondert angelastet werden.

Grundsätzlich ist es verboten, von Fahrzeugen aus Hausmüll, Slops, Klärschlamm und übrigen Sonderabfall in die Wasserstraße einzubringen oder einzuleiten. Der Schiffsführer hat sicherzustellen, dass diese Abfälle getrennt gesammelt und abgegeben werden.

Hausmüll ist, wenn möglich, getrennt nach Papier, Glas, sonstigen verwertbaren Stoffen und Restmüll abzugeben. Generell ist das Verbrennen der genannten Abfälle an Bord verboten.

Die Einleitung von häuslichem Abwasser ist für Fahrgastschiffe mit mehr als 12 Fahrgästen und für Kabinenschiffe mit mehr als 12 Schlafplätzen verboten. Dieses Verbot gilt ab dem 01.01.2025 für Kabinenschiffe mit weniger als 50 Schlafplätzen und Fahrgastschiffe, die weniger als 50 Fahrgäste befördern dürfen. Dieses Verbot gilt nicht für Fahrgastschiffe, die über zugelassene Bordkläranlagen verfügen, welche die Grenz- und Überwachungswerte nach Anhang V einhalten. Für Fahrzeuge, die nicht unter die genannten Fahrgast- bzw. Kabinenschiffe zu definieren sind, ist das Einleiten von häuslichem Abwasser somit nicht verboten. Häusliches Abwasser ist nach der Definition des CDNI jedes Abwasser aus Küchen, Essräumen, Waschräumen und Waschküchen sowie Fäkalwasser.

8.3.4 Beschlüsse des CDNI

Die Konferenz der Vertragsparteien fasst in ihren Sitzungen Beschlüsse, in denen Änderungen, Konkretisierungen und Neuerungen festgelegt werden. Diese Beschlüsse sind für die Mitgliedsstaaten und die jeweiligen Rechtsanwender bindend und werden dazu regelmäßig pro Sitzung oder als Zusammenstellung für jeweils zwei Jahre veröffentlicht und aktualisiert. Bereits mit Beschluss CDNI-2012-I-4 wurde festgelegt, dass die Anwendung auf Sportboote

[7] https://www.cdni-iwt.org/wasto/?lang=de.

im Rahmen der CDNI-Regeln nicht beabsichtigt ist. Die Konferenz stellt somit fest, dass die Vertragsparteien des CDNI die Begriffsbestimmung „Fahrzeug" in Artikel 1 des Übereinkommens unter Ausschluss von Sportbooten auslegen Mit dem Beschluss CDNI 2017-I-6 stellt die Konferenz der Vertragsparteien fest, dass GTL (gas-to-liquid) unter den Begriff Gasöl im Sinne des Artikel 1 Buchstabe m des CDNI fällt und damit eine Entsorgungsgebühr gemäß Artikel 6 in Verbindung mit Anlage 2 Artikel 3.03 des CDNI zu erheben ist.

8.3.5 Ausführungsgesetz zum CDNI (BinSchAbfÜbkAG)

Das BinSchAbfÜbkAG (Binnenschifffahrt-Abfallübereinkommen-Ausführungsgesetz) wurde zusätzlich zu dem CDNI-Gesetz erlassen und führt besondere Regelungsinhalte des CDNI für Deutschland aus. Im Besonderen sind Ahndungsvorschriften enthalten, um Verstöße gegen das CDNI-Übereinkommen im Bereich der genannten deutschen Wasserstraßen als Ordnungswidrigkeit verfolgen zu können.

Die Verpflichtung der Vertragsstaaten, Annahmestellen für Hausmüll, Slops und übrigen Sonderabfall im Sinne von Artikel 8.01 CDNI einzurichten, wird durch § 1 BinSchAbfÜbkAG umgesetzt und gilt für die Betreiber von Häfen und gewerbsmäßig betriebenen, befestigten Umschlagstellen, die an den genannten deutschen Wasserstraßen liegen. Darüber hinaus müssen die Betreiber von Stammliegeplätzen für Fahrgastschiffe in dem genannten Geltungsbereich für die dort anlegenden Schiffe Annahmemöglichkeiten für Hausmüll bereitstellen.

Die Betreiber von Umschlagsanlagen an den genannten Wasserstraßen oder in daran gelegenen Häfen, haben Annahmestellen für Abfälle aus dem Ladungsbereich, die im Zusammenhang mit der Ladung an Bord der Schiffe anfallen, einzurichten und zu betreiben oder hiermit geeignete Dritte zu beauftragen oder jeweils den Fracht- oder Schiffsführern für Waschwasser eine vorhandene Annahmestelle zuzuweisen.

Der Schiffsführer eines Fahrzeugs, das kein Gasöl tankt und dessen öl- und fetthaltige Schiffsbetriebsabfälle nicht über das System des Übereinkommens zur Finanzierung dieser Abfälle entsorgt werden, hat einen geeigneten Nachweis für die letzte Entsorgung oder Abgabe der öl- und fetthaltigen Schiffsbetriebsabfälle an ein mit der Wartung der Motoren betrautes Unternehmen mindestens zwölf Monate lang an Bord mitzuführen.

8.4 Helsinki-Übereinkommen (HELCOM)

Die Helsinki-Kommission zum Schutz der Meeresumwelt des Ostseeraums (HELCOM) ist eine zwischenstaatliche Kommission, die für den Schutz der Meeresumwelt der Ostsee arbeitet. Bereits 1974 wurde das erste Helsinki-Abkommen unterzeichnet, das 1980 in Kraft trat. Grundlage der aktuellen Arbeit von HELCOM ist die 1992 verabschiedete novellierte Fassung des „Übereinkommens über den Schutz der Meeresumwelt des Ostseegebietes (Helsinki-Übereinkommen)". Mitglieder von HELCOM sind alle Ostseeanrainerstaaten inkl. Russland sowie die EU.

Die Bundesregierung ist seit der Ratifizierung des Übereinkommens im Jahr 1994 Vertragsstaat von HELCOM. Die Küstenländer nehmen ihre Aufgaben im Rahmen ihrer föderalen Zuständigkeiten bis zur 12-Seemeilen-Zone wahr. Das Umweltministerium Schleswig- Holstein ist in verschiedenen Fachgremien dieses Übereinkommens, die sich mit der Überwachung und Bewertung des Zustandes der Ostsee und dem nachhaltigen Arten- und Habitatschutz sowie themenspezifischen Projekten befassen, vertreten.

Von besonderer Bedeutung für den Ostseeraum ist der Ostsee-Aktionsplan (HELCOM Baltic Sea Action Plan), der im November 2007 durch alle Vertragsstaaten verabschiedet wurde. Der Baltic Sea Action Plan beinhaltet eine Selbstverpflichtung der Vertragsstaaten, konkrete Maßnahmen zum Schutz und zur Verbesserung der Meeresumwelt in der Ostsee zu ergreifen. Bis 2021 sollte ein guter ökologischer Zustand der Ostsee wiederhergestellt sein, was bis heute noch nicht umgesetzt werden konnte. Er stellt einen ersten Ansatz zur regionalen Umsetzung der EG-Meeresstrategie-Rahmenrichtlinie im Ostseeraum dar. Im Vordergrund stehen Maßnahmen zur Minimierung der Nährstoffeinträge und des Eintrags gefährlicher Stoffe, zur umweltfreundlichen Seeschifffahrt und zum Schutz der Biodiversität. Diese Maßnahmen müssen nun von den Unterzeichnerstaaten umgesetzt werden.

► Die aktuelle ganzheitliche Zustandsbewertung der Ostsee von 2018 stellt fest, dass sich der allgemeine Zustand der marinen Biodiversität trotz positiver Entwicklung einzelner Arten weiterhin verschlechtert. Die meisten Fische, See- und Küstenvögel, Meeressäuger sowie Lebensräume am Meeresboden und in der Wassersäule sind nicht in einem guten Zustand.

Die Auswirkungen menschlicher Aktivitäten stellen gemeinsam mit denen des Klimawandels weiterhin die größten Bedrohungen und Herausforderungen dar. Die aktuelle Bewertung zeigt folgende Hauptbelastungen der Ostsee:

- Überversorgung der Ostsee mit Nährstoffen über die Flüsse und die Atmosphäre,
- nährstoffbedingte sauerstoffarme Zonen,
- zu hohe Schadstoffkonzentrationen,
- Eintrag nicht-einheimischer Arten insbesondere durch die Schifffahrt sowie
- Auswirkungen der kommerziellen Fischerei auf Arten und Meeresboden.

Aktivitäten wie Überbauung, Kies- und Sandabbau, Unterhaltung von Fahrrinnen, Verlegung von Rohrleitungen und Kabeln tragen zur Schädigung des Meeresbodens und von Lebensräumen bei. Die Belastung der Strände und des Meeresbodens mit Müll, v. a. mit Kunststoff, und der Eintrag von Schall unter Wasser durch die Schifffahrt, Rammarbeiten für Offshore-Konstruktionen und andere Aktivitäten im Meer sind weitere, weitverbreitete Probleme, für die derzeit Bewertungssysteme entwickelt werden, um ihre Relevanz und die Auswirkungen auf das marine Leben zu bestimmen.[8]

---

[8] https://www.umweltbundesamt.de/themen/wasser/meere/helcom/helcom-fragen-antworten.

8.5 Oslo-Paris-Übereinkommen (OSPAR)

Die Oslo-Paris-Kommission zum Schutz der Meeresumwelt des Nordostatlantiks (OSPAR) fusionierte 1992 aus den zuvor getrennten Oslo- und Paris Kommissionen. Das OSPAR-Übereinkommen wurde 1994 von Deutschland ratifiziert und ist seit 1998 in Kraft. Seine Ziele sind die Reduzierung der Schadstoffbelastung, Erhaltung der Artenvielfalt und Lebensräume (Biodiversität) und der Schutz sowie die nachhaltige Nutzung der natürlichen Ressourcen.

OSPAR umfasst den Nordostatlantik mit mehr als 13 Mio. km^2 Meeresfläche. Da dieses Gebiet verschiedene Ökoregionen einschließt, unterteilt OSPAR seinen Geltungsbereich in fünf Unterregionen, zu denen auch die Nordsee gehört. Die OSPAR-Region und seine Unterregionen sind identisch mit den in der EG-Meeresstrategie-Rahmenrichtlinie (MSRL) festgelegten Gebieten.

Das OSPAR-Übereinkommen wird mit den sechs Strategien

- Schutz und Erhaltung der biologischen Vielfalt und der Ökosysteme des Meeresgebietes,
- Eutrophierung,
- Schadstoffe,
- Offshore Öl- und Gasindustrie,
- Radioaktive Substanzen und
- Monitoring und Bewertung

umgesetzt.

Das OSPAR-Übereinkommen ist ein völkerrechtliches Vertragswerk, wobei nur die sogenannten Entscheidungen (decisions) rechtsverbindlich und einklagbar sind, Vereinbarungen (agreements) und Empfehlungen (recommendations) hingegen nicht sanktioniert werden können.

Im Jahr 2021 vereinbarte OSPAR eine neue Umweltstrategie, die ehrgeizige Verpflichtungen für das kommende Jahrzehnt festlegt. Damit will man die größten Probleme der Ozeane angehen:

- Verlust der biologischen Vielfalt,
- Meeresverschmutzung, einschließlich Plastikmüll,
- Auswirkungen der Klimakatastrophe,
- Versauerung der Ozeane.

So ist das Ziel definiert, Abfälle im Meer bis 2025 um 50 % und bis 2030 um 75 % zu reduzieren. Zudem verpflichten sich die Vertragsstaaten bis 2030 30 % des OSPAR-Meeresgebietes unter Schutz zu stellen. Ein besonderer Fokus liegt dabei auf dem Schutz von Seetangwäldern, die viel CO_2 speichern können und damit helfen, die Auswirkungen der Klimakatastrophe zu abzufedern.[9]

---

[9] https://www.stiftung-meeresschutz.org/meeresschutzgebiete/ospar.

Die OSPAR-Regelungen werden in den Küstengewässern Schleswig-Holsteins im Wesentlichen im Rahmen der trilateralen Wattenmeerkooperation umgesetzt. Diese „Trilaterale Wattenmeer-Zusammenarbeit" beruht auf der „Gemeinsamen Erklärung zum Schutz des Wattenmeeres" von 1982. Zur Koordination der Aufgaben und Intensivierung der Zusammenarbeit wurde 1987 das Trilaterale Wattenmeersekretariat mit Sitz in Wilhelmshaven gegründet.

8.6 Bonn-Übereinkommen

Das Bonn-Übereinkommen (Übereinkommen zur Zusammenarbeit bei der Bekämpfung der Verschmutzung der Nordsee durch Öl und andere Schadstoffe) ist die Einrichtung, mit dem die Nordsee-Staaten und die Europäische Gemeinschaft (die Vertragsparteien) bei der Bekämpfung der Verschmutzung im Bereich der Nordsee aus Schiffskatastrophen und der chronischen Verschmutzung durch Schiffe und Offshore-Einrichtungen zusammenarbeiten und Überwachungsmaßnahmen als eine Hilfe zur Aufdeckung und Bekämpfung von Meeresverschmutzung durchführen.

Auf der Grundlage einer deutschen Initiative wurde dieses wichtige Übereinkommen zum Schutz der Meeresumwelt im Jahr 1969 in der ehemaligen deutschen Hauptstadt Bonn geschlossen. Seit dieser Zeit ist Deutschland Verwahrer des Bonn-Übereinkommens. In den Jahren 1983 und 1989 wurde das Übereinkommen erweitert und angepasst, um den neuesten Entwicklungen Rechnung zu tragen.

Die Nordsee und ihre angrenzenden Bereiche sind die Heimat vielfältiger und leistungsfähiger Ökosysteme und für das tägliche Leben von Millionen von Menschen von wesentlicher Bedeutung. Hier befinden sich einige der am meisten befahrenen Schifffahrtswege weltweit. Trotz des allgemeinen Rückgangs der Zahl der unbeabsichtigten Ölverschmutzungen in europäischen Gewässern geschehen immer noch in unregelmäßigen Abständen große Ölunfälle. Obwohl der größte Teil des jährlich ins Meer gelangenden Öls auf Austritte an Land zurückzuführen ist, sind Ölunfälle auf See immer noch eine wichtige Ursache von Verschmutzung und machen 10 bis 15 % der gesamten Ölmenge aus, die jedes Jahr weltweit in die Meere gelangt.[10]

[10] https://www.internationales-verkehrswesen.de/bonn-uebereinkommen.

Nationales Umweltrecht 9

Inhaltsverzeichnis

9.1 Umweltrecht als Staatsziel

Das Umweltrecht wurde mit der Erweiterung des Grundgesetzes seit dem 15. November 1994 um den Art. 20a als Staatsziel definiert. Der Schutz der Umwelt bedeutet zum einen das Unterlassen schädigender Eingriffe, die Abwehr akuter Gefahren für die Umwelt und schließlich die Vorsorge gegenüber künftigen Risiken. Inhalte des Umweltschutzes sind auch der Schutz der Artenvielfalt und die Sicherung eines artgerechten Lebens bedrohter Tier- und Pflanzenarten.[1]

Mit dem Gebot, diese Grundlagen des menschlichen Lebens und der Natur auch für künftige Generationen zu erhalten, statuiert das Grundgesetz eine Verpflichtung gegenüber der Nachwelt. Umstritten bzw. nicht eindeutig ist, von wem und auf welche Weise die Verpflichtung einzufordern ist.

▶ **Art. 20a GG** Der Staat schützt auch in Verantwortung für die künftigen Generationen die natürlichen Lebensgrundlagen und die Tiere im Rahmen der verfassungsmäßigen Ordnung durch die Gesetzgebung und nach Maßgabe von Gesetz und Recht durch die vollziehende Gewalt und die Rechtsprechung.

[1] BVerfG NVwZ 2011, 94, 98.

U. Jacobshagen, *Green Shipping – Schiffsbetrieb und Umweltschutz*,
https://doi.org/10.1007/978-3-658-46807-1_9

Dieses Gebot ist rechtsverbindlich, aber für den einzelnen nicht einklagbar. Aufgrund des verfassungsrechtlichen Ranges ist bei der Abwägung mit anderen gesellschaftlichen Interessen eine verstärkte Berücksichtigung des Umwelt- und Nachweltschutzes geboten.[2]

Der Umweltschutz in See- und Binnenschifffahrt hat natürlich mehrere Umweltmedien zu beachten. Vor allem der Gewässerschutz spielt eine entscheidende Rolle. Durch neue rechtliche Regelungen gewinnt in der Schifffahrt auch der Schutz der Umwelt vor Luftverunreinigungen (z. B. durch MARPOL73/78 Anlage VI) und der Umgang mit sämtlichen Schiffsabfällen (z. B. MARPOL73/78 Anlage III und das CDNI-Übereinkommen) immer mehr an Bedeutung.

Dem Umweltschutz kommt nach herrschender Meinung kein Vorrang vor anderen Rechtsgütern und Staatszielen zu. Schutz der natürlichen Lebensgrundlagen bedeutet demnach nicht, dass jegliche umweltbelastenden Maßnahmen gegen dieses Staatsziel verstoßen. Vielmehr geht es darum, den Umweltschutz und den Schutz der natürlichen Lebensgrundlagen in praktische Konkordanz zu anderen Verfassungsgütern zu bringen.

Den Begriff oder gar eine Definition „Umwelt" fügte der Gesetzgeber nicht in das Grundgesetz ein. Die Föderalismusreform I hatte dem Bund die Möglichkeit gegeben, ein Umweltgesetzbuch zu schaffen. Der Bundesgesetzgeber kann für alle Umweltrechtsmaterien Vollregelungen schaffen, von denen die Länder allerdings nachträglich in bestimmten Bereichen abweichen können.

Der in der 16. Legislaturperiode erarbeitete Entwurf eines UGB wurde allerdings nicht ins Gesetzgebungsverfahren eingebracht. Trotz intensiver Abstimmung der Entwürfe mit allen maßgeblichen Akteuren konnte sich die Bundesregierung nicht auf einen gemeinsamen Entwurf einigen. Stattdessen haben Bundestag und Bundesrat Teile der ursprünglich im UGB vorgesehenen Vorschriften als Einzelgesetze verabschiedet. Damit werden die Anforderungen im Wasser- und Naturschutzrecht bundesweit vereinheitlicht. Darüber hinaus wurde das Gesetz für den Schutz vor nichtionisierender Strahlung (NiSG) sowie ein Rechtsbereinigungsgesetz Umwelt (RGU) geschaffen.[3]

9.2 Strafgesetzbuch

Der Ansatz des Umweltstrafrechts in Deutschland war lange umstritten und konnte letztendlich erst durch die Staatszielbestimmung des Art. 20a GG geklärt werden. Streitgegenstand war die Frage, ob der Umweltschutz einen reinen Schutz der Ökologie und damit der Natur zu dienen hat (ökologische Sicht) oder ob der Mensch im Mittelpunkt des Umweltschutzes zu stehen hat (anthropozentrische Sicht).

[2] https://www.umweltbundesamt.de/themen/nachhaltigkeit-strategien-internationales/umweltrecht/umweltverfassungsrecht/deutsches-umweltverfassungsrecht.

[3] https://www.umweltbundesamt.de/themen/nachhaltigkeit-strategien-internationales/umweltrecht/umweltverfassungsrecht/deutsches-umweltverfassungsrecht.

Mit der Erweiterung des Grundgesetzes der Bundesrepublik Deutschland am 27. Oktober 1994 wurde die ökologisch-anthropozentrische Sicht als Staatsziel definiert und der Mensch somit als Teil der Ökologie betrachtet, die es zu schützen gilt.

9.2.1 Erweiterung des deutschen Strafrechts für Umwelttaten

9.2.1.1 Prinzipien des Strafgesetzbuches

Bereits 1971 hatte die SPD ein Grundrecht auf Umweltschutz in ihr Umweltprogramm aufgenommen. Doch es waren vor allem die Grünen, die in den frühen 1980er-Jahren für ein solches Grundrecht eintraten. Durchsetzen konnte sich die Partei mit dieser Forderung nicht: Im Dezember 1983 lehnte eine Sachverständigenkommission des Innenministeriums die Einführung eines Grundrechts ab und schlug stattdessen die Einführung eines Staatsziels Umweltschutz vor.[4]

Im Verlauf der 1960er- und Anfang der 1970er-Jahre erwachte – in Zeiten gesellschaftlicher Umbrüche (insbes. Studentenbewegung) – allmählich das gesellschaftliche Interesse am Umweltschutz und führte zu lebhafter werdenden Diskussionen. Daraus entwickelte sich unter einer sozial-liberalen Koalition das erste Umweltprogramm der Bundesregierung vom 29. September 1971. Verdient gemacht hat sich das Umweltprogramm von 1971 nicht zuletzt auch dadurch, dass die elementaren Prinzipien der (west-)deutschen Umweltschutzgesetzgebung, das Vorsorgeprinzip, das Verursacherprinzip und das Kooperationsprinzip, in ihm erstmals formuliert wurden:

- **Vorsorgeprinzip:**
  Das Umweltrecht soll nicht nur zur Schadensbekämpfung oder -vermeidung dienen, sondern es soll als vordringlichste Aufgabe Umweltbelastungen gar nicht entstehen lassen.
- **Verursacherprinzip:**
  Beeinträchtigungen der Umwelt sind grundsätzlich dem konkreten Verursacher zuzurechnen; diesem ist dann die Verpflichtung zur Beseitigung oder zum Ausgleich der Umweltschädigung aufzuerlegen.
- **Kooperationsprinzip:**
  Im Umweltschutz soll Kooperation vor Konfrontation gehen, d. h., dass Maßnahmen, die zur Vermeidung oder zum Ausgleich von Umweltschädigungen erforderlich sind, im Einvernehmen mit den Betroffenen durchgeführt und nicht durch staatlichen Zwang herbeigeführt werden sollen.

[4] https://www.bundestag.de/dokumente/textarchiv/2013/47447610_kw49_grundgesetz_20a/213840.

9.2.1.2 Erweiterung des Strafrechts

Das deutsche Strafrecht gilt nach dem Flaggenprinzip des § 5 StGB auch für Taten auf Schiffen und Luftfahrzeugen, die berechtigt sind, die Bundesflagge oder das deutsche Staatszugehörigkeitszeichen zu führen. Unbedeutend dabei ist, ob das Fahrzeug zur Tatzeit im fremden Hoheitsgebiet oder auf offener See war und ob der Täter Deutscher oder Ausländer ist. Dabei gelten Staats- und Kriegsschiffe als wandelndes Staatsgebiet, sodass dort ausschließlich das Recht des Flaggenstaates anzuwenden ist; eine Strafbarkeit nach anderem nationalen oder internationalen Recht kann ausschließlich auf Antrag des Flaggenstaates verfolgt werden.

Das deutsche Strafrecht gilt, unabhängig vom Recht des Tatorts, für Straftaten gegen die Umwelt in den Fällen der §§ 324, 326, 330 und 330a, die im Bereich der deutschen ausschließlichen Wirtschaftszone begangen werden, soweit völkerrechtliche Übereinkommen zum Schutze des Meeres ihre Verfolgung als Straftaten gestatten. Darüber hinaus gilt das deutsche Strafrecht, unabhängig vom Recht des Tatorts, für Taten, die aufgrund eines für die Bundesrepublik Deutschland verbindlichen zwischenstaatlichen Abkommens auch dann zu verfolgen sind, wenn sie im Ausland begangen werden.

Bereits der § 12 des SRÜ-Ausführungsgesetzes regelt, dass das deutsche Strafrecht für Straftaten gegen die Umwelt in den Fällen der §§ 324, 326, 330 und 330a des Strafgesetzbuches gilt, die von einem Schiff aus in der Nordsee oder Ostsee außerhalb der deutschen ausschließlichen Wirtschaftszone durch Einleiten von Stoffen unter Verletzung verwaltungsrechtlicher Pflichten i. S. d. § 330d Nr. 4, 5 StGB begangen werden, welche der Durchführung völkerrechtlicher Übereinkommen zum Schutz des Meeres dienen. Soweit die Tat in den Hoheitsgewässern eines anderen Staates begangen wird, gilt dies, wenn die Tat nach dem Recht dieses Staates mit Strafe bedroht ist.

9.2.1.3 Hoheitsgebiet

Das deutsche Strafrecht gilt für alle Taten, die im Inland begangen werden, unbedeutend, ob die Tat von einem Deutschen, Ausländer oder Staatenlosen begangen wird. Zum Inland gehören

- das Landgebiet,
- die Eigengewässer,
- der Luftraum und
- das Küstenmeer innerhalb der Zwölfmeilenzone.

Zum Ausland gehören alle Gebiete außerhalb des Inlandes – auch das offene Meer – sowie Gebiete, die keiner Staatshoheit unterstehen.

Grundsätzlich gehören somit Gebiete, die außerhalb des Küstenmeeres liegen nicht zum Hoheitsgebiet der Bundesrepublik Deutschland. Für Taten entgegen dem MARPOL-Übereinkommen wurde in Deutschland das Hoheitsgebiet durch das MARPOL-Gesetz auch auf die ausschließliche Wirtschaftszone ausgeweitet:

► **Art. 1 a MARPOL-Gesetz** Hoheitsbereich im Sinne des Artikels 4 Abs. 2 des Übereinkommens ist hinsichtlich der in Artikel 56 Abs. 1 Buchstabe b des Seerechtsübereinkommens der Vereinten Nationen vom 10. Dezember 1982 bezeichneten Befugnisse auch die deutsche ausschließliche Wirtschaftszone.

Somit kann auch in der AWZ jeder Verstoß gegen die Anforderungen des MARPOL-Übereinkommens mit Sanktionen belegt werden.

9.2.2 Gewässerverunreinigung

Wer unbefugt ein Gewässer verunreinigt oder sonst dessen Eigenschaften nachteilig verändert, wird auch bei dem Versuch bestraft.[5] Der Begriff unbefugt hat in diesem Paragrafen eine besondere Bedeutung, weil die Strafe nur dann rechtmäßig ist, wenn keine Befugnis zur Gewässerverunreinigung vorhanden ist. Befugnisnormen zum Verunreinigen sind im Betrieb von Schiffen vielfältig, z. B. das CDNI – Übereinkommen für Ladungsreste oder das MARPOL-Übereinkommen für Ölbestandteile des Bilgewassers. Durch diese Befugnisnormen werden Verunreinigungen von Gewässern legal und unterliegen somit nicht dem Strafrecht.

Als Gewässer i. S. d. Strafrechts[6] werden oberirdische Gewässer, das Grundwasser und das Meer bezeichnet. Der Begriff Meer ist in keiner Rechtsvorschrift legaldefiniert, sodass für die genaue Subsumtion des Tatbestandmerkmals akzessorisch u. a. das WHG hinzugezogen werden kann. Umgangssprachlich kann das Meer als die miteinander verbundenen Gewässer, die die Kontinente umgeben, bezeichnet werden.

Im Wasserhaushaltsgesetz werden die Gewässer weitergehend als im StGB definiert. Ein oberirdisches Gewässer ist so das ständig oder zeitweilig in Betten fließende oder stehende oder aus Quellen wild abfließende Wasser. Nicht dazu gehören künstliche, in Leitungen oder anderen Behältnissen gefasste Gewässer, da sie grundsätzlich dem Wasserkreislauf entzogen sind, z. B.:

- Wasserleitungen,
- Schwimmbecken,
- Klärbecken und
- Zierteiche.

Küstengewässer sind die Wasserflächen zwischen der Küstenlinie bei mittlerem Hochwasser oder zwischen der seewärtigen Begrenzung der oberirdischen Gewässer und der seewärtigen Begrenzung des Küstenmeeres. Die Meeresgewässer sind europaweit in der sogenannten Meeresstrategie-Rahmenrichtlinie[7] definiert:

---

[5] vgl. § 324 Abs. 1 StGB.

[6] vgl. § 330 d StGB.

[7] Richtlinie 2008/56/EG zur Schaffung eines Ordnungsrahmens für Maßnahmen der Gemeinschaft im Bereich der Meeresumwelt.

▶ **Meeresgewässer** Meeresgewässer sind

a) die Gewässer, der Meeresgrund und der Meeresuntergrund seewärts der Basislinie, ab der die Ausdehnung der Territorialgewässer ermittelt wird, bis zur äußersten Reichweite des Gebiets, in dem ein Mitgliedstaat gemäß
   a. dem Seerechtsübereinkommen der Vereinten Nationen Hoheitsbefugnisse hat und/ oder ausübt, mit Ausnahme der an die in Anhang II des Vertrags genannten Länder und Hoheitsgebiete angrenzenden Gewässer und der französischen überseeischen Departements und Gebietskörperschaften, und
   b. Küstengewässer im Sinne der Richtlinie 2000/60/EG, ihr Meeresgrund und ihr Untergrund, sofern bestimmte Aspekte des Umweltzustands der Meeresumwelt nicht bereits durch die genannte Richtlinie oder andere Rechtsvorschriften der Gemeinschaft abgedeckt sind.

Als Tathandlung einer Gewässerverunreinigung sind das Verunreinigen oder das sonstige nachteilige Verändern erforderlich. Dabei ist das Verändern der Oberbegriff und das Verunreinigen ein Spezialfall. Für eine Verunreinigung muss ein Minus an Wassergüte, d. h. eine nicht unerhebliche objektive Verschlechterung der faktischen Benutzungsmöglichkeiten oder physikalischen, chemischen, biologischen oder thermischen Beschaffenheit des Wassers auftreten – die schlichte Unsauberkeit des Wassers genügt nicht, noch kommt es auf mögliche bereits vorhandene Verschmutzungen an. Trotzdem darf nach der laufenden Rechtsprechung die Verunreinigung nicht unerheblich sein, wodurch Bagatellfälle ausscheiden. Was tatsächlich als Bagatellfall angesehen werden kann, muss im Zweifel ein Gericht entscheiden.

Unter Eigenschaft eines Gewässers ist die natürliche, physikalische, chemische, biologische oder thermische Beschaffenheit des Wassers zu verstehen. Die Veränderung muss irgendwelche Nachteile zur Folge haben, wodurch nicht unbedingt die Wasserqualität verschlechtert wird.

9.2.3 Unerlaubter Umgang mit Abfällen

Die vielleicht größte Herausforderung im Betrieb von Schiffen, ganz besonders von Fahrgast- und Kreuzfahrtschiffen, stellt der Umgang mit Abfällen dar. Selbst klassischer Hausmüll, der i. S. d. Strafrechts noch nicht als gefährlich anzusehen ist, kann u. U. zur Schädigung der Gewässer der Flüsse und Meere führen. Besondere Anforderungen werden an die Befugnisse der Einleitung und des Umgangs mit Abfällen in der Schifffahrt gestellt. Deshalb stellt der § 326 Abs. 1 Nr. 4 StGB einen Tatbestand dar, der durch verwaltungsrechtliche Vorschriften die Reinhaltung der Gewässer sicherstellen sollte. Danach wird bestraft, wer unbefugt Abfälle, die nach Art, Beschaffenheit oder Menge geeignet sind,

a. nachhaltig ein Gewässer, die Luft oder den Boden zu verunreinigen oder sonst nachteilig zu verändern oder
b. einen Bestand von Tieren oder Pflanzen zu gefährden,

außerhalb einer dafür zugelassenen Anlage oder unter wesentlicher Abweichung von einem vorgeschriebenen oder zugelassenen Verfahren sammelt, befördert, behandelt, verwertet, lagert, ablagert, ablässt, beseitigt, handelt, makelt oder sonst bewirtschaftet.

Als Abfälle sind im akzessorisch anwendbaren KrWG alle Stoffe oder Gegenstände definiert, derer sich ihr Besitzer entledigt, entledigen will oder entledigen muss. Die Tatsache, dass der als Abfall definierte feste oder flüssige Stoff oder dessen Bestandteile nach der Entsorgung wiederverwendet oder weiterverwendet werden kann, steht dem Abfallbegriff nicht entgegen, wenn sich der Besitzer dessen entledigen will, weil er für ihn wertlos geworden ist, z. B. Sludge, Ladungsreste oder Altöl.

Die Abfälle müssen nach Art (generell) und Beschaffenheit (wegen des Gehalts an Schadstoffen) oder allein wegen ihrer Menge geeignet sein, nachhaltig ein Gewässer, die Luft oder den Boden zu verunreinigen oder sonst nachteilig zu verändern.

Der Abfall muss stets dort, wo er hingelangt, eines der genannten Schutzgüter oder den Menschen gefährden können. Voraussetzung für alle Tatvarianten ist, dass die Handlung entweder außerhalb einer zugelassenen Anlage, z. B. einem vorgeschriebenen Tank an Bord des Schiffes oder in einem unzulässigen Verfahren erfolgt. Die wesentliche Abweichung von einem vorgeschriebenen oder zugelassenen Verfahren liegt u. a. vor, wenn durch das Zulassungsrecht für See- oder Binnenschiffe eine Nutzungspflicht von Tanks und anderen Anlagen vorgeschrieben ist.

Durch das Einführen einer sogenannten Minima-Klausel[8] ist die Tat nicht strafbar, wenn schädliche Einwirkungen auf die Umwelt, insbesondere auf Menschen, Gewässer, die Luft, den Boden, Nutztiere oder Nutzpflanzen, wegen der geringen Menge der Abfälle offensichtlich ausgeschlossen sind. Hier gewinnt der Absatz bei kleinen Abfallmengen Bedeutung, wenn ausgeschlossen ist, dass eine schädliche Einwirkung auf die Umwelt nicht gegeben sein kann.

Insgesamt kann durch die Tathandlung des Einleitens von Abfällen, wie Ladungsresten oder ölhaltigen Putzmitteln, sowohl eine Gewässerverunreinigung als auch der unerlaubte Umgang mit Abfällen zu einer Strafbarkeit führen.

▶ **Beispiel 9.1 (Erweiterung zu Beispiel 8.1)** Ein GMS transportiert auf dem Rhein eine Ladung Braunkohle. Nach dem Entladen soll der Laderaum für eine andere Ladung vorbereitet werden.

Der Schiffsführer entschließt sich, den Laderaum ohne vorheriges Reinigen mit dem Besen zu Waschen und das Waschwasser einzuleiten.

Das Waschwasser verunreinigt das Gewässer um das Schiff. Diese Verunreinigung war unbefugt, weil die Voraussetzung für die Befugnis nach dem CDNI Anlage 2 Teil C nicht eingehalten wurden. Somit erfüllt der Schiffsführer den Tatbestand einer Gewässerverunreinigung i. S. d. § 324 StGB, die auch rechtswidrige, also unbefugt, begangen wurde.

[8] vgl. § 325 Abs. 6 StGB.

Darüber hinaus entledigt sich der Schiffsführer der subjektiven Abfälle. Durch die Menge der Braunkohlereste könnte das Gewässer nachhaltig verunreinigt oder nachteilig verändert worden sein. Das Verfahren zur Behandlung der Abfälle nach dem Löschen der Ladung ist ebenfalls im CDNI beschrieben, und der Schiffsführer weicht mit seiner Tathandlung wesentlich davon ab, was zu einer Strafbarkeit i. S. d. § 325 StGB führen kann.

Die durch das Reinigungsverfahren (besenrein oder vakuumrein) aufgenommene Restladung ist Eigentum des Empfängers. In dieses Eigentum wird eingegriffen, indem die Restladung mit den Ladungsresten über Bord gegeben wird, was auch zu einer zivilrechtlichen Verantwortung (Schadensersatz) führen kann.

Trotz der Erlaubnis, ein Gewässer durch das Einbringen von Abfällen in die Gewässer zu verunreinigen, kann also ein Verstoß vorliegen, wenn die dafür erlassenen Vorschriften nicht eingehalten werden. Vielfach sind diese Vorschriften jedoch nicht mit messbaren oder nachweisbaren Grenzwerten verbunden, sodass ein Nachweis oder gar eine Ahndung schwierig werden.

9.2.4 Luftverunreinigung

Die internationale Seeschifffahrtsorganisation (International Maritime Organization – IMO) hat bereits 1973 im MARPOL-Übereinkommen Umweltschutzauflagen für die Seeschifffahrt geregelt. In den sechs Anlagen[9] sind Regelungen bezüglich der Verhütung der Verschmutzung durch Öl (Anlage I), schädliche flüssige Stoffe (Anlage II), Schadstoffe in verpackter Form (Anlage III), Abwasser (Anlage IV), Schiffsmüll (Anlage V) sowie zur Luftverunreinigung durch Seeschiffe (Anlage VI) enthalten. Die in der Anlage VI enthaltenen Anforderungen an die Luftschadstoffe umfassen bislang nur Vorgaben für Schwefeloxid- (SO_x) und Stickoxidemissionen (NO_x) sowie Regelungen bezüglich der Energieeffizienz.[10]

Während die Schwefelmenge im Kraftstoff für den Straßenverkehr einen Anteil von 0,001 % nicht überschreiten darf, liegt der seit dem 1.1.2015 gültige Grenzwert für Schiffskraftstoff in den Schwefelkontrollgebieten (sulphur emission control area – SECA) mit 0,10 % immer noch um das 100-Fache höher.

Eine umweltschonende Alternative zu Schweröl[11] ist die Verwendung von hochwertigem Marinedieselöl (MDO) oder von Erdgas, das in seiner dichtesten Speicherform als LNG (liquefied natural gas – Flüssiggas) eingesetzt wird. Für einen entsprechenden

[9] siehe Abschn. 7.3.

[10] https://www.kriminalpolizei.de/ausgaben/2017/detailansicht-2017/artikel/luftverunreinigung-durch- seeschiffe-kriminelles-unrecht.html.

[11] siehe Abschn. 5.4.

Gasantrieb müssen Schiffe umgerüstet und die notwendige Tankinfrastruktur in den Häfen aufgebaut werden.

Einen völlig neuen Weg zur Schadstoffvermeidung stellt das sogenannte Green Shipping dar. Damit ist die Summe komplexer Maßnahmen zur Vermeidung von schädlichen Emissionen gemeint. Neben den bereits dargestellten rechtlichen Vorgaben auf internationaler, europäischer und nationaler Ebene werden schiffbauliche Konzepte und die Einführung freiwilliger Initiativen zur Verringerung von Abgasemissionen und Verschmutzungen der Meeresumwelt umgesetzt. Dazu gehören u. a. die Schwefel-Reduzierung durch technische Vorrichtungen (sogenannter Scrubber), Antifouling-Anstriche der Schiffsrümpfe oder FCKW-/Halon-Verbote.

Wer beim Betrieb einer Anlage, insbesondere einer Betriebsstätte oder Maschine, unter Verletzung verwaltungsrechtlicher Pflichten Schadstoffe in bedeutendem Umfang in die Luft außerhalb des Betriebsgeländes freisetzt, wird bestraft. Anknüpfungspunkt des Emissionstatbestandes ist nicht die potentielle Gefährlichkeit der veränderten Luftmasse für die Schutzgüter des Tatbestandes, sondern die Gefährlichkeit der in die Luft abgegebenen Schadstoffe. Hierin liegt eine vom Gesetzgeber bezweckte Beweiserleichterung.

Im Strafgesetzbuch sind solche Schadstoffe erfasst, die geeignet sind, die Gesundheit eines anderen, Tiere, Pflanzen oder andere Sachen von bedeutendem Wert zu schädigen. Darüber hinaus werden solche Schadstoffe genannt, die geeignet sind, nachhaltig ein Gewässer, die Luft oder den Boden zu verunreinigen oder sonst nachteilig zu verändern. Als Tathandlung müssen diese in bedeutendem Umfang in die Luft außerhalb des Betriebsgeländes freigesetzt werden.

Die grobe Pflichtwidrigkeit ist nicht mehr Tatbestandsvoraussetzung, es genügt jeder umweltgefährdende Verstoß gegen eine verwaltungsrechtliche Pflicht. Allerdings fordert auch Abs. 2 die Freisetzung beim Betrieb einer Anlage. Dies führt zu einer Einbeziehung der Emissionen der in Abs. 7 aufgeführten Verkehrsfahrzeuge, nämlich der Kraftfahrzeuge, Schienen-, Luft- oder Wasserfahrzeuge.

In bedeutendem Umfang sind Schadstoffe nicht erst ab einer gewissen Menge freigesetzt; einzubeziehen sind in einer Gesamtschau Art und Beschaffenheit der Stoffe. Je gefährlicher ein Stoff für die potentiellen Gefährdungsobjekte des § 325 StGB ist, desto eher lässt sich der freigesetzten Menge ein bedeutender Umfang zumessen.

Außerhalb des Betriebsgeländes werden die Schadstoffe freigesetzt, wenn sie nicht nur die emittierende Anlage verlassen haben, sondern außerhalb des gesamten Betriebsbereichs feststellbar sind.

In der Seeschifffahrt ist die reine optische Veränderung der Luft sofort erkennbar und damit als Anfangsverdacht einer Straftat ermittelbar. Regelmäßig können solche Luftverunreinigungen durch Ruß aus dem Maschinenbetrieb festgestellt werden, wobei abzugrenzen bleibt, inwieweit ein Ausstoß von Ruß technisch bedingt unvermeidbar oder auf ein technisches und menschliches Versagen zurückzuführen ist. Ottomotoren emittieren keinen Ruß, aber viel CO_2. Bei den Dieselmotoren ist es umgekehrt. Dafür gibt es physikalische und chemische Gründe, z. B. werden durch die hohen Arbeitsdrücke und Temperaturen im Dieselzylinder die langkettigen Kohlenwasserstoff-Moleküle gecrackt, wobei

Ruß entsteht, der nicht so leicht entflammbar ist wie die Kohlenwasserstoffe und deshalb ausgestoßen wird. Gerade Rußbildung im Verbrennungsraum tritt bei unvollständiger Verbrennung der Brennstoffe auf – z. B. bei Fahren der Hauptmaschine im Unterlastbereich, insbesondere bei mittel- oder schnelllaufenden Dieselmotoren. Das Freibrennen im Nennlastbereich führt dann regelmäßig zum Abbrennen der Rußrückstände und zu kurzzeitigem Rußausstoß.

Schwieriger gestaltet sich der Nachweis einer Luftverunreinigung durch zu hohen Schwefel- oder Stickoxidausstoß, der den Vorschriften des MARPOL-Übereinkommens und damit der Seeumweltverhaltensverordnung zuwiderhandelt. Gerade der Ausstoß dieser Schadstoffe führt in der Regel nicht zu einer optischen oder olfaktorischen Wahrnehmung. Fraglich ist in der Rechtsanwendung auch grundsätzlich, wann ein nicht befugter Ausstoß von Schwefel- oder Stickoxiden zu einer Erfüllung der Straftatbestände des § 325 StGB führen. Ermittelt werden muss, ab welchem Schadstoffgehalt der bedeutende Umfang im Sinne des § 325 Abs. 2 StGB erfüllt ist. Eine Nutzung der Messergebnisse des Forschungsprojekts MesMarT kann hilfreich sein. Auch eine Beprobung der verwendeten Kraftstoffe, die an Bord der Seeschiffe verwendet wurden, kann zu einer strafrechtlichen Entscheidung führen.

9.3 Wasserrecht in Bund und den Ländern

Das Gesetz zur Ordnung des Wasserhaushalts (Wasserhaushaltsgesetz – WHG) bildet den Kern des Gewässerschutzrechts und stammt ursprünglich bereits aus dem Jahr 1957. Sein Zweck ist es, durch eine nachhaltige Gewässerbewirtschaftung die Gewässer als Bestandteil des Naturhaushalts, als Lebensgrundlage des Menschen, als Lebensraum für Tiere und Pflanzen sowie als nutzbares Gut zu schützen. Auf der Grundlage des WHG wurden in den Bundesländern landesrechtliche Regelungen zum Wasserhaushalt erlassen, die durch die frühere Rahmengesetzgebung des Bundes in den Bundesländern harmonisiert umgesetzt werden.

Der Wasserhaushalt als geoökologischer Begriff ist Teil des Naturhaushaltes, der die Erscheinungen, Zustände und Prozesse des Wassers umfasst. Der Erkenntnisgewinn zum Wasserhaushalt bezieht sich vor allem auf die mengenmäßige Betrachtung des Wassers in verschiedenen Zuständen und Räumen (Geosphäre, Biosphäre) sowie auf das Zusammenwirken und die Übergänge zwischen den Komponenten des Wasserhaushalts mit unterschiedlicher räumlicher und zeitlicher Auflösung.

Das WHG hat zum Ziel, die rechtlichen Voraussetzungen für eine geordnete Bewirtschaftung des ober- und unterirdischen Wassers nach Menge und Beschaffenheit zu schaffen sowie die menschlichen Einwirkungen auf Gewässer zu steuern. Das WHG schreibt vor, die Gewässer als Bestandteil des Naturhaushalts und als Lebensraum für Tiere und Pflanzen zu sichern und so zu bewirtschaften, dass sie dem Wohl der Allgemeinheit und im Einklang mit ihr auch dem Nutzen Einzelner dienen. Vermeidbare Beeinträchtigungen ihrer ökologischen Funktionen, z. B. durch die Schifffahrt, sollen unterbleiben. Insgesamt ist ein hohes Schutzniveau für die Umwelt zu gewährleisten.

Das WHG gilt für

1. die oberirdische Gewässer,
2. die Küstengewässer und
3. das Grundwasser.

Für die Bewirtschaftung der Meeresgewässer (die Küstengewässer sowie die Gewässer im Bereich der deutschen ausschließlichen Wirtschaftszone und des Festlandsockels, jeweils einschließlich des Meeresgrundes und des Meeresuntergrundes) darf der Bund auf der Grundlage des § 23 WHG Rechtsverordnungen erlassen, die von den sonstigen Vorschriften des Gesetzes abweichen können.

Grundsätzlich bedarf die Benutzung eines Gewässers der Erlaubnis oder der Bewilligung. Diese Erlaubnis oder Bewilligung der Benutzung eines Gewässers stellt dann im Rahmen der Umweltrechtsakzessorietät eine Befugnis für die Gewässerverunreinigung nach § 324 StGB dar. Als Benutzung eines Gewässers gilt u. a. jegliches Einbringen und Einleiten von Stoffen in Gewässer oder das Entnehmen und Ableiten von Wasser aus oberirdischen Gewässern. Somit kann im Schiffsbetrieb jede Entnahme von Wasser (z. B. Kühlwasser für die Antriebsmaschinen) und jedes Einleiten (z. B. durch Waschwasser aus den Laderäumen) als Benutzung im Sinne des WHG definiert werden, für die eine Erlaubnis oder Bewilligung erforderlich ist.

Exkurs Umweltgesetzbuch

Das deutsche Umweltrecht hat sich über viele Jahre und unter dem Einfluss verschiedener Umweltprobleme entwickelt, wodurch verschiedene Umweltfachgesetze entstanden sind, die ihren Schwerpunkt jeweils auf einzelne Umweltbereiche legen. Zum Teil enthalten diese Gesetze unterschiedliche Begriffsdefinitionen und Regelungsansätze oder gewichten einzelne Umweltbelange unterschiedlich. Die Anwendung des Rechts wird dadurch wesentlich erschwert, weil die Vorschriften auf viele Einzelgesetze verteilt sind. Ein umfassendes Umweltgesetzbuch (UGB), das möglichst viele Regelungen vereint, könnte das Problem ändern und so einen wichtigen Beitrag zum Bürokratieabbau leisten und Investitionen fördern. Ein UGB würde zur Erleichterung der Umsetzung und Integration des europäischen Rechts innerhalb der deutschen Rechtslandschaft führen. Am 1. Februar 2009 gab der damalige Bundesumweltminister Gabriel das endgültige Scheitern des Umweltgesetzbuches bekannt, das seither nicht mehr als Gesetzesvorlage in die Bearbeitung eingebracht wurde.

Eine grundsätzliche Erlaubnis stellt der Gemeingebrauch dar, auf deren Regelungen im WHG auch durch das WaStrG hingewiesen wird. Danach darf jede Person oberirdische Gewässer in einer Weise und in einem Umfang benutzen, wie dies nach Landesrecht als

Gemeingebrauch zulässig ist, soweit nicht Rechte anderer dem entgegenstehen und soweit Befugnisse oder der Eigentümer- oder Anliegergebrauch anderer nicht beeinträchtigt werden. Der Gemeingebrauch umfasst nicht das Einbringen und Einleiten von Stoffen in oberirdische Gewässer.

Der Geltungsbereich der Landeswassergesetze erstreckt sich auf alle Gewässer, die in dem jeweiligen Land vorhanden sind und genutzt werden können. Dazu gehören auch die Binnenwasserstraßen des Bundes sowie die Küstengewässer. In den deutschen Bundesländern erstreckt sich der Gemeingebrauch grundsätzlich auch auf das Befahren der Gewässer mit kleinen Fahrzeugen ohne Motorkraft oder mit leistungsreduzierten Motoren. Das Befahren der Gewässer mit Binnen- oder Seeschiffen ist nicht durch den Gemeingebrauch auf Grundlage des § 25 WHG gedeckt und benötigt eine Erlaubnis oder Bewilligung, die zum Teil durch die Landeswassergesetze gegeben wurden.

9.4 Bundesimmissionsschutzrecht

Das deutsche Bundes-Immissionsschutzgesetz (BImSchG) regelt ein wichtiges Teilgebiet des Umweltrechts, das Immissionsschutzrecht, und ist das bedeutendste praxisrelevante Regelwerk dieses Rechtsgebietes, solange es kein einheitliches Umweltgesetzbuch gibt. Es regelt den Schutz von Menschen, Tieren, Pflanzen, Böden, Wasser, Atmosphäre und Kulturgütern vor Immissionen und Emissionen.

Die Vorschriften des BImSchG gelten für u. a. das Herstellen, Inverkehrbringen und Einführen von Anlagen, Brennstoffen und Treibstoffen, Stoffen und Erzeugnissen aus Stoffen sowie die Beschaffenheit, die Ausrüstung, den Betrieb und die Prüfung von Wasserfahrzeugen sowie von Schwimmkörpern und schwimmenden Anlagen. Wasserfahrzeuge sowie Schwimmkörper und schwimmende Anlagen müssen so beschaffen sein, dass ihre durch die Teilnahme am Verkehr verursachten Emissionen bei bestimmungsgemäßem Betrieb die zum Schutz vor schädlichen Umwelteinwirkungen einzuhaltenden Grenzwerte nicht überschreiten. Voraussetzung für den Schutz der Umwelt ist in dem Stand der Technik definiert, der den jeweiligen Entwicklungsstand fortschrittlicher Verfahren, Einrichtungen oder Betriebsweisen, der die praktische Eignung einer Maßnahme

- zur Begrenzung von Emissionen in Luft, Wasser und Boden,
- zur Gewährleistung der Anlagensicherheit,
- zur Gewährleistung einer umweltverträglichen Abfallentsorgung oder sonst zur Vermeidung oder
- Verminderung von Auswirkungen auf die Umwelt zur Erreichung eines allgemein hohen Schutzniveaus für die Umwelt insgesamt

gesichert erscheinen lässt.

Darüber hinaus müssen Wasserfahrzeuge so betrieben werden, dass vermeidbare Emissionen verhindert und unvermeidbare Emissionen auf ein Mindestmaß beschränkt bleiben.

Für die dazu erforderliche Beschaffenheit von in Deutschland in Verkehr gebrachten Kraftstoffe wurde auf der Grundlage der BImSchG die 10. Bundesimmissionsschutz-Verordnung (10. BimSchV) erlassen. Diese regelt die Beschaffenheit und die Auszeichnung der Qualitäten von Kraft- und Brennstoffen, die innerhalb des Geltungsbereichs des BImSchG in den Verkehr gebracht und verwendet werden dürfen. Dieselkraftstoff zur Verwendung für Binnenschiffe und Sportboote darf nur dann gewerbsmäßig oder im Rahmen wirtschaftlicher Unternehmungen in den Verkehr gebracht werden, wenn sein Gehalt an Schwefelverbindungen 0,001 % nicht überschreitet. Andere flüssige Kraftstoffe, z. B. Schweröl, dürfen nicht verwendet werden, es sei denn ihr Schwefelgehalt überschreitet den zulässigen Schwefelgehalt nicht. Gasöl für den Seeverkehr wiederum darf nur dann in den Verkehr gebracht werden, wenn sein Gehalt an Schwefelverbindungen 0,1 % für den Seeverkehr nicht überschreitet, und Schiffsdiesel darf nur dann gewerbsmäßig oder im Rahmen wirtschaftlicher Unternehmungen gegenüber dem Letztverbraucher in den Verkehr gebracht werden, wenn sein Gehalt an Schwefelverbindungen 1,5 % nicht überschreitet. Diese Kraftstoffe dürfen nach der EU-Schwefelrichtlinie nur für die dort genannten Verkehre verwendet werden.

Epilog

Wie geht es weiter?

Mit einer Verringerung oder gar einem Stopp des Ausstoßes von Kohlendioxid in die Atmosphäre kann die Erderwärmung aufgehalten werden. Das muss aber sofort geschehen, um langfristige Folgen zu verhindern! Ein Weg aus der Klimakrise ist daher die vollständige Energieumstellung auf erneuerbare Energien – so schnell wie möglich.[1]

Und hier schließt sich der Kreis: Dieses Buch beginnt mit dem Zitat

Wenn wir wollen, dass alles so bleibt, wie es ist, muss alles sich ändern.[2]

Wenn die Umwelt im Allgemeinen und die Meeresumwelt im Besonderen in dem jetzigen, für menschliches Leben erforderlichen Zustand erhalten oder wieder verbessert und somit eine ökologische Katastrophe verhindert werden soll, müssen alle Verantwortlichen sofort handeln und alle technischen, politischen und wissenschaftlichen Maßnahmen zum Klimaschutz ergreifen.

Aber auch jeder Einzelne, ob Schifffahrtstreibender oder Freizeitkapitän, kann zu einer besseren Umwelt beitragen – Packen wir's an!

---

[1] https://www.greenpeace.de/engagieren/kids/fossile-energien.

[2] Giuseppe Tomasi di Lampedusa, Der Leopard, 1958.

U. Jacobshagen, *Green Shipping – Schiffsbetrieb und Umweltschutz*,
https://doi.org/10.1007/978-3-658-46807-1

Glossar

Begriffe aus dem Schifffahrts- und Umweltrecht

Abfall aus dem Ladungsbereich[1]

- Abfall und Abwasser, die im Zusammenhang mit der Ladung an Bord des Fahrzeuges entstehen; hierzu gehören nicht Restladungen und Umschlagsrückstände im Sinne des Teils B der Anwendungsbestimmung

Abfälle von Schiffen[2]

- alle Abfälle, einschließlich der Ladungsrückstände, die während des Schiffsbetriebes oder bei Laden, Löschen oder Reinigen anfallen und die in den Geltungsbereich der Anlagen I, II, IV, V und VI des MARPOL-Übereinkommens fallen, sowie passiv gefischte Abfälle

Abwasser[3]

1. Ablauf und sonstigen Abfall aus jeder Art von Toilette und Pissoir
2. Ablauf aus dem Sanitätsbereich (Apotheke, Hospital usw.) durch in diesem Bereich gelegene Waschbecken, Waschwannen und Speigatte
3. Ablauf aus Räumen, in denen sich lebende Tiere befinden oder
4. sonstiges Schmutzwasser, wenn es mit einem der in den Absätzen 3.1 bis 3.3 definierten Abläufe vermischt ist

[1] Artikel 1 CDNI.

[2] Richtlinie (EU) 2019/883 über Hafenauffangeinrichtungen für die Entladung von Abfällen von Schiffen.

[3] Anlage IV Regel 1 MARPOL 73/78.

U. Jacobshagen, *Green Shipping – Schiffsbetrieb und Umweltschutz*,
https://doi.org/10.1007/978-3-658-46807-1

Alternative Kraftstoffe[4]

- Kraftstoffe oder Energiequellen, die zumindest teilweise als Ersatz für Erdöl als Energieträger für den Verkehrssektor dienen und die zur Reduzierung der Kohlenstoffdioxidemissionen beitragen und die Umweltverträglichkeit des Verkehrssektors erhöhen können. Hierzu zählen insbesondere:
  1. Elektrizität,
  2. Wasserstoff,
  3. Biokraftstoffe gemäß der Definition in Artikel 2 Buchstabe i der Richtlinie 2009/28/EG des Europäischen Parlaments und des Rates vom 23. April 2009 zur Förderung der Nutzung von Energie aus erneuerbaren Quellen und zur Änderung und anschließenden Aufhebung der Richtlinien 2001/77/EG und 2003/30/EG (ABl. L 140 vom 5.6.2009, S. 16; L 216 vom 22.7.2014, S. 5; L 265 vom 5.9.2014, S. 33), die zuletzt durch die Richtlinie (EU) 2015/1513 (ABl. L 239 vom 15.9.2015, S. 1) geändert worden ist,
  4. synthetische und paraffinhaltige Kraftstoffe,
  5. Erdgas, einschließlich Biogas, gasförmig (komprimiertes Erdgas (CNG)) und flüssig (verflüssigtes Erdgas (LNG)) und
  6. Autogas (LPG)

Angemessener Sicherheitsabstand[5]

- der Abstand zwischen einem Betriebsbereich oder einer Anlage, die Betriebsbereich oder Bestandteil eines Betriebsbereiches ist, und einem benachbarten Schutzobjekt, der zur gebotenen Begrenzung der Auswirkungen auf das benachbarte Schutzobjekt, welche durch schwere Unfälle im Sinne des Artikels 3 Nummer 13 der Richtlinie 2012/18/EU hervorgerufen werden können, beiträgt. Der angemessene Sicherheitsabstand ist anhand störfallspezifischer Faktoren zu ermitteln

Anlagen[6]

- sind
  1. Betriebsstätten und sonstige ortsfeste Einrichtungen,
  2. Maschinen, Geräte und sonstige ortsveränderliche technische Einrichtungen sowie Fahrzeuge, soweit sie nicht der Vorschrift des § 38 unterliegen, und
  3. Grundstücke, auf denen Stoffe gelagert oder abgelagert oder Arbeiten durchgeführt werden, die Emissionen verursachen können, ausgenommen öffentliche Verkehrswege

[4] § 1 10. BImSchV.

[5] § 3 BImSchG.

[6] § 3 BImSchG.

Anlagen nach der Industrieemissions-Richtlinie[7]

- die in der Rechtsverordnung nach § 4 Absatz 1 Satz 4 gekennzeichneten Anlagen

Annahmestelle[8]

- ein Fahrzeug oder eine Einrichtung an Land, die von den zuständigen Behörden zur Annahme von Schiffsabfällen zugelassen ist

Aufbereitungsstoffe[9]

- alle Stoffe, die bei der Gewinnung, Aufbereitung und Verteilung des Trinkwassers bis zur Entnahmestelle eingesetzt werden und durch die sich die Zusammensetzung des entnommenen Trinkwassers verändern kann

Befrachter[10]

- die Person, die den Beförderungsauftrag erteilt hat

Benachbarte Schutzobjekte[11]

- ausschließlich oder überwiegend dem Wohnen dienende Gebiete, öffentlich genutzte Gebäude und Gebiete, Freizeitgebiete, wichtige Verkehrswege und unter dem Gesichtspunkt des Naturschutzes besonders wertvolle oder besonders empfindliche Gebiete

Betreiber der Umschlagsanlage[12]

- eine Person, die gewerbsmäßig die Be- oder Entladung von Fahrzeugen ausführt

Betriebsbereich[13]

- der gesamte unter der Aufsicht eines Betreibers stehende Bereich, in dem gefährliche Stoffe im Sinne des Artikels 3 Nummer 10 der Richtlinie 2012/18/EU des Europäischen Parlaments und des Rates vom 4. Juli 2012 zur Beherrschung der Gefahren schwerer Unfälle mit gefährlichen Stoffen, zur Änderung und anschließenden Aufhebung der Richtlinie 96/82/EG des Rates (ABl. L 197 vom 24.7.2012, S. 1) in einer oder mehreren Anlagen einschließlich gemeinsamer oder verbundener Infrastrukturen oder Tätigkeiten auch bei Lagerung im Sinne des Artikels 3 Nummer 16 der Richtlinie in den in Artikel 3 Nummer 2 oder Nummer 3 der Richtlinie bezeichneten Mengen tatsächlich vorhanden oder vorgesehen sind oder vorhanden sein werden, soweit vernünf-

[7] § 3 BImSchG.
[8] Artikel 1 CDNI.
[9] § 3 Trinkwasserverordnung.
[10] Artikel 1 CDNI.
[11] § 3 BImSchG.
[12] Artikel 1 CDNI.
[13] § 3 BImSchG.

tigerweise vorhersehbar ist, dass die genannten gefährlichen Stoffe bei außer Kontrolle geratenen Prozessen anfallen; ausgenommen sind die in Artikel 2 Absatz 2 der Richtlinie 2012/18/EU angeführten Einrichtungen, Gefahren und Tätigkeiten, es sei denn, es handelt sich um eine in Artikel 2 Absatz 2 Unterabsatz 2 der Richtlinie 2012/18/EU genannte Einrichtung, Gefahr oder Tätigkeit

Bilgewasser[14]
- ölhaltiges Wasser aus der Bilge des Maschinenraumbereiches, Pieks, Kofferdämmen und Wallgängen

Binnengewässer[15]
- alle an der Erdoberfläche stehenden oder fließenden Gewässer sowie alles Grundwasser auf der landwärtigen Seite der Basislinie, von der aus die Breite der Hoheitsgewässer gemessen wird

BVT-Merkblatt[16]
- ein Dokument, das auf Grund des Informationsaustausches nach Artikel 13 der Richtlinie 2010/75/EU des Europäischen Parlaments und des Rates vom 24. November 2010 über Industrieemissionen (integrierte Vermeidung und Verminderung der Umweltverschmutzung) (Neufassung) (ABl. L 334 vom 17.12.2010, S. 17) für bestimmte Tätigkeiten erstellt wird und insbesondere die angewandten Techniken, die derzeitigen Emissions- und Verbrauchswerte, alle Zukunftstechniken sowie die Techniken beschreibt, die für die Festlegung der besten verfügbaren Techniken sowie der BVT-Schlussfolgerungen berücksichtigt wurden

BVT-Schlussfolgerungen[17]
- ein nach Artikel 13 Absatz 5 der Richtlinie 2010/75/EU von der Europäischen Kommission erlassenes Dokument, das die Teile eines BVT-Merkblatts mit den Schlussfolgerungen in Bezug auf Folgendes enthält:
  1. die besten verfügbaren Techniken, ihre Beschreibung und Informationen zur Bewertung ihrer Anwendbarkeit,
  2. die mit den besten verfügbaren Techniken assoziierten Emissionswerte,
  3. die zu den Nummern 1 und 2 gehörigen Überwachungsmaßnahmen,
  4. die zu den Nummern 1 und 2 gehörigen Verbrauchswerte sowie
  5. die gegebenenfalls einschlägigen Standortsanierungsmaßnahmen

[14] Artikel 1 CDNI.

[15] Artikel 2 WRRL.

[16] § 3 BImSchG.

[17] § 3 BImSchG.

Die mit den besten verfügbaren Techniken assoziierten Emissionswerte[18]

- der Bereich von Emissionswerten, die unter normalen Betriebsbedingungen unter Verwendung einer besten verfügbaren Technik oder einer Kombination von besten verfügbaren Techniken entsprechend der Beschreibung in den BVT-Schlussfolgerungen erzielt werden, ausgedrückt als Mittelwert für einen vorgegebenen Zeitraum unter spezifischen Referenzbedingungen

Dieselkraftstoff[19]

- jedes Gasölerzeugnis im Sinne des Kapitels 27 der kombinierten Nomenklatur, einschließlich der Zubereitungen mit einem Gehalt an Mineralöl von mindestens 70 Gewichtshundertteilen, in denen diese Öle Grundbestandteil sind, das
  1. unter die Unterpositionen 2710 20 11, 2710 20 15, 2710 20 17 (bis zu einem Schwefelgehalt von 0,05 Gewichtshundertteilen), 2710 19 43, 2710 19 46 oder 2710 19 47 (bis zu einem Schwefelgehalt von 0,05 Gewichtshundertteilen) der kombinierten Nomenklatur fällt und
  2. verwendet wird zum Antrieb von Fahrzeugen im Sinne
     a) der Verordnung (EG) Nr. 715/2007 des Europäischen Parlaments und des Rates vom 20. Juni 2007 über die Typgenehmigung von Kraftfahrzeugen hinsichtlich der Emissionen von leichten Personenkraftwagen und Nutzfahrzeugen (Euro 5 und Euro 6) und über den Zugang zu Reparatur- und Wartungsinformationen für Fahrzeuge (ABl. L 171 vom 29.6.2007, S. 1), die zuletzt durch die Verordnung (EU) 2018/858 (ABl. L 151 vom 14.6.2018, S. 1) geändert worden ist, oder
     b) der Verordnung (EG) Nr. 595/2009 des Europäischen Parlaments und des Rates vom 18. Juni 2009 über die Typgenehmigung von Kraftfahrzeugen und Motoren hinsichtlich der Emissionen von schweren Nutzfahrzeugen (Euro VI) und über den Zugang zu Fahrzeugreparatur- und -wartungsinformationen, zur Änderung der Verordnung (EG) Nr. 715/2007 und der Richtlinie 2007/46/EG sowie zur Aufhebung der Richtlinien 80/1269/EWG, 2005/55/EG und 2005/78/EG (ABl. L 188 vom 18.7.2009, S. 1; L 200 vom 31.7.2009, S. 52), die zuletzt durch die Verordnung (EU) 2019/1242 (ABl. L 198 vom 25.7.2019, S. 202) geändert worden ist

Dieselkraftstoff zur Verwendung für mobile Maschinen und Geräte, für land- und forstwirtschaftliche Zugmaschinen sowie für Binnenschiffe und Sportboote[20]

- jeder aus Erdöl gewonnene flüssige Kraftstoff im Sinne des Kapitels 27 der kombinierten Nomenklatur, einschließlich der Zubereitungen mit einem Gehalt an Mineralöl von mindestens 70 Gewichtshundertteilen, in denen diese Öle der Grundbestandteil sind, der

[18] § 3 BImSchG.

[19] § 1 10. BImSchV.

[20] § 1 10. BImSchV.

1. unter die Unterpositionen 2710 20 11, 2710 20 15, 2710 20 17 (bis zu einem Schwefelgehalt von 0,05 Gewichtshundertteilen), 2710 19 43, 2710 19 46 oder 2710 19 47 (bis zu einem Schwefelgehalt von 0,05 Gewichtshundertteilen) der kombinierten Nomenklatur fällt und
2. für den Betrieb von Kompressionszündungsmotoren bestimmt ist, die in den folgenden Rechtsakten der Europäischen Union genannt werden:
   a) Richtlinie 2013/53/EU des Europäischen Parlaments und des Rates vom 20. November 2013 über Sportboote und Wassermotorräder und zur Aufhebung der Richtlinie 94/25/EG (ABl. L 354 vom 28.12.2013, S. 90; L 297 vom 13.11.2015, S. 9),
   b) Verordnung (EU) 2016/1628 des Europäischen Parlaments und des Rates vom 14. September 2016 über die Anforderungen in Bezug auf die Emissionsgrenzwerte für gasförmige Schadstoffe und luftverunreinigende Partikel und die Typgenehmigung für Verbrennungsmotoren für nicht für den Straßenverkehr bestimmte mobile Maschinen und Geräte, zur Änderung der Verordnungen (EU) Nr. 1024/2012 und (EU) Nr. 167/2013 und zur Änderung und Aufhebung der Richtlinie 97/68/EG (ABl. L 252 vom 16.9.2016, S. 53; L 231 vom 6.9.2019, S. 29) oder
   c) Verordnung (EU) Nr. 167/2013 des Europäischen Parlaments und des Rates vom 5. Februar 2013 über die Genehmigung und Marktüberwachung von land- und forstwirtschaftlichen Fahrzeugen (ABl. L 60 vom 2.3.2013, S. 1), die zuletzt durch die Verordnung (EU) 2019/519 (ABl. L 91 vom 29.3.2019, S. 42) geändert worden ist

Dumping[21]

- jede absichtliche Entsorgung von Abfällen oder anderen Stoffen auf See oder auf dem Meeresboden von Schiffen oder anderen künstlichen Strukturen auf See oder von Flugzeugen
- Dumping beinhaltet nicht
  - die Entsorgung von Abfällen oder anderen Stoffen auf See, die im Zusammenhang mit oder aus diesen stammenden normalen Betrieb von Schiffen, anderen künstlichen Strukturen auf See oder von Flugzeugen und ihren Ausrüstungen; ausgenommen sind Abfälle oder andere Stoffe, die von Schiffen, anderen künstliche Strukturen auf See oder Flugzeuge nach transportiert werden, die für den Zweck der Entsorgung solcher Stoffe oder aus der Behandlung solcher Abfälle oder andere Stoffe auf solchen Schiffen, Strukturen oder Flugzeugen transportiert werden
  - Platzierung von Materie zu einem anderen Zweck als der bloßen Entsorgung, vorausgesetzt, eine solche Platzierung widerspricht nicht den Zielen der aktuellen HELCOM-Konvention

[21] Artikel 2 HELCOM 1992.

Einführen[22]

- steht das sonstige Verbringen in den Geltungsbereich dieses Gesetzes gleich

Einführer[23]

- wer Kraft- oder Brennstoffe gewerbsmäßig oder im Rahmen wirtschaftlicher Unternehmungen einführt

Einleiten[24]

- jedes von einem Schiff aus erfolgende Freisetzen unabhängig von seiner Ursache; der Begriff umfasst jedes Entweichen, Beseitigen, Auslaufen, Lecken, Pumpen, Auswerfen oder Entleeren
- Einleiten umfasst nicht
  - das Einbringen im Sinne des Londoner Übereinkommens vom 29. Dezember 1972 über die Verhütung der Meeresverschmutzung durch das Einbringen von Abfällen und anderen Stoffen,
  - das Freisetzen von Schadstoffen, das sich unmittelbar aus der Erforschung, Ausbeutung und der damit zusammenhängenden auf See stattfindenden Verarbeitung von mineralischen Schätzen des Meeresbodens ergibt, oder
  - das Freisetzen von Schadstoffen für Zwecke der rechtmäßigen wissenschaftlichen Forschung auf dem Gebiet der Bekämpfung oder Überwachung der Verschmutzung

Einleitung[25]

- in Bezug auf Schadstoffe oder Abwässer, die solche Stoffe enthalten, jede Freisetzung, wie auch immer sie von einem Schiff verursacht wird, einschließlich Freisetzen, Entsorgung, Verschütten, Auslaufen, Pumpen, Ausstoßen oder Entleeren
- Einleitung umfasst nicht
  - Dumping im Sinne des Übereinkommens zur Verhütung der Meeresverschmutzung durch Deponierung von Abfällen und anderen Stoffen, das am 29. Dezember 1972 in London durchgeführt wurde; oder
  - Freisetzung von Schadstoffen, die direkt aus der Exploration, Ausbeutung und der damit verbundenen Offshore-Verarbeitung von Bodenschätzen stammen oder
  - Freisetzung von Schadstoffen zum Zwecke legitimer wissenschaftlicher Forschung zur Verringerung oder Kontrolle der Umweltverschmutzung

[22] § 3 BImSchG.

[23] § 1 10. BImSchV.

[24] Artikel 2 MARPOL 73/78.

[25] Anhang IV HELCOM.

Einzugsgebiet[26]

- ein Gebiet, aus dem über oberirdische Gewässer der gesamte Oberflächenabfluss an einer einzigen Flussmündung, einem Ästuar oder einem Delta ins Meer gelangt

Einzugsgebiet

- ein Gebiet, aus welchem über Ströme, Flüsse und möglicherweise Seen der gesamte Oberflächenabfluss an einer einzigen Flussmündung, einem Ästuar oder Delta ins Meer gelangt

EMAS-Standort[27]

- diejenige Einheit einer Organisation, die nach § 32 Absatz 1 Satz 1 des Umweltauditgesetzes in der Fassung der Bekanntmachung vom 4. September 2002 (BGBl. I S. 3490), das zuletzt durch Artikel 1 des Gesetzes vom 6. Dezember 2011 (BGBl. I S. 2509) geändert worden ist, in der jeweils geltenden Fassung in das EMAS-Register eingetragen ist

Emissionen[28]

- Von Schiffen emittierte Emissionen können unterschieden werden in
  - Schadstoffe, die in die Luft abgelassen werden, Luftschadstoffe,
  - Schadstoffe, die ins Wasser abgelassen werden,
  - Schall (Lärm), der ins Wasser und in die Luft abstrahlt
- die von einer Anlage ausgehenden Luftverunreinigungen, Geräusche, Erschütterungen, Licht, Wärme, Strahlen und ähnliche Erscheinungen

Emmissionsbegrenzung[29]

- Begrenzungen, die auf eine spezifische Beschränkung von Emissionen, beispielsweise die Einhaltung von Emissionsgrenzwerten, oder auf sonstige Beschränkungen oder Auflagen hinsichtlich der Wirkung, der Natur oder sonstiger Merkmale von Emissionen oder emissionsbeeinflussenden Betriebsbedingungen abzielen
- der Gebrauch des Begriffs „Emissionsbegrenzung" in dieser Richtlinie beinhaltet in Bezug auf Bestimmungen anderer Richtlinien in keiner Weise eine Neuauslegung der betreffenden Bestimmungen

[26] § 3 Wasserhaushaltsgesetz.

[27] § 3 Wasserhaushaltsgesetz.

[28] § 3 BImSchG.

[29] Artikel 2 WRRL.

Emmissionsgrenzwert[30]

- die im Verhältnis zu bestimmten spezifischen Parametern ausgedrückte Masse, die Konzentration und/oder das Niveau einer Emission, die in einem oder mehreren Zeiträumen nicht überschritten werden dürfen
- die Emissionsgrenzwerte können auch für bestimmte Gruppen, Familien oder Kategorien von Stoffen, insbesondere für die in Artikel 16 genannten, festgelegt werden
- die Emissionsgrenzwerte für Stoffe gelten normalerweise an dem Punkt, an dem die Emissionen die Anlage verlassen, wobei eine etwaige Verdünnung bei der Festsetzung der Grenzwerte nicht berücksichtigt wird. Bei der indirekten Einleitung in das Wasser kann die Wirkung einer Kläranlage bei der Festsetzung der Emissionsgrenzwerte der Anlage berücksichtigt werden, sofern ein insgesamt gleichwertiges Umweltschutzniveau sichergestellt wird und es nicht zu einer höheren Belastung der Umwelt kommt

Erheblich veränderter Wasserkörper[31]

- ein Oberflächenwasserkörper, der durch physikalische Veränderungen durch den Menschen in seinem Wesen erheblich verändert wurde, entsprechend der Ausweisung durch den Mitgliedstaat gemäß Anhang II

Fahrgast[32]

- jede Person mit Ausnahme
  1. des Kapitäns und der Besatzungsmitglieder oder anderer Personen, die in irgendeiner Eigenschaft an Bord eines Schiffes für dessen Belange angestellt oder beschäftigt sind, und
  2. von Kindern unter einem Jahr

Fahrgastschiff

- ein zur Beförderung von Fahrgästen gebautes und eingerichtetes Schiff[33]
- ein Schiff, das mehr als 12 Fahrgäste befördert[34]

Fahrzeug[35]

- ein Binnenschiff, Seeschiff oder schwimmendes Gerät

[30] Artikel 2 WRRL.

[31] Artikel 2 WRRL, auch: § 3 WHG.

[32] Anlage IV Regel 1 MARPOL 73/78.

[33] Artikel 1 CDNI.

[34] Anlage IV Regel 1 MARPOL 73/78.

[35] Artikel 1 CDNI.

Flettner-Rotor

- nach dem Erfinder Anton Flettner bezeichneter motorisch angetriebener rotierender Zylinder, der bei einer Luftanströmung eine aerodynamische Kraft quer zur Anströmungsrichtung (scheinbarer Wind) entwickelt (Magnus-Effekt)

Flüssiger Brennstoff[36]

- jedes Öl, das im Zusammenhang mit den Antriebs- und Hilfsmaschinen des Schiffes, in dem das Öl befördert wird, als Brennstoff verwendet wird

Fluss[37]

- ein Binnengewässer, das größtenteils an der Erdoberfläche fließt, teilweise aber auch unterirdisch fließen kann

Flussgebietseinheit[38]

- ein gemäß Artikel 3 Absatz 1 des WRRL als Haupteinheit für die Bewirtschaftung von Einzugsgebieten festgelegtes Land- oder Meeresgebiet, das aus einem oder mehreren benachbarten Einzugsgebieten und den ihnen zugeordneten Grundwässern und Küstengewässern besteht
- ein als Haupteinheit für die Bewirtschaftung von Einzugsgebieten festgelegtes Land- oder Meeresgebiet, das aus einem oder mehreren benachbarten Einzugsgebieten, dem ihnen zugeordneten Grundwasser und den ihnen zugeordneten Küstengewässern im Sinne des § 7 Absatz 5 Satz 2 besteht[39]

Frachtführer[40]

- eine Person, die es gewerbsmäßig übernimmt, die Beförderung von Gütern auszuführen

Frachtrückstände[41]

- die Überreste von Frachtmaterial an Bord in Laderäumen, die nach Abschluss des Entladevorgangs zur Entsorgung verbleiben

Gasöl[42]

- den zoll- und abgabenrechtlich befreite Treibstoff für Binnenschiffe

---

[36] Anlage I Regel 1 MARPOL 73/78.

[37] Artikel 2 WRRL.

[38] Artikel 2 WRRL.

[39] § 3 Wasserhaushaltsgesetz.

[40] Artikel 1 CDNI.

[41] Anhang IV HELCOM.

[42] Artikel 1 CDNI.

Gasöl für den Seeverkehr[43]

- jeder Schiffskraftstoff gemäß der Definition der Güteklassen DMX, DMA und DMZ nach Tab. 1 der DIN ISO 8217, Ausgabe Oktober 2018, ohne Berücksichtigung des Schwefelgehaltes

Geberhafen[44]

- Hafen oder Ort, an dem das Ballastwasser an Bord genommen wird

Gefährliche Stoffe

- Stoffe oder Gruppen von Stoffen, die toxisch, persistent und bioakkumulierbar sind, und sonstige Stoffe oder Gruppen von Stoffen, die in ähnlichem Maße Anlass zu Besorgnis geben[45]
- Stoffe oder Gemische gemäß Artikel 3 der Verordnung (EG) Nr. 1272/2008 des Europäischen Parlaments und des Rates vom 16. Dezember 2008 über die Einstufung, Kennzeichnung und Verpackung von Stoffen und Gemischen, zur Änderung und Aufhebung der Richtlinien 67/548/EWG und 1999/45/EG und zur Änderung der Verordnung (EG) Nr. 1907/2006 (ABl. L 353 vom 31.12.2008, S. 1), die zuletzt durch die Verordnung (EG) Nr. 286/2011 (Abl. L 83 vom 30.3.2011, S. 1) geändert worden ist[46]

Gefährlicher Stoff[47]

- jeder schädliche Stoff, der aufgrund seiner Eigenart schwer abbaubar ist, toxisch ist oder zur Bioakkumulation neigt

Gefährdungsanalyse[48]

- die systematische Ermittlung von Gefährdungen der menschlichen Gesundheit sowie von Ereignissen oder Situationen, die zum Auftreten einer Gefährdung der menschlichen Gesundheit durch eine Wasserversorgungsanlage führen können, unter Berücksichtigung
  a) der Beschreibung der Wasserversorgungsanlage,
  b) von Beobachtungen bei der Ortsbesichtigung,
  c) von festgestellten Abweichungen von den allgemein anerkannten Regeln der Technik,
  d) von sonstigen Erkenntnissen über die Wasserbeschaffenheit, die Wasserversorgungsanlage und deren Nutzung sowie
  e) von Laborbefunden und deren örtlicher Zuordnung

[43] § 1 10. BImSchV.

[44] Anlage I Regel 1 MARPOL73/78.

[45] Artikel 2 WRRL.

[46] § 3 BImSchG.

[47] Artikel 2 HELCOM 1992.

[48] § 3 Trinkwasserverordnung.

Gesundheitsamt[49]

- die nach Landesrecht für die Durchführung dieser Verordnung bestimmte und mit einem Amtsarzt besetzte zuständige Behörde, bzw. die von den Ländern aufgrund Landesrechts durch Rechtssatz bestimmte Behörde

Getrennter Ballast[50]

- Ballastwasser, das in einen völlig vom Ölladungs- und Brennstoffsystem getrennten Tank eingelassen wurde, der ständig der Beförderung von Ballast oder der Beförderung von Ballast und anderen Ladungen als Öl oder schädlichen flüssigen Stoffen dient, wie sie jeweils in den Anlagen definiert sind

Gewässereigenschaften[51]

- die auf die Wasserbeschaffenheit, die Wassermenge, die Gewässerökologie und die Hydromorphologie bezogenen Eigenschaften von Gewässern und Gewässerteilen

Gewässerzustand[52]

- die auf Wasserkörper bezogenen Gewässereigenschaften als ökologischer, chemischer oder mengenmäßiger Zustand eines Gewässers; bei als künstlich oder erheblich verändert eingestuften Gewässern tritt an die Stelle des ökologischen Zustandes das ökologische Potenzial

Gewerbliche Tätigkeit[53]

- die unmittelbare oder mittelbare, zielgerichtete Trinkwasserbereitstellung im Rahmen einer Vermietung oder einer sonstigen selbstständigen, regelmäßigen und in Gewinnerzielungsabsicht ausgeübten Tätigkeit

Großanlage zur Trinkwassererwärmung[54]

- eine Anlage mit
  a) Speicher-Trinkwassererwärmer oder zentralem Durchfluss-Trinkwassererwärmer, jeweils mit einem Inhalt von mehr als 400 l, oder
  b) einem Inhalt von mehr als 3 L in mindestens einer Rohrleitung zwischen dem Abgang des Trinkwassererwärmers und der Entnahmestelle, wobei der Inhalt einer Zirkulationsleitung nicht berücksichtigt wird,
- entsprechende Anlagen in Ein- und Zweifamilienhäusern zählen nicht als Großanlagen zur Trinkwassererwärmung

---

[49] § 3 Trinkwasserverordnung.

[50] Anlage I Regel 1 MARPOL 73/78.

[51] § 3 Wasserhaushaltsgesetz.

[52] § 3 Wasserhaushaltsgesetz.

[53] § 3 Trinkwasserverordnung.

[54] § 3 Trinkwasserverordnung.

Großverteiler[55]

- wer Kraft- oder Brennstoffe gewerbsmäßig oder im Rahmen wirtschaftlicher Unternehmungen verteilt und über eine Lagerkapazität von mehr als 1000 m^3 verfügt. Das Verteilen nach Satz 1 schließt die Abgabe an Schiffe ein

Grundwasser[56]

- alles unterirdische Wasser in der Sättigungszone, das in unmittelbarer Berührung mit dem Boden oder dem Untergrund steht[57]

Grundwasserleiter[58]

- eine unter der Oberfläche liegende Schicht oder Schichten von Felsen oder anderen geologischen Formationen mit hinreichender Porosität und Permeabilität, sodass entweder ein nennenswerter Grundwasserstrom oder die Entnahme erheblicher Grundwassermengen möglich ist

Grundwasserkörper[59]

- ein abgegrenztes Grundwasservolumen innerhalb eines oder mehrerer Grundwasserleiter

Guter chemischer Zustand des Grundwassers[60]

- der chemische Zustand eines Grundwasserkörpers, der alle in Tab. 2.3.2 des Anhangs V aufgeführten Bedingungen erfüllt

Guter chemischer Zustand eines Oberflächengewässers[61]

- der chemische Zustand, der zur Erreichung der Umweltziele für Oberflächengewässer gemäß Artikel 4 Absatz 1 Buchstabe a) erforderlich ist, das heißt der chemische Zustand, den ein Oberflächenwasserkörper erreicht hat, in dem kein Schadstoff in einer höheren Konzentration als den Umweltqualitätsnormen vorkommt, die in Anhang IX und gemäß Artikel 16 Absatz 7 oder in anderen einschlägigen Rechtsvorschriften der Gemeinschaft über Umweltqualitätsnormen auf Gemeinschaftsebene festgelegt sind

Guter mengenmäßiger Zustand[62]

- der Zustand gemäß Tab. 2.1.2 des Anhangs V

---

[55] § 1 10. BImSchV.

[56] Artikel 2 WRRL.

[57] auch: § 3 Wasserhaushaltsgesetz.

[58] Artikel 2 WRRL.

[59] Artikel 2 WRRL.

[60] Artikel 2 WRRL.

[61] Artikel 2 WRRL.

[62] Artikel 2 WRRL.

Guter ökologischer Zustand[63]

- der Zustand eines entsprechenden Oberflächenwasserkörpers gemäß der Einstufung nach Anhang V

Guter Umweltzustand[64]

- der Umweltzustand, den Meeresgewässer aufweisen, bei denen es sich um ökologisch vielfältige und dynamische Ozeane und Meere handelt, die im Rahmen ihrer jeweiligen Besonderheiten sauber, gesund und produktiv sind und deren Meeresumwelt auf nachhaltigem Niveau genutzt wird, sodass die Nutzungs- und Betätigungsmöglichkeiten der gegenwärtigen und der zukünftigen Generationen erhalten bleiben, d. h.
  - die Struktur, die Funktionen und die Prozesse der einzelnen Meeresökosysteme sowie die damit verbundenen physiografischen, geografischen, geologischen und klimatischen Faktoren ermöglichen es, dass diese Ökosysteme ohne Einschränkungen funktionieren und ihre Widerstandsfähigkeit gegen vom Menschen verursachte Umweltveränderungen erhalten bleibt. Die im Meer lebenden Arten und ihre Lebensräume sind geschützt, ein vom Menschen verursachter Rückgang der biologischen Vielfalt wird verhindert, und die unterschiedlichen biologischen Komponenten stehen im Gleichgewicht
  - die hydromorphologischen, physikalischen und chemischen Verhältnisse der Ökosysteme, einschließlich der Verhältnisse, die sich aus menschlicher Tätigkeit in dem betroffenen Gebiet ergeben, stützen die vorstehend beschriebenen Ökosysteme, vom Menschen verursachte Einträge von Stoffen und Energie, einschließlich Lärm, in die Meeresumwelt verursachen keine Verschmutzungseffekte
- der gute Umweltzustand wird auf der Ebene der jeweiligen Meeresregion bzw. -unterregion im Sinne von Artikel 4 anhand der in Anhang I genannten qualitativen Deskriptoren festgelegt. Zur Erreichung eines guten Umweltzustandes wird ein anpassungsfähiges Management auf der Grundlage des Ökosystem-Ansatzes angewandt

Guter Zustand des Grundwassers[65]

- der Zustand eines Grundwasserkörpers, der sich in einem zumindest „guten“ mengenmäßigen und chemischen Zustand befindet

Guter Zustand des Oberflächengewässers[66]

- der Zustand eines Oberflächenwasserkörpers, der sich in einem zumindest „guten“ ökologischen und chemischen Zustand befindet

[63] Artikel 2 WRRL.

[64] Artikel 3 Meeresstrategie-Rahmenrichtlinie.

[65] Artikel 2 WRRL.

[66] Artikel 2 WRRL.

Gutes ökologisches Potenzial[67]

- der Zustand eines erheblich veränderten oder künstlichen Wasserkörpers, der nach den einschlägigen Bestimmungen des Anhangs V entsprechend eingestuft wurde

Hauptmaschine

- Maschine zum Antrieb des Schiffes. Im Fall von Verbrennungskraftmaschinen kann unterschieden werden in Langsamläufer, Mittelschnellläufer und Schnellläufer

Hausinstallation[68]

- Rohrleitungen, Armaturen und Geräte, die sich zwischen den Entnahmestellen, die normalerweise für die Entnahme von Wasser für den menschlichen Gebrauch verwendet werden, und dem Verteilungsnetz befinden, sofern diese nach den einschlägigen einzelstaatlichen Rechtsvorschriften nicht in die Zuständigkeit des Versorgungsunternehmens in seiner Eigenschaft als Wasserlieferant fallen

Herstellen[69]

- steht für das Verarbeiten, Bearbeiten oder sonstige Behandeln

HFO (heavy fuel oil)

- gebräuchliche Abkürzung für (minderwertiges) Schweröl, das bei der Erdölraffinierung als Rückstandsöl anfällt
- wird für Schiffsmotoren als Brennstoff mit geringerer Qualität und einem höheren Schwefelgehalt eingesetzt; auch unter der Bezeichnung IFO (intermediate fuel oil) gehandelt.

Hilfsmaschinen

- zusammenfassende Bezeichnung für alle Maschinen an Bord, die nicht direkt dem Antrieb zuzuordnen sind. Hierzu gehören besonders alle Maschinen zur Bereitstellung von elektrischer Energie

Ideales Fluid

- eine Flüssigkeit oder ein Gas, das nicht als viskos angenommen wird, wodurch z. B. keine Reibungskräfte auf umströmten Körpern entstehen können

---

[67] Artikel 2 WRRL.

[68] Artikel 2 EG-Trinkwasserrichtlinie.

[69] § 3 BImSchG.

Immissionen[70]

- auf Menschen, Tiere und Pflanzen, den Boden, das Wasser, die Atmosphäre sowie Kultur- und sonstige Sachgüter einwirkende Luftverunreinigungen, Geräusche, Erschütterungen, Licht, Wärme, Strahlen und ähnliche Umwelteinwirkungen

Inverkehrbringen[71]

- jedes Überlassen an andere

Jahresdatum[72]

- der Tag und Monat eines jeden Jahres, die dem Tag des Ablaufs des internationalen Zeugnisses über die Verhütung der Verschmutzung durch Abwasser entsprechen

Kombinierte Nomenklatur[73]

- die Warennomenklatur nach Artikel 1 in Verbindung mit Anhang I der Verordnung (EWG) Nr. 2658/87 des Rates vom 23. Juli 1987 über die zolltarifliche und statistische Nomenklatur sowie den gemeinsamen Zolltarif (ABl. L 256 vom 7.9.1987, S. 1; L 341 vom 3.12.1987, S. 38; L 378 vom 31.12.1987, S. 120; L 130 vom 26.5.1988, S. 42; L 151 vom 8.6.2016, S. 22), die zuletzt durch die Durchführungsverordnung (EU) 2019/13 (ABl. L 3 vom 7.1.2019, S. 1) geändert worden ist, einschließlich ihrer Anmerkungen, in der am 1. Januar 2019 geltenden Fassung

Kombinierter Ansatz[74]

- die Begrenzung von Einleitungen und Emissionen in Oberflächengewässer nach dem in Artikel 10 beschriebenen Ansatz

Kriterien[75]

- charakteristische technische Merkmale, die eng mit qualitativen Deskriptoren verbunden sind

Künstliche Gewässer[76]

- von Menschen geschaffene oberirdische Gewässer oder Küstengewässer

---

[70] § 3 BImSchG.

[71] § 1 10. BImSchV.

[72] Anlage IV Regel 1 MARPOL 73/78.

[73] § 1 10. BImSchV.

[74] Artikel 2 WRRL.

[75] Artikel 3 Meeresstrategie-Rahmenrichtlinie.

[76] § 3 Wasserhaushaltsgesetz.

Künstlicher Wasserkörper[77]

- ein von Menschenhand geschaffener Oberflächenwasserkörper

Küstengewässer[78]

- das Meer zwischen der Küstenlinie bei mittlerem Hochwasser oder zwischen der seewärtigen Begrenzung der oberirdischen Gewässer und der seewärtigen Begrenzung des Küstenmeeres; die seewärtige Begrenzung von oberirdischen Gewässern, die nicht Binnenwasserstraßen des Bundes sind, richtet sich nach den landesrechtlichen Vorschriften

Küstengewässer

- die Oberflächengewässer auf der landwärtigen Seite einer Linie, auf der sich jeder Punkt eine Seemeile seewärts vom nächsten Punkt der Basislinie befindet, von der aus die Breite der Hoheitsgewässer gemessen wird, gegebenenfalls bis zur äußeren Grenze eines Übergangsgewässers

Ladungsempfänger[79]

- die Person, die berechtigt ist, das Ladungsgut in Empfang zu nehmen

Leichtes Heizöl[80]

- jedes Erdölerzeugnis, einschließlich der Zubereitungen, die Komponenten aus Synthese oder Hydrotreatment oder Komponenten biogener Herkunft enthalten, mit Ausnahme der in den Absätzen 3 bis 8 genannten Kraft- und Brennstoffe, das nach dem Prüfverfahren der DIN EN ISO 3405, Ausgabe April 2011, bei 350 Grad Celsius mindestens 85 oder bei 360 Grad Celsius mindestens 95 Raumhundertteile Destillat ergibt

LNG-Tankstelle[81]

- eine Tankanlage für die Abgabe von Flüssigerdgas (LNG), die aus einer ortsfesten oder mobilen Anlage, einer Offshore-Anlage oder einem anderen System besteht

Luftverunreinigungen[82]

- Veränderungen der natürlichen Zusammensetzung der Luft, insbesondere durch Rauch, Ruß, Staub, Gase, Aerosole, Dämpfe oder Geruchsstoffe

---

[77] Artikel 2 WRRL.

[78] § 3 Wasserhaushaltsgesetz.

[79] Artikel 1 CDNI.

[80] § 1 10. BImSchV.

[81] § 1 10. BImSchV.

[82] § 3 BImSchG.

Meeresgewässer

- die Gewässer, der Meeresgrund und der Meeresuntergrund seewärts der Basislinie, ab der die Ausdehnung der Territorialgewässer ermittelt wird, bis zur äußersten Reichweite des Gebiets, in dem ein Mitgliedstaat gemäß dem Seerechts-Übereinkommen der Vereinten Nationen Hoheitsbefugnisse hat und/oder ausübt, mit Ausnahme der an die in Anhang I des Vertrages genannten Länder und Hoheitsgebiete angrenzenden Gewässer und der französischen überseeischen Departements und Gebietskörperschaften, und
- Küstengewässer im Sinne der Richtlinie 2000/60/EG, ihr Meeresgrund und ihr Untergrund, sofern bestimmte Aspekte des Umweltzustands der Meeresumwelt nicht bereits durch die genannte Richtlinie oder andere Rechtsvorschriften der Gemeinschaft abgedeckt sind[83]
- die Küstengewässer sowie die Gewässer im Bereich der deutschen ausschließlichen Wirtschaftszone und des Festlandsockels, jeweils einschließlich des Meeresgrundes und des Meeresuntergrundes[84]

Meeresregion[85]

- eine der in Artikel 4 aufgeführten Meeresregionen
- Meeresregionen und ihre Unterregionen werden festgelegt, um die Umsetzung dieser Richtlinie zu erleichtern; bei ihrer Festlegung werden hydrologische, ozeanografische und biogeografische Merkmale berücksichtigt

Meeresstrategie[86]

- die nach Artikel 5 für jede betreffende Meeresregion bzw. -unterregion zu entwickelnde und durchzuführende Strategie

Meeresumwelt

- der Begriff Meeresumwelt ist genauso wenig definiert wie der Begriff Meer. Nach h. M. versteht man unter Meer die miteinander verbundenen Gewässer der Erde, die die Kontinente umgeben – im Gegensatz zu den auf Landflächen liegenden Binnengewässern
- nach Auffassung der zuständigen Behörde in Deutschland ist die Grenze der Meeresumwelt mit der Grenze der Seefahrt gem. § 1 FlRV gleichzusetzen

Mengenmäßiger Zustand[87]

- eine Bezeichnung des Ausmaßes, in dem ein Grundwasserkörper durch direkte und indirekte Entnahme beeinträchtigt wird

---

[83] Artikel 3 Meeresstrategie-Rahmenrichtlinie.

[84] § 3 Wasserhaushaltsgesetz.

[85] Artikel 3 Meeresstrategie-Rahmenrichtlinie.

[86] Artikel 3 Meeresstrategie-Rahmenrichtlinie.

[87] Artikel 2 WRRL.

Mitteltank[88]

- jeder Tank innerhalb eines Längsschotts

Motorgetriebenes Fahrzeug[89]

- ein Fahrzeug, dessen Haupt- oder Hilfsmotoren mit Ausnahme der Ankerwindenmotoren Verbrennungskraftmaschinen sind

Nächstgelegenes Land[90]

- von der Basislinie aus, von der aus das Küstenmeer des betreffenden Hoheitsgebietes nach dem Völkerrecht bestimmt wird

Neues Schiff[91]

- ein Schiff,
  1. für das der Bauauftrag an oder nach dem Tag des Inkrafttretens dieser Anlage erteilt wird oder, falls kein Bauauftrag vorliegt, dessen Kiel zu diesem Zeitpunkt gelegt wird oder das sich zu diesem Zeitpunkt in einem entsprechenden Bauzustand befindet oder
  2. das mindestens drei Jahre nach dem Tag des Inkrafttretens dieser Anlage abgeliefert wird

Oberflächengewässer[92]

- die Binnengewässer mit Ausnahme des Grundwassers sowie die Übergangsgewässer und Küstengewässer, wobei im Hinblick auf den chemischen Zustand ausnahmsweise auch die Hoheitsgewässer eingeschlossen sind

Oberflächenwasserkörper[93]

- ein einheitlicher und bedeutender Abschnitt eines Oberflächengewässers, z. B. ein See, ein Speicherbecken, ein Strom, Fluss oder Kanal, ein Teil eines Stroms, Flusses oder Kanals, ein Übergangsgewässer oder ein Küstengewässerstreifen

Oberirdische Gewässer[94]

- das ständig oder zeitweilig in Betten fließende oder stehende oder aus Quellen wild abfließende Wasser

---

[88] Anlage I Regel 1 MARPOL 73/78.

[89] Artikel 1 CDNI.

[90] Anlage IV Regel 1 MARPOL 73/78.

[91] Anlage IV Regel 1 MARPOL 73/78.

[92] Artikel 2 WRRL.

[93] Artikel 2 WRRL.

[94] § 3 Wasserhaushaltsgesetz.

Öffentliche Tätigkeit[95]

- die Trinkwasserbereitstellung für einen unbestimmten, wechselnden und nicht durch persönliche Beziehungen verbundenen Personenkreis

Ökologischer Zustand[96]

- die Qualität von Struktur und Funktionsfähigkeit aquatischer, in Verbindung mit Oberflächengewässern stehender Ökosysteme gemäß der Einstufung nach Anhang V

Öl

- bezeichnet Erdöl in jeder Form einschließlich Rohöl, Heizöl, Ölschlammrückstände und Raffinerieerzeugnisse (mit Ausnahme jener Petrochemikalien, die unter Anlage II dieses Übereinkommens fallen) und umfasst, ohne die Allgemeingültigkeit der vorstehenden Bestimmungen zu beschränken, die in Anhang I aufgeführten Stoffe[97]
- Erdöl in jeglicher Form, einschließlich Rohöl, Heizöl, Schlamm, Ölabfall und raffinierte Produkte[98]

Öl- und fetthaltiger Schiffsbetriebsabfall[99]

- Altöl, Bilgewasser und anderen öl- und fetthaltigen Abfall wie Altfett, Altfilter, Altlappen, Gebinde und Verpackungen dieser Abfälle

Ölhaltiges Bilgewasser[100]

- Wasser, das durch Öl verunreinigt sein kann, beispielsweise infolge von Leckagen oder Wartungsarbeiten in Maschinenräumen
- jede Flüssigkeit, die in das Bilgesystem einschließlich Lenzbrunnen, Lenzpumpen, Tankdecken oder Bilgewasser-Sammeltanks hineingelangt, gilt als ölhaltiges Bilgewasser

Ölhaltiges Gemisch[101]

- ein Gemisch mit einem beliebigen Ölgehalt

Ölrückstände (Ölschlamm)[102]

- Restölprodukte, die während des normalen Schiffsbetriebes anfallen, z. B. die Rückstände bei der Aufbereitung von Brennstoff und Schmierölen für die Haupt- oder Hilfsantriebsanlage, getrennte Ölrückstände aus den Ölfilteranlagen, in Auffangwannen aufgefangene Ölrückstände und Hydraulik- und Schmierölrückstände

---

[95] § 3 Trinkwasserverordnung.

[96] Artikel 2 WRRL.

[97] Anlage I Regel 1 MARPOL 73/78.

[98] Artikel 2 HELCOM 1992.

[99] Artikel 1 CDNI.

[100] Anlage I Regel 1 MARPOL 73/78.

[101] Anlage I Regel 1 MARPOL 73/78.

[102] Anlage I Regel 1 MARPOL 73/78.

Ölschlamm[103]

- Ölschlamm aus den Separatoranlagen für ölhaltigen Brennstoff und Schmieröl, Schmierölreste aus der Haupt- und der Hilfsantriebsanlage sowie Restöl aus den Bilgeentölern, aus den Ölfilteranlagen und aus Auffangwannen

Ottokraftstoff[104]

- jedes flüchtige Mineralölerzeugnis im Sinne des Kapitels 27 der kombinierten Nomenklatur, einschließlich der Zubereitungen mit einem Gehalt an Mineralöl von mindestens 70 Gewichtshundertteilen, in denen diese Öle Grundbestandteil sind, das
  1. unter die Unterpositionen 2710 12 41, 2710 12 45, 2710 12 49 oder 2710 12 50 der kombinierten Nomenklatur fällt und
  2. zum Betrieb von Fahrzeugverbrennungsmotoren mit Fremdzündung bestimmt ist

Parameterwert für radioaktive Stoffe[105]

- ein Wert für radioaktive Stoffe im Trinkwasser, bei dessen Überschreitung die zuständige Behörde prüft, ob das Vorhandensein radioaktiver Stoffe im Trinkwasser ein Risiko für die menschliche Gesundheit darstellt, das ein Handeln erfordert

Person[106]

- Besatzungsmitglieder und Fahrgäste

Prioritäre Stoffe[107]

- Stoffe, die nach Artikel 16 Absatz 2 bestimmt werden und in Anhang X aufgeführt sind
- zu diesen Stoffen gehören auch die prioritären gefährlichen Stoffe, das heißt die Stoffe, die nach Artikel 16 Absätze 3 und 6 bestimmt werden und für die Maßnahmen nach Artikel 16 Absätze 1 und 8 ergriffen werden müssen

Regionale Meeres-Übereinkommen[108]

- internationale Übereinkommen oder internationale Vereinbarungen zusammen mit ihrem jeweiligen Verwaltungsorgan, die zum Schutz der Meeresumwelt in den in Artikel 4 genannten Meeresregionen geschlossen worden sind, wie beispielsweise das Übereinkommen über den Schutz der Meeresumwelt des Ostseegebiets, das Übereinkommen zum Schutz der Meeresumwelt des Nordostatlantiks und das Übereinkommen zum Schutz der Meeresumwelt und der Küstengebiete des Mittelmeers

[103] Anlage VI Regel 2 MARPOL 73/78.

[104] § 1 10. BImSchV.

[105] § 3 Trinkwasserverordnung.

[106] Anlage IV Regel 1 MARPOL 73/78.

[107] Artikel 2 WRRL.

[108] Artikel 3 Meeresstrategie-Rahmenrichtlinie.

Regionale Organisation für wirtschaftliche Integration[109]

- jede Organisation, die sich aus souveränen Staaten zusammensetzt, auf die ihre Mitgliedstaaten ihre Zuständigkeit übertragen haben, um Angelegenheiten, die unter dieses Übereinkommen fallen, einschließlich der Befugnis, internationale Verträge und Vereinbarungen in Bezug auf diese Angelegenheiten abzuschließen

Regionale Zusammenarbeit[110]

- die Zusammenarbeit und Koordination der Maßnahmen der Mitgliedstaaten und, wann immer möglich, der Drittländer, die Anrainer derselben Meeresregion bzw. -unterregion sind, zum Zwecke der Entwicklung und Umsetzung von Meeresstrategien

Relevante gefährliche Stoffe[111]

- gefährliche Stoffe, die in erheblichem Umfang in der Anlage verwendet, erzeugt oder freigesetzt werden und die ihrer Art nach eine Verschmutzung des Bodens oder des Grundwassers auf dem Anlagengrundstück verursachen können

Richtdosis[112]

- die effektive Folgedosis für die Aufnahme von Trinkwasser während eines Jahres, die sich aus allen Radionukliden sowohl natürlichen als auch künstlichen Ursprungs ergibt, welche im Trinkwasser nachgewiesen wurden, mit Ausnahme von Tritium und Radon-222 sowie Kalium-40 und kurzlebigen Radon-Zerfallsprodukten

Rohöl[113]

- jedes Öl, das natürlich in der Erde vorkommt, gleichviel ob es für Beförderungszwecke behandelt ist oder nicht; der Ausdruck umfasst
  - Rohöl, aus dem bestimmte Fraktionen abdestilliert worden sind, und
  - Rohöl, dem bestimmte Fraktionen zugesetzt worden sind

Rohwasser[114]

- Wasser, das mit einer Wassergewinnungsanlage der Ressource entnommen und unmittelbar zu Trinkwasser aufbereitet oder ohne Aufbereitung als Trinkwasser verteilt werden soll

---

[109] Artikel 2 HELCOM 1992.

[110] Artikel 3 Meeresstrategie-Rahmenrichtlinie.

[111] § 3 BImSchG.

[112] § 3 Trinkwasserverordnung.

[113] Anlage IV Regel 1 MARPOL73/78

[114] § 3 Trinkwasserverordnung.

Sammeltank[115]

- ein Tank, der zum Sammeln und zur Lagerung von Abwasser verwendet wird

Sauberer Ballast[116]

- Ballast in einem Tank, der, seitdem zum letzten Mal Öl darin befördert wurde, so gereinigt worden ist, dass ein Ausfluss daraus, wenn er von einem stillstehenden Schiff bei klarem Wetter in sauberes ruhiges Wasser eingeleitet würde, keine sichtbaren Ölspuren auf der Wasseroberfläche oder auf angrenzenden Küstenstrichen hinterlassen und keine Ablagerung von Ölschlamm oder Emulsion unter der Wasseroberfläche oder auf angrenzenden Küstenstrichen verursachen würde. Wird der Ballast durch ein von der Verwaltung zugelassenes Überwachungs- und Kontrollsystem für das Einleiten von Öl eingeleitet, so gilt die anhand dieses Systems getroffene Feststellung, dass der Ölgehalt des Ausflusses 15 Anteile je Million (ppm) nicht überstieg, ungeachtet des Vorhandenseins sichtbarer Spuren als Beweis dafür, dass der Ballast sauber war

Schadstoff

- jeder Stoff, der zu einer Verschmutzung führen kann, insbesondere Stoffe des Anhangs VIII[117]
- jeder Stoff, der bei Zuführung in das Meer geeignet ist, die menschliche Gesundheit zu gefährden, die lebenden Schätze sowie die Tier- und Pflanzenwelt des Meeres zu schädigen, die Annehmlichkeiten der Umwelt zu beeinträchtigen oder die sonstige rechtmäßige Nutzung des Meeres zu behindern. Dies umfasst alle Stoffe, die nach diesem Übereinkommen einer Überwachung unterliegen[118]
- Stoffe, die im internationalen Code für die Beförderung gefährlicher Güter mit Seeschiffen (IMDG-Code) als Meeresschadstoffe gekennzeichnet sind oder die die Kriterien im Anhang zu dieser Anlage erfüllen[119]
- jeder Stoff, der eine Verschmutzung verursacht, wenn er ins Meer gebracht[120]

Schädliche Gewässerveränderungen[121]

- Veränderungen von Gewässereigenschaften, die das Wohl der Allgemeinheit, insbesondere die öffentliche Wasserversorgung, beeinträchtigen oder die nicht den Anforderungen entsprechen, die sich aus diesem Gesetz, aus aufgrund dieses Gesetzes erlassenen oder aus sonstigen wasserrechtlichen Vorschriften ergeben

---

[115] Anlage IV Regel 1 MARPOL 73/78.

[116] Anlage I Regel 1 MARPOL 73/78.

[117] Artikel 2 WRRL.

[118] Artikel 2 MARPOL 73/78.

[119] Anlage III, Regel 1MARPOL 73/78.

[120] Artikel 2 HELCOM 1992.

[121] § 3 Wasserhaushaltsgesetz.

Schädliche Umwelteinwirkungen[122]

- Immissionen, die nach Art, Ausmaß oder Dauer geeignet sind, Gefahren, erhebliche Nachteile oder erhebliche Belästigungen für die Allgemeinheit oder die Nachbarschaft herbeizuführen

Schiff[123]

- ein Schiff jeglicher Art, das in der Meeresumwelt eingesetzt wird umfasst auch Tragflügelboote, Luftkissenfahrzeuge, Tauchboote, schwimmende Fahrzeuge und feste oderschwimmende Plattformen

Schiffsabfall[124]

- die in den Buchstaben b bis f näher bestimmten Stoffe oder Gegenstände, deren sich ihr Besitzer entledigt, entledigen will oder entledigen muss
- alle Rückstände, die während des Schiffsbetriebes entstehen, einschließlich öliger Rückstände aus Maschinenraumräumen, Abwasser und Müll gemäß Anhang V MARPOL 73/78, einschließlich frachtbedingter Abfälle, einschließlich, aber nicht beschränkt auf Be- und Entladen von überschüssigem und verschüttetem Material, Paletten, Auskleidungs- und Verpackungsmaterialien, Sperrholz, Papier, Pappe, Draht und Stahlbändern[125]

Schiffsbetreiber[126]

- diejenige natürliche oder juristische Person, die die laufenden Ausgaben im Zusammenhang mit dem Schiffsbetrieb, insbesondere für den Kauf des verwendeten Kraftstoffes trägt, ersatzweise der Schiffseigner

Schiffsbetriebsabfall[127]

- Abfall und Abwasser, die bei Betrieb und Unterhaltung des Fahrzeuges an Bord entstehen; hierzu gehören der öl- und fetthaltige Schiffsbetriebsabfall und sonstiger Schiffsbetriebsabfall

Schiffsdiesel[128]

- jeder Schiffskraftstoff gemäß der Definition der Güteklasse DMB nach Tab. 1 der DIN ISO 8217, Ausgabe Oktober 2018, ohne Berücksichtigung des Schwefelgehaltes

---

[122] § 3 BImSchG.

[123] Artikel 2 HELCOM 1992.

[124] Artikel 1 CDNI.

[125] Anhang IV HELCOM.

[126] CDNI Anlage 2 Teil A Kapitel III Regel 3.01.

[127] Artikel 1 CDNI.

[128] § 1 10. BImSchV.

Schiffsführer[129]

- die Person, unter deren Führung das Fahrzeug steht

Schiffskraftstoff[130]

- jeder aus Erdöl gewonnene flüssige Kraft- oder Brennstoff, der zur Verwendung auf einem Schiff bestimmt ist oder auf einem Schiff verwendet wird, einschließlich Kraft- oder Brennstoffen im Sinne der Definition nach DIN ISO 8217, Ausgabe Oktober 2018

Schiffstechnik

- Oberbegriff für Schiffbau und alle technischen Anlagen, Systeme und Geräte auf einem Schiff in den Phasen Entwicklung, Herstellung und Betrieb, im letzteren Fall auch als Schiffsbetriebstechnik bezeichnet

Schwarzwasser

- fäkalienbelastetes Abwasser aus Toiletten

Schweres Heizöl[131]

- jeder aus Erdöl gewonnene flüssige Kraft- oder Brennstoff mit Ausnahme der in den Absätzen 3 bis 9 genannten Kraft- und Brennstoffe, der nach dem Prüfverfahren der DIN EN ISO 3405, Ausgabe April 2011, bei 250 Grad Celsius weniger als 65 Raumhundertteile Destillat ergibt. Kann die Destillation nicht anhand der Methode DIN EN ISO 3405, Ausgabe April 2011, durchgeführt werden, wird das Erdölerzeugnis ebenfalls als schweres Heizöl eingestuft

See[132]

- ein stehendes Binnenoberflächengewässer

Seeschiff[133]

- ein Schiff, das zur See- oder Küstenfahrt zugelassen und vorwiegend dafür bestimmt ist

Seewasser

- salzhaltiges Wasser der Meere
- in der Schiffstechnik allgemein angenommene Dichte $\rho = 1{,}025\ t/m^3$ und kinematische Viskosität $\nu = 1{,}188 \cdot 10^6\ m^2/s$ bei 15 °C
- an Bord wird Seewasser für Ballastwasser und in der Regel für die Kühlung der Maschinenanlagen eingesetzt

---

[129] Artikel 1 CDNI.

[130] § 1 10. BImSchV.

[131] § 1 10. BImSchV.

[132] Artikel 2 WRRL.

[133] Artikel 1 CDNI.

Sloptank[134]

- Tank, der eigens für das Sammeln von Tankrückständen, Tankwaschwasser und sonstigen ölhaltigen Gemischen bestimmt ist

Sondergebiet[135]

- ein Meeresgebiet, in dem aus anerkannten technischen Gründen im Zusammenhang mit seinem ozeanografischen und ökologischen Zustand und der besonderen Natur seines Verkehrs die Annahme besonderer verbindlicher Methoden zur Verhütung der Meeresverschmutzung durch Abwasser erforderlich ist
- Die Sondergebiete sind
- das Ostseegebiet im Sinne der Anlage I Regel 1 Absatz 11.2 und
- alle anderen von der Organisation entsprechend den Kriterien und Verfahren für die Festlegung von Sondergebieten im Hinblick auf die Verhütung der Verschmutzung durch Schiffsabwasser festgelegten Seegebiete[136]

Sonstige Schiffskraftstoffe[137]

- die nicht in den Absätzen 6 und 7 genannten Schiffskraftstoffe

Sonstiger Schiffsbetriebsabfall[138]

- häusliches Abwasser, Hausmüll, Klärschlamm, Slops und übriger Sonderabfall im Sinne des Teils C der Anwendungsbestimmung

SPE-CDNI[139]

- elektronisches Zahlungssystem, das Konten (ECO-Konten), Magnetkarten (ECO-Karten) und mobile elektronische Terminals umfasst

Stand der Technik[140]

- der Entwicklungsstand fortschrittlicher Verfahren, Einrichtungen oder Betriebsweisen, der die praktische Eignung einer Maßnahme zur Begrenzung von Emissionen in Luft, Wasser und Boden, zur Gewährleistung der Anlagensicherheit, zur Gewährleistung einer umweltverträglichen Abfallentsorgung oder sonst zur Vermeidung oder Verminderung von Auswirkungen auf die Umwelt zur Erreichung eines allgemein hohen Schutzniveaus für die Umwelt insgesamt gesichert erscheinen lässt. Bei der Bestimmung des Standes der Technik sind insbesondere die in der Anlage 1 aufgeführten Kriterien zu berücksichtigen

[134] Anlage I Regel 1 MARPOL 73/78.

[135] Anlage IV Regel 1 MARPOL 73/78.

[136] Anlage I Regel 1 MARPOL 73/78.

[137] § 1 10. BImSchV.

[138] Artikel 1 CDNI.

[139] CDNI Anlage 2 Teil A Kapitel III Regel 3.01

[140] § 3 Wasserhaushaltsgesetz, auch: § 3 BImSchG.

Störfallrelevante Errichtung und ein Betrieb oder eine störfallrelevante Änderung einer Anlage oder eines Betriebsbereiches[141]

- eine Errichtung und ein Betrieb einer Anlage, die Betriebsbereich oder Bestandteil eines Betriebsbereiches ist, oder eine Änderung einer Anlage oder eines Betriebsbereiches einschließlich der Änderung eines Lagers, eines Verfahrens oder der Art oder physikalischen Form oder der Mengen der gefährlichen Stoffe im Sinne des Artikels 3 Nummer 10 der Richtlinie 2012/18/EU, aus der sich erhebliche Auswirkungen auf die Gefahren schwerer Unfälle ergeben können. Eine störfallrelevante Änderung einer Anlage oder eines Betriebsbereiches liegt zudem vor, wenn eine Änderung dazu führen könnte, dass ein Betriebsbereich der unteren Klasse zu einem Betriebsbereich der oberen Klasse wird oder umgekehrt.

Tank[142]

- ein vom Schiffskörper gebildeter umschlossener Raum, der für die Beförderung von Flüssigkeiten als Massengut bestimmt ist

Tankstelle[143]

- eine Tankanlage zur Abgabe eines Kraftstoffs – mit Ausnahme von Flüssigerdgas (LNG) – über eine ortsfeste oder mobile Vorrichtung

Technischer Maßnahmenwert[144]

- ein Wert, bei dessen Überschreitung eine von der Trinkwasser-Installation ausgehende vermeidbare Gesundheitsgefährdung zu besorgen ist und Maßnahmen zur hygienisch-technischen Überprüfung der Trinkwasser-Installation im Sinne einer Gefährdungsanalyse eingeleitet werden

Teileinzugsgebiet[145]

- ein Gebiet, aus welchem über Ströme, Flüsse und möglicherweise Seen der gesamte Oberflächenabfluss an einem bestimmten Punkt in einen Wasserlauf (normalerweise einen See oder einen Zusammenfluss von Flüssen) gelangt[146]

Treibhausgasemissionen[147]

- die Freisetzung von Kohlendioxid (CO_2), Methan (CH_4) und Distickstoffoxiden (N_2O) in die Atmosphäre

---

[141] § 3 BImSchG.

[142] Anlage I Regel 1 MARPOL 73/78.

[143] § 1 10. BImSchV.

[144] § 3 Trinkwasserverordnung.

[145] Artikel 2 WRRL.

[146] Auch: § 3 Wasserhaushaltsgesetz.

[147] Vorschlag Artikel 3 FuelEU Maritime.

Trinkwasser[148]

- in jedem Aggregatzustand des Wassers und ungeachtet dessen, ob das Wasser für die Bereitstellung auf Leitungswegen, in Wassertransport-Fahrzeugen, aus Trinkwasserspeichern an Bord von Land-, Wasser- oder Luftfahrzeugen oder in verschlossenen Behältnissen bestimmt ist
- alles Wasser, das, im ursprünglichen Zustand oder nach Aufbereitung, zum Trinken, zum Kochen, zur Zubereitung von Speisen und Getränken oder insbesondere zu den folgenden anderen häuslichen Zwecken bestimmt ist:
  a) Körperpflege und -reinigung
  b) Reinigung von Gegenständen, die bestimmungsgemäß mit Lebensmitteln in Berührung kommen
  c) Reinigung von Gegenständen, die bestimmungsgemäß nicht nur vorübergehend mit dem menschlichen Körper in Kontakt kommen
- alles Wasser, das in einem Lebensmittelbetrieb verwendet wird für die Herstellung, die Behandlung, die Konservierung oder das Inverkehrbringen von Erzeugnissen oder Substanzen, die für den menschlichen Gebrauch bestimmt sind

Trinkwasser-Installation[149]

- die Gesamtheit der Rohrleitungen, Armaturen und Apparate, die sich zwischen dem Punkt des Übergangs von Trinkwasser aus einer Wasserversorgungsanlage an den Nutzer und dem Punkt der Entnahme von Trinkwasser befinden

Übergangsgewässer[150]

- die Oberflächenwasserkörper in der Nähe von Flussmündungen, die aufgrund ihrer Nähe zu den Küstengewässern einen gewissen Salzgehalt aufweisen, aber im Wesentlichen von Süßwasserströmungen beeinflusst werden

Umweltqualitätsnorm[151]

- die Konzentration eines bestimmten Schadstoffes oder einer bestimmten Schadstoffgruppe, die in Wasser, Sedimenten oder Biota aus Gründen des Gesundheits- und Umweltschutzes nicht überschritten werden darf

[148] § 3 Trinkwasserverordnung.
[149] § 3 Trinkwasserverordnung.
[150] Artikel 2 WRRL.
[151] Artikel 2 WRRL.

Umweltziele[152]

- die in Artikel 4 festgelegten Ziele
- eine qualitative oder quantitative Aussage über den erwünschten Zustand der verschiedenen Komponenten von Meeresgewässern und deren Belastungen sowie Beeinträchtigungen für jede einzelne Meeresregion bzw. -unterregion. Umweltziele werden gemäß Artikel 10 festgelegt[153]

Umweltzustand[154]

- der Gesamtzustand der Umwelt in Meeresgewässern unter Berücksichtigung von Struktur, Funktion und Prozessen der einzelnen Meeresökosysteme und der natürlichen physiografischen, geografischen, biologischen, geologischen und klimatischen Faktoren sowie der physikalischen, akustischen und chemischen Bedingungen, einschließlich der Bedingungen, die als Folge menschlichen Handelns in dem betreffenden Gebiet und außerhalb davon entstehen

Unmittelbare Einleitung in das Grundwasser[155]

- Einleitung von Schadstoffen in das Grundwasser ohne Versickern durch den Boden oder den Untergrund

Verbrennung[156]

- die absichtliche Verbrennung von Abfällen oder anderen Stoffen auf See für den Zweck ihrer thermischen Zerstörung. Tätigkeiten im Zusammenhang mit dem normalen Betrieb von Schiffen oder anderen künstlichen Strukturen sind vom Geltungsbereich dieser Definition ausgenommen

Verfügbare Grundwasserressource[157]

- die langfristige mittlere jährliche Neubildung des Grundwasserkörpers abzüglich des langfristigen jährlichen Abflusses, der erforderlich ist, damit die in Artikel 4 genannten ökologischen Qualitätsziele für die mit ihm in Verbindung stehenden Oberflächengewässer erreicht werden und damit jede signifikante Verschlechterung des ökologischen Zustandes dieser Gewässer und jede signifikante Schädigung der mit ihnen in Verbindung stehenden Landökosysteme vermieden wird

[152] Artikel 2 WRRL.

[153] Artikel 3 Meeresstrategie-Rahmenrichtlinie.

[154] Artikel 3 Meeresstrategie-Rahmenrichtlinie.

[155] Artikel 2 WRRL.

[156] Artikel 2 HELCOM 1992.

[157] Artikel 2 WRRL.

Vermischer[158]

- wer Kraft- oder Brennstoffe gewerbsmäßig oder im Rahmen wirtschaftlicher Unternehmungen vermischt oder die Vermischung veranlasst

Verschmutzung

- die durch menschliche Tätigkeiten direkt oder indirekt bewirkte Freisetzung von Stoffen oder Wärme in Luft, Wasser oder Boden, die der menschlichen Gesundheit oder der Qualität der aquatischen Ökosysteme oder der direkt von ihnen abhängenden Landökosysteme schaden können, zu einer Schädigung von Sachwerten führen oder eine Beeinträchtigung oder Störung des Erholungswertes und anderer legitimer Nutzungen der Umwelt mit sich bringen[159]
- die direkte oder indirekte Einführung von Substanzen oder Energie durch den Menschen ins Meer, einschließlich Flussmündungen, die die menschliche Gesundheit gefährden können und lebende Ressourcen und marine Ökosysteme schädigen und so die legitime Nutzung des Meeres, einschließlich der Fischerei, behindern, um die Qualität der Nutzung des Meerwassers zu beeinträchtigen[160]
- die durch menschliches Handeln direkt oder indirekt bewirkte Zuführung von Stoffen oder Energie – einschließlich vom Menschen verursachter Unterwassergeräusche – in die Meeresumwelt, aus der sich abträgliche Wirkungen wie eine Schädigung der lebenden Ressourcen und der Meeresökosysteme einschließlich des Verlusts der Artenvielfalt, eine Gefährdung der menschlichen Gesundheit, eine Behinderung der maritimen Tätigkeiten einschließlich der Fischerei, des Fremdenverkehrs und der Erholung und der sonstigen rechtmäßigen Nutzung des Meeres, eine Beeinträchtigung des Gebrauchswertes des Meerwassers und eine Verringerung der Annehmlichkeiten der Umwelt oder generell eine Beeinträchtigung der nachhaltigen Nutzung von Gütern und Dienstleistungen des Meeres ergeben oder ergeben können[161]

Verschmutzung durch landgestützte Quellen[162]

- die punktuelle oder diffuse Verschmutzung des Meeres durch Eingaben von allen Quellen an Land, die das Meer erreichen, in der Luft oder direkt von der Küste. Dies umfasst auch Verschmutzungen durch absichtliche Entsorgung unter dem Meeresboden mit Zugang von Land durch Tunnel, Pipelines oder andere Mittel

---

[158] § 1 10. BImSchV.

[159] Artikel 2 WRRL.

[160] Artikel 2 HELCOM 1992.

[161] Artikel 3 Meeresstrategie-Rahmenrichtlinie.

[162] Artikel 2 HELCOM 1992.

Verschmutzungsvorfall[163]

- ein Ereignis oder eine Reihe von Ereignissen mit derselben Herkunft, das zur Einleitung von Öl oder anderen Schadstoffen führt oder führen kann und eine Gefahr für die Meeresumwelt der Ostsee oder für die Küste darstellt oder darstellen kann

Vorhandenes Fahrgastschiff[164]

- ein Fahrgastschiff, das kein neues Fahrgastschiff ist

Vorhandenes Schiff[165]

- bezeichnet ein Schiff, das kein neues Schiff ist

Wasser

- Wasser spielt eine besondere Rolle in der Schiffstechnik, hierbei werden verschiedene Eigenschaften bzw. Qualitäten unterschieden, in alphabetischer Reihenfolge:
  - Abwasser ist die übergeordnete Bezeichnung für bereits an Bord genutztes Wasser, es wird unterschieden in Grauwasser und Schwarzwasser,
  - Ballastwasser wird aus Stabiliätsgründen an Bord genommen, ist je nach Aufnahmeort Frisch-, Brack- oder Seewasser,
  - Bilgewasser sammelt sich in den Bilgen an (kleinere Leckagen, Schwitzwasser), es ist aufgrund der in der Regel vorhandenen Verunreinigung mit Ölen oder ölhaltigen Stoffen immer zu behandeln (Separator) bevor es außenbords gegeben werden kann,
  - Brackwasser ist Wasser mit einem Salzgehalt zwischen Frisch- und Seewasser; nur in wenigen Fällen werden Brackwasserbedingungen berücksichtigt,
  - Frischwasser ist Wasser ohne Salzgehalt, nicht notwendigerweise Trinkwasser, in Rechnungen immer mit $\rho = 1{,}0\ t/m^3$ berücksichtigt,
  - Grauwasser ist weniger verschmutztes Abwasser,
  - grünes Wasser ist Seewasser, welches im starken Seegang auf Deck schlägt,
  - Kühlwasser dient der Kühlung der Maschinenanlagen an Bord; je nach Fahrtgebiet entweder Frisch-, Brack- oder Seewasser,
  - Löschwasser bezeichnet Wasser, welches der Brandbekämpfung dient, überwiegend handelt es sich dabei um Seewasser,
  - Tankwasser ist eine Bezeichnung für das Wasser in Versuchsanlagen einer Versuchsanstalt; immer Frischwasser,
  - Trinkwasser ist Frischwasser mit einer besonders hohen Qualität und damit zum Verzehr durch Personen geeignet; an Bord aus Seewasser in Aufbereitungsanlagen gewonnen,
  - Schwarzwasser ist stark verschmutztes Abwasser,
  - Seewasser bezeichnet Wasser mit einem nach Regionen unterschiedlichen Salzgehalt, in Rechnungen einheitlich mit $\rho = 1{,}025\ t/m^3$ berücksichtigt

---

[163] Artikel 2 HELCOM 1992.

[164] Anlage IV Regel 1 MARPOL 73/78.

[165] Anlage IV Regel 1 MARPOL 73/78.

Wasser für den menschlichen Gebrauch

- Wasser entsprechend der Definition der Richtlinie 80/778/EWG in der durch die Richtlinie 98/83/EG geänderten Fassung[166]
- alles Wasser, sei es im ursprünglichen Zustand oder nach Aufbereitung, das zum Trinken, zum Kochen, zur Zubereitung von Speisen oder zu anderen häuslichen Zwecken bestimmt ist, und zwar ungeachtet seiner Herkunft und ungeachtet dessen, ob es aus einem Verteilungsnetz, in Tankfahrzeugen, in Flaschen oder anderen Behältern bereitgestellt wird
- alles Wasser, das in einem Lebensmittelbetrieb für die Herstellung, Behandlung, Konservierung oder zum Inverkehrbringen von für den menschlichen Gebrauch bestimmten Erzeugnissen oder Substanzen verwendet wird, sofern die zuständigen einzelstaatlichen Behörden nicht davon überzeugt sind, dass die Qualität des Wassers die Genusstauglichkeit des Enderzeugnisses nicht beeinträchtigen kann[167]

Wasserbeschaffenheit[168]

- die physikalische, chemische oder biologische Beschaffenheit des Wassers eines oberirdischen Gewässers oder Küstengewässers sowie des Grundwassers

Wasserdienstleistungen[169]

- alle Dienstleistungen, die für Haushalte, öffentliche Einrichtungen oder wirtschaftlichen Tätigkeiten jeder Art Folgendes zur Verfügung stellen:
  a) Entnahme, Aufstauung, Speicherung, Behandlung und Verteilung von Oberflächen- oder Grundwasser
  b) Anlagen für die Sammlung und Behandlung von Abwasser, die anschließend in Oberflächengewässer einleiten
- folgende Dienstleistungen für Haushalte, öffentliche Einrichtungen oder wirtschaftliche Tätigkeiten jeder Art:
  a) Entnahme, Aufstauung, Speicherung, Behandlung und Verteilung von Wasser aus einem Gewässer
  b) Sammlung und Behandlung von Abwasser in Abwasseranlagen, die anschließend in oberirdische Gewässer einleiten[170]

Wassernutzungen[171]

- alle Wasserdienstleistungen sowie andere Handlungen mit Auswirkungen auf den Zustand eines Gewässers, die im Hinblick auf die Bewirtschaftungsziele nach den §§ 27 bis 31, 44 und 47 signifikant sind

---

[166] Artikel 2 WRRL.

[167] Artikel 2 EG-Trinkwasserrichtlinie.

[168] § 3 Wasserhaushaltsgesetz.

[169] Artikel 2 WRRL.

[170] § 3 Wasserhaushaltsgesetz

[171] § 3 Wasserhaushaltsgesetz.

Wasserkörper[172]

- einheitliche und bedeutende Abschnitte eines oberirdischen Gewässers oder Küstengewässers (Oberflächenwasserkörper) sowie abgegrenzte Grundwasservolumen innerhalb eines oder mehrerer Grundwasserleiter (Grundwasserkörper)

Wasserversorgungsanlagen[173]

a) zentrale Wasserwerke: Anlagen einschließlich dazugehörender Wassergewinnungsanlagen und eines dazugehörenden Leitungsnetzes, aus denen pro Tag mindestens 10 m^3 Trinkwasser entnommen oder auf festen Leitungswegen an Zwischenabnehmer geliefert werden oder aus denen auf festen Leitungswegen Trinkwasser an mindestens 50 Personen abgegeben wird
b) dezentrale kleine Wasserwerke: Anlagen einschließlich dazugehörender Wassergewinnungsanlagen und eines dazugehörenden Leitungsnetzes, aus denen pro Tag weniger als 10 m^3 Trinkwasser entnommen oder im Rahmen einer gewerblichen oder öffentlichen Tätigkeit genutzt werden, ohne dass eine Anlage nach Buchstabe a oder Buchstabe c vorliegt
c) Kleinanlagen zur Eigenversorgung: Anlagen einschließlich dazugehörender Wassergewinnungsanlagen und einer dazugehörenden Trinkwasser-Installation, aus denen pro Tag weniger als 10 m^3 Trinkwasser zur eigenen Nutzung entnommen werden
d) Mobile Versorgungsanlagen: Anlagen an Bord von Land-, Wasser- und Luftfahrzeugen und andere bewegliche Versorgungsanlagen einschließlich aller Rohrleitungen, Armaturen, Apparate und Trinkwasserspeicher, die sich zwischen dem Punkt der Übernahme von Trinkwasser aus einer Anlage nach Buchstabe a, b oder Buchstabe f und dem Punkt der Entnahme des Trinkwassers befinden; bei einer an Bord betriebenen Wassergewinnungsanlage ist diese ebenfalls mit eingeschlossen
e) Anlagen zur ständigen Wasserverteilung: Anlagen der Trinkwasser-Installation, aus denen Trinkwasser aus einer Anlage nach Buchstabe a oder Buchstabe b an Verbraucher abgegeben wird
f) Anlagen zur zeitweiligen Wasserverteilung: Anlagen, aus denen Trinkwasser entnommen oder an Verbraucher abgegeben wird, und die
   - zeitweise betrieben werden, einschließlich einer dazugehörenden Wassergewinnungsanlage und einer dazugehörenden Trinkwasser-Installation oder
   - zeitweise an eine Anlage nach Buchstabe a, b oder Buchstabe e angeschlossen sind

Wasserversorgungsgebiet[174]

- ein geografisch definiertes Gebiet, in dem das an Verbraucher oder an Zwischenabnehmer abgegebene Trinkwasser aus einem oder mehreren Wasservorkommen stammt, und in dem die erwartbare Trinkwasserqualität als nahezu einheitlich angesehen werden kann

[172] § 3 Wasserhaushaltsgesetz.

[173] § 3 Trinkwasserverordnung.

[174] § 3 Trinkwasserverordnung.

Zukunftstechniken[175]

- neue Techniken für Anlagen nach der Industrieemissions-Richtlinie, die bei gewerblicher Nutzung entweder ein höheres allgemeines Umweltschutzniveau oder zumindest das gleiche Umweltschutzniveau und größere Kostenersparnisse bieten könnten als der bestehende Stand der Technik

Zuständige Behörde[176]

- eine gemäß Artikel 3 Absatz 2 oder 3 bestimmte Behörde oder mehrere solcher Behörden

Zustand des Grundwassers[177]

- die allgemeine Bezeichnung für den Zustand eines Grundwasserkörpers auf der Grundlage des jeweils schlechteren Wertes für den mengenmäßigen und den chemischen Zustand

Zustand des Oberflächengewässers[178]

- die allgemeine Bezeichnung für den Zustand eines Oberflächenwasserkörpers auf der Grundlage des jeweils schlechteren Wertes für den ökologischen und den chemischen Zustand

[175] § 3 BImSchG.

[176] Artikel 2 WRRL.

[177] Artikel 2 WRRL.

[178] Artikel 2 WRRL.

Technische Formeln

Allgemein

		Formelzeichen	Einheit
Fläche		A	m^2
Volumen		V	m^3
	Zylindervolumen	$V = \pi \cdot d^2 \cdot h/4 = \pi \cdot r^2 \cdot h$ d Zylinderbohrung (Durchmesser)	
Länge		l	m
	Längenausdehnung	$l_2 = l_1 \cdot (1 + \alpha \cdot [T_2–T_1])$ α Längenausdehnungskoeffizient (bei idealen Gasen 1/273,15 K)	
	Flächenausdehnung	$A_2 = A_1 \cdot (1 + 2\alpha \cdot [T_2–T_1]) = A_1 \cdot (1 + \beta \cdot [T_2–T_1])$	
	Volumenausdehnung	$V_2 = V_1 \cdot (1 + 3\alpha \cdot [T_2–T_1]) = V_1 \cdot (1 + \gamma \cdot [T_2–T_1])$	
Geschwindigkeit		v	m/s
Beschleunigung		a	m/s^2
	Erdbeschleunigung $g = 9{,}81\ m/s^2$		
Masse		m	kg
Temperatur		T	K
Zeit		t	s
Weg		s	m
Dichte		ρ	kg/m^3
Kinematische Viskosität			$\nu = \eta/\rho\ m^2/s$
Dynamische Viskosität			$\eta = \nu \cdot \rho\ kg/(m \cdot s)$

(Fortsetzung)

U. Jacobshagen, *Green Shipping – Schiffsbetrieb und Umweltschutz*,
https://doi.org/10.1007/978-3-658-46807-1

		Formelzeichen	Einheit
Leistung		P	kW
	Innenleistung		P_i kW
	Effektiv-Leistung		P_{ef} kW
	mech. Leistung		$P = F \cdot v$ W
Kraft		$F = m \cdot a$	$kg \cdot m/s^2$ [N] m Masse a Beschleunigung
		$F = m \cdot g$	
Arbeit		$W = F \cdot s$	$N \cdot m$
Druck		$p = F/A$	$kg/m \cdot s^2$ $[N/m^2]$
	Statischer Druck	p_{stat}	$kg/m \cdot s^2$
	Dynamischer Druck	p_{dyn}	$kg/m \cdot s^2$
Energie		$E_{pot} = F_G \cdot h$	$kg \cdot m^2 \cdot s^{-2}$ [J]
		$E_{kin} = ½ \cdot m \cdot v_2$	

Ideale Gase

Boyle-Mariotte-Gesetz	$p \cdot v$ = konstant $p_1 \cdot V_1 = p_2 \cdot V_2$
Gay-Lussac-Gesetz	V/T = konstant $V_1/V_2 = T_1/T_2$
Gesetz von Amontons	p/T = konstant $p_1/p_2 = T_1/T_2$

Strömungsmaschinen

Bernoulli-Gleichung	$p_{ges} = p + \rho \cdot g \cdot h + \rho \cdot c^2/2$ = konstant c Strömungsgeschwindigkeit $p_{stat} = p + \rho \cdot g \cdot h$ (hydrostatische Grundgleichung) $p_{dyn} = \rho \cdot c^2/2$
Geodätische Saughöhe	$h = p_1 - p_0/\rho \cdot g$
Förderhöhe	$H = W/m \cdot g$ $m \cdot g$ Gewichtskraft des Mediums
Kontinuitätsgesetz	$Q = A_1 \cdot v_1 = A_2 \cdot v_2$ Q Volumenstrom A Leitungsquerschnitt v Strömungsgeschwindigkeit
hydraulisches Kraftgesetz	$F = p \cdot A$ $p = F_1/A_1 = F_2/A_2$

Arbeitsmaschinen

Leistung (indizierte)	$P_i = V_H \cdot p_i \cdot n/T \cdot 300$ V_H Hubvolumen des Motors [dm^3] p_i indizierter Druck [kg/ms^2] T Taktzahl n Nenndrehzahl	
Wirkungsgrad	$\eta = 1/(b_e \cdot H_u)$	
Ladeluftverhältnis	$\lambda = m_{L\text{-tats}}/m_{L\text{-st}}$	
Verdichtungsverhältnis	$\varepsilon = (V_H + V_C)/V_C$	
Rotierende Massenkraft	$F_r = m_{rot} \cdot r \cdot \pi \cdot n/30$	[N]
Kraftstoffverbrauch		
spezifisch	$b_e = B/P_{eff}$	[g/kWh]
tatsächlich	$B = b_e \cdot P_{eff}$	[g/h]

Elektrizität

	Formelzeichen	Einheit
Elektrische Spannung	U	V
Stromstärke	I	A
Elektrischer Widerstand	R	Ω
Elektrische Leistung	P	W [VA]
Ohm'sches Gesetz	$R = U/I$	[Ω]
	$I = U/R$	[A]
	$U = R \cdot I$	[V]
Leistungsgesetz	$P = U \cdot I$	[W] [VA]
	$U = P/I$	[V]
	$I = P/U$	[A]
Reihenschaltung	$I_{ges} = I_1 = I_2 = \ldots = I_n$	
	$U_{ges} = U_1 + U_2 + \ldots + U_n$	
	$R_{ges} = R_1 + R_2 + \ldots + R_n$	
Parallelschaltung	$I_{ges} = I_1 + I_2 + \ldots + I_n$	
	$U_{ges} = U_1 = U_2 = \ldots = U_n$	
	$1/R_{ges} = 1/R_1 + 1/R_2 + \ldots + 1/R_n$	
	$R_{ges} = R_1 \cdot R_2/(R_1 + R_2)$ bei zwei Widerständen	
Effektivspannung	$U_{eff} = \hat{U}/\sqrt{2} = \hat{U}/1{,}414$	
	$\hat{U}$ = Scheitelwert der Maximalspannung	

Stichwortverzeichnis

U. Jacobshagen, *Green Shipping – Schiffsbetrieb und Umweltschutz*, https://doi.org/10.1007/978-3-658-46807-1